AF268128

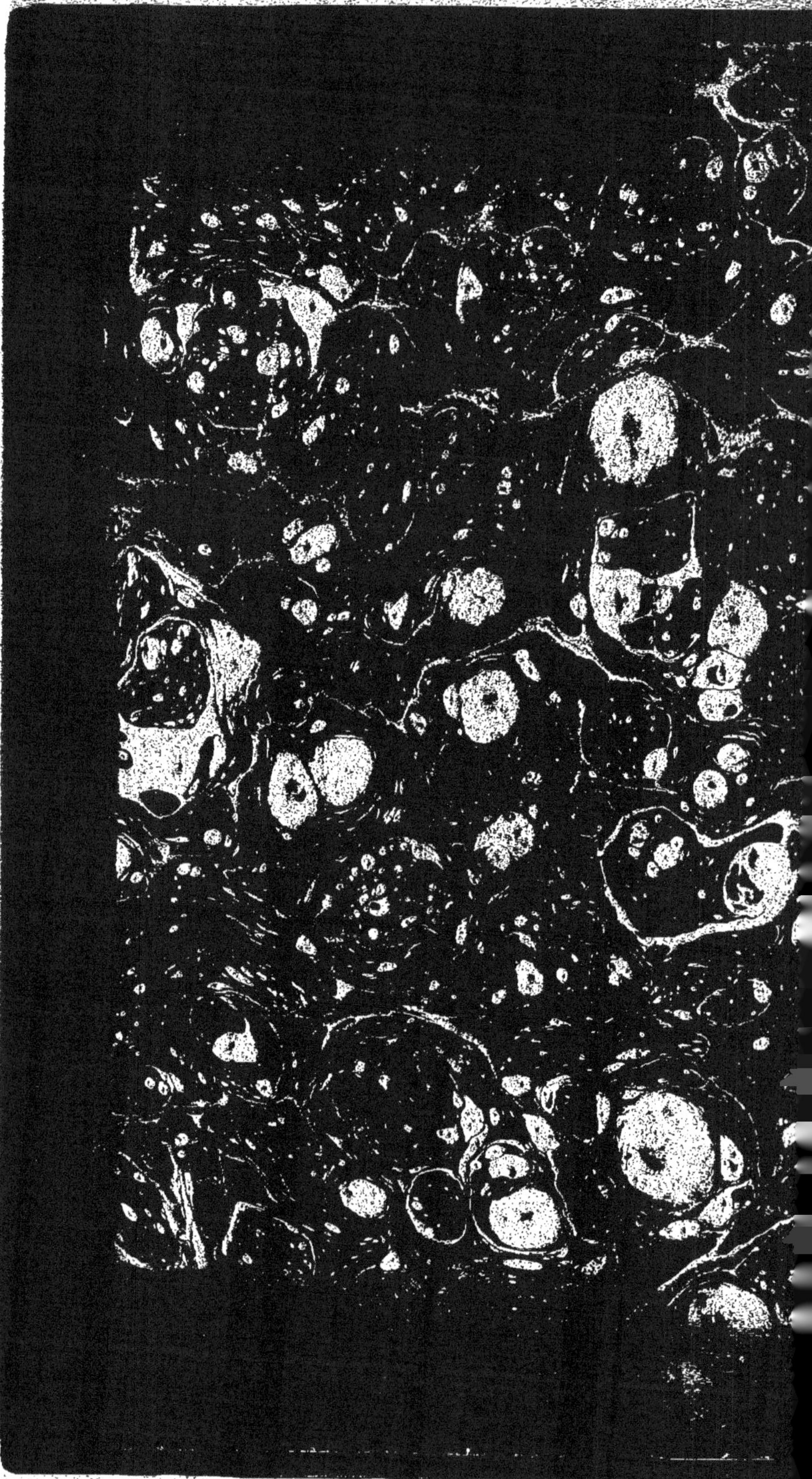

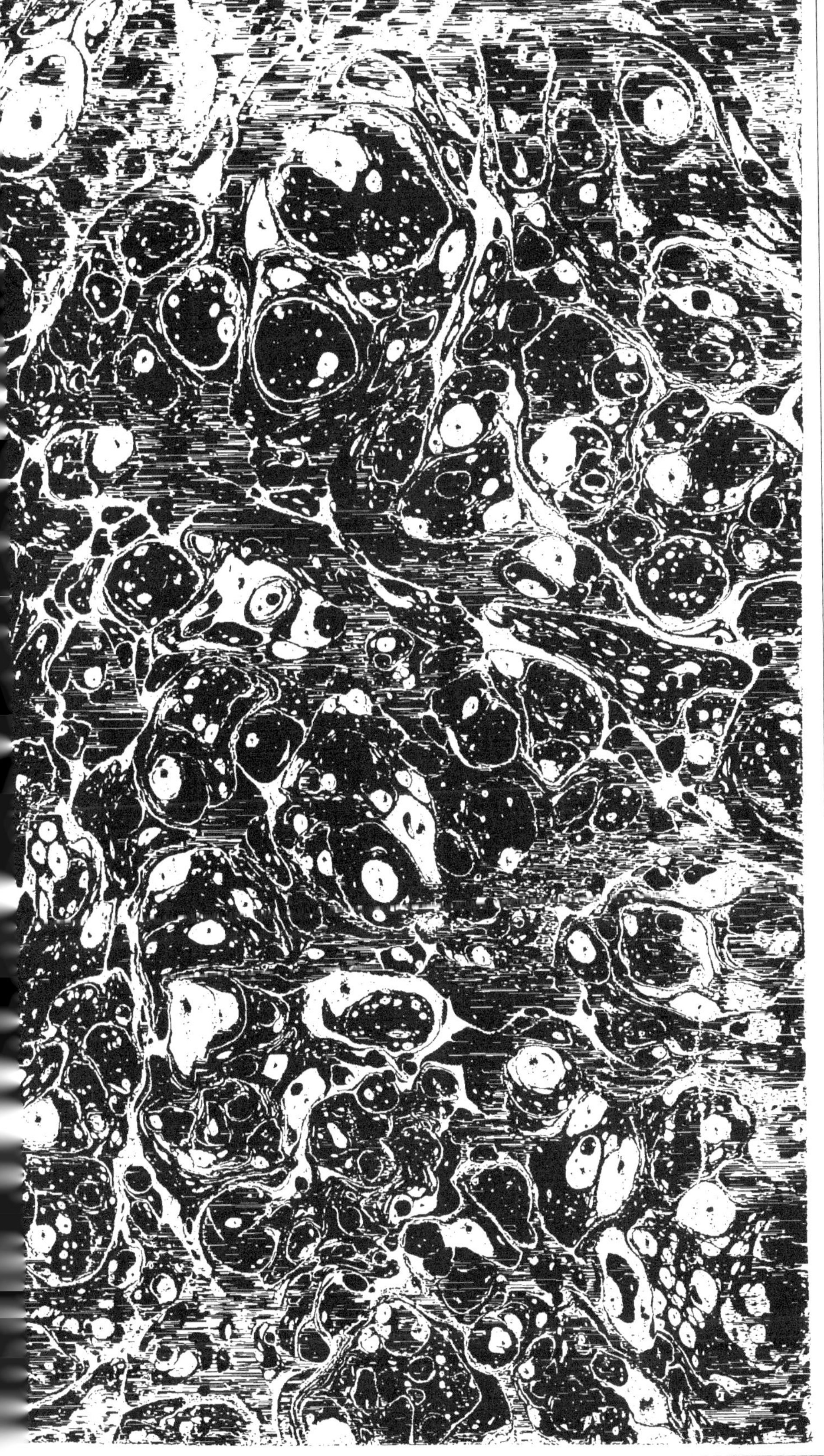

ÉLÉMENS

D'HISTOIRE NATURELLE

ET

DE CHIMIE.

TOME QUATRIÈME.

ÉLÉMENS

D'HISTOIRE NATURELLE

ET

DE CHIMIE,

TROISIEME ÉDITION;

Par M. de Fourcroy, Docteur en Médecine de la Faculté de Paris, de l'Académie Royale des Sciences, de la Société Royale de Médecine, de la Société Royale d'Agriculture, Professeur de Chimie au Jardin du Roi.

TOME QUATRIÈME.

A PARIS,

Chez Cuchet, Libraire, rue & hôtel Serpente.

M. DCC. LXXXIX.

Sous le Privilège de l'Académie Royale des Sciences.

ÉLÉMENS

D'HISTOIRE NATURELLE

ET

DE CHIMIE.

TROISIEME PARTIE.

RÈGNE VÉGÉTAL.

CHAPITRE PREMIER.

De la structure des Végétaux.

Les végétaux font des êtres organifés, fixés à la surface de la terre, & qui n'ont ni mouvement ni fenfibilité. On les reconnoît à leur afpect & à leur conformation. Ils font diftingués des minéraux, parce qu'ils se nourrissent par intus-susception, & qu'ils élaborent les sucs destinés à leur accroissement. Ils présentent des phénomènes qui dépendent de leur organisation, & qu'on appelle fonctions ; la principale est de se reproduire à l'aide de semences ou d'œufs, comme les animaux.

Les végétaux different les uns des autres, 1°. par la grandeur : on les distingue en arbres, en arbustes, en herbes, en mousses, &c. 2°. par le lieu ; il en est qui croissent dans des terreins secs, d'autres dans un sol humide ; quelques-uns dans les sables, l'argile, les eaux, à la surface des pierres, ou sur les autres végétaux, &c. 3°. par l'odeur, la saveur, la couleur, &c. 4°. par la durée : les plantes sont vivaces, annuelles, bisanuelles, &c. 5°. par leur usage ; on les emploie comme alimens ou comme remèdes. Un grand nombre servent aux arts, à la teinture, &c. d'autres sont destinés à orner les jardins, &c.

Les végétaux considérés à l'extérieur, sont formés de six parties ou organes destinés à des fonctions particulières ; ces parties sont, la racine, la tige, la feuille, la fleur, le fruit & la semence. Chacune d'elles differe par la forme, le tissu, la grosseur, le nombre, la couleur, la dureté, la saveur, &c.

1°. La racine eft cachée dans la terre, dans les eaux, ou dans l'écorce des autres végétaux. Elle eft ou tubéreufe, ou fibreufe, ou bulbeufe. Sa direction la rend pivotante, traçante. Sa confiftance eft très-variée, ainfi que fa forme. Les botaniftes en diftinguent plufieurs efpèces, & ils fe fervent quelquefois de ces diftinctions comme de caractères fpécifiques.

2°. La tige part de la racine, & foutient les autres parties ; elle eft, ou folide ou creufe, ligneufe ou herbacée, ronde, quarrée, triangulaire ou à deux angles très-aigus, &c. La tige comprend le bois & l'écorce. Le bois eft diftingué en bois proprement dit & en aubier ; l'écorce eft formée de l'épiderme, du tiffu véficulaire & des couches corticales. La tige fe divife en branches, qui ont abfolument la même ftructure. La diverfité de cette partie fert auffi très-fouvent aux botaniftes pour établir des caractères diftinctifs entre les efpèces, & plus fouvent entre les variétés.

3°. Les feuilles font très-variées dans les végétaux ; *a* par la forme ; elles font ovales, rondes, linéaires, en fléches, en fer de lance, oblongues, elliptiques, en coin, en forme de violon, &c. *b* par la pofition fur la tige, feffiles, pétiolées, oppofées, alternes, verticillées, amplexicaules, perfoliées, vaginales, &c. *c* par leur

contour, unies, dentelées, crénelées, en fcie,
pliffées, ondées, ondulées, lacinées, décou-
pées ; *d* par leur fimplicité ou leur compofition:
les feuilles compofées le font par les folioles ;
alors elles font ou palmées ou conjuguées avec,
ou fans impaire ; *e* par leur lieu ou leur place ;
elles font radicales, caulinaires, florales ; *f* par
la couleur, l'odeur, la faveur, la confiftance,
&c. Leur ufage paroît être d'abforber les fluides
élaftiques de l'atmofphère, & d'en exhaler de
différentes efpèces, fuivant diverfes circonftances.

4°. Les fleurs font des parties deftinées à contenir les organes de la génération, & à les dé-
fendre jufqu'à ce que la fécondation foit ac-
complie ; alors elles tombent. On diftingue deux
parties dans la fleur. Les extérieures font deftinées à envelopper & à protéger les intérieu-
res, dont l'ufage eft de reproduire la plante.
Les premières comprennent le calice & la co-
rollé ; le calice eft extérieur & vert. Linnæus
en diftingue fept efpèces ; favoir, le périanthe,
le fpathe, la balle, l'enveloppe, le châton,
la coëffe & la bourfe. La corolle eft ce que
tout le monde appelle la fleur ou la partie colorée ; elle eft d'une feule pièce & monopé-
tale, ou de plufieurs pièces & polypétale. C'eft
fur la corolle qu'eft fondé le fyftême de Tour-

nefort. On nomme les pièces de la corolle, pétales. Les organes renfermés, & souvent cachés dans la corolle, sont les étamines & les pistils. Les étamines sont les parties mâles ou fécondantes ; elles sont presque toujours plus nombreuses que les pistils. Elles sont formées du filet & de l'anthère. Cette dernière, placée à l'extrêmité, est une petite bourse pleine de poussière fécondante ; le pistil est au milieu des étamines ; quelquefois il est dans une autre fleur, & même sur un autre individu ; c'est ce qui a fait distinguer quelques plantes en mâles & en femelles. Le pistil est formé de trois parties ; l'inférieure ou l'ovaire, qui contient l'embrion ; on le nomme en latin, *germen* ; le filet qui surmonte l'ovaire ou le style, & son extrêmité plus ou moins dilatée, appelée *stigmate*. C'est sur le nombre, la grandeur & la position respective des étamines & des pistils, que Linnæus a fondé son système sexuel. M. de Jussieu en a établi un d'après l'insertion des étamines, au-dessus ou au-dessous du germe, &c.

5°. Les fruits succèdent aux fleurs. Les botanistes distinguent sept espèces de fruits ; la capsule, la silique, la gousse, le cône qui se sèchent ; les fruits à noyaux, les fruits à pepins & les baies qui restent succulentes. Ces organes sont

deſtinés à renfermer les ſemences & à les dé-
fendre de l'action des corps extérieurs.

6°. La ſemence diffère beaucoup par la forme, la groſſeur, les appendices, &c. Elle contient la plumule ou plantule, la radicule & les
cotiledons. Ces derniers ſont au nombre de
deux dans la plus grande partie des végétaux;
dans pluſieurs familles de plantes, il n'y a qu'un
cotiledon. Cette partie eſt à la graine, ce qu'eſt
le jaune & le blanc à l'œuf dans les oiſeaux,
elle contient une nourriture appropriée au jeune
individu pendant la germination. Outre les cotiledons beaucoup de ſemences contiennent des
corps charnus, farineux, &c.

Les végétaux conſidérés dans leur intérieur,
offrent cinq eſpèces de vaiſſeaux ou d'organes,
que l'on trouve dans toutes leurs parties. 1°. Les
vaiſſeaux communs, deſtinés à porter la sève.
Ils ſont placés dans le milieu des plantes & des
arbres; ils montent perpendiculairement; mais
ils ſe contournent de côté, de manière qu'ils
forment entr'eux des mailles ou des aréoles.
2°. Les vaiſſeaux propres, qui charient des
ſucs particuliers à chaque végétal, tels que des
huiles, des gommes, des réſines, &c. Ils ſont
placés ſous l'écorce: on les voit ſouvent dilatés
en cavités ou réſervoirs; ils ſemblent être les

canaux excrétoires. 3°. Les trachées qui font circuler l'air que les végétaux reçoivent de l'atmofphère. En déchirant une jeune branche verte, on les reconnoît à ce qu'elles font tournées en fpirale, & reffemblent à des tire-bourre. Elles fe trouvent fouvent remplies par la sève. 4°. Les utricules formées de facs qui renferment la moëlle, & fouvent une partie colorante; elles font placées dans le milieu des tiges. 5°. Le tiffu véficulaire, offrant une fuite de petites cellules qui, fe détachant horizontalement de la moëlle, & traverfant les vaiffeaux féveux dont elles rempliffent les aréoles, s'épanouiffent fous l'épiderme, & y forment un tiffu feutré, femblable à la peau des animaux. Le tiffu véficulaire des végétaux paroît répondre au tiffu cellulaire des animaux.

Toutes les parties des végétaux font formées de l'affemblage de ces cinq efpèces de vaiffeaux, qui y font chacun en particulier plus ou moins nombreux, dilatés, refferrés, &c. De ce nombre & de cette difpofition diverfe dépendent les différences de forme & de tiffu que préfentent les racines, les tiges, les feuilles, &c.

Malpighy, Grew & Duhamel font les trois phyficiens qui fe font occupés avec le plus de fuccès de l'anatomie des végétaux, & que l'on peut confulter avec le plus de fruit relativement à la ftructure interne de leurs diverfes parties.

CHAPITRE II.

De la Phyſique des Végétaux.

Tous les organes des végétaux dont nous venons de préfenter une légère efquiffe, font deftinés à exécuter différens mouvemens que l'on a appelés *fonctions*. Ces fonctions font,

1°. Le mouvement des fluides ou une efpèce de circulation :

2°. Les altérations ou les changemens de ces fluides, qui appartiennent à la fécrétion :

3°. L'accroiffement & le développement du végétal, qui tient à la nutrition :

4°. L'exhalation des différens fluides élaborés dans les organes des végétaux, & l'inhalation de plufieurs principes contenus dans l'atmofphère par les mêmes organes :

5°. L'action de l'air, & l'ufage de ce fluide dans les vaiffeaux des végétaux :

6°. Le mouvement exécuté par quelques-unes de leurs parties :

7°. L'efpèce de fenfibilité qui les fait rechercher le contact des corps qui leur font utiles, comme la lumière, &c.

8°. Enfin, les divers phénomènes qui fervent à la reproduction des efpèces, & qui conftituent la génération des plantes. Parcourons chacune de ces fonctions en particulier.

Le principal fluide des végétaux qu'on connoît fous le nom de *sève*, eft contenu dans des canaux particuliers qu'on appelle *vaiffeaux communs*. Ces vaiffeaux placés dans le milieu des tiges & au-deffous de l'écorce, s'élèvent & fe prolongent depuis la racine jufqu'aux feuilles & aux fleurs. La sève qu'ils charient eft un fluide fans couleur, d'une faveur plus ou moins fade, & qui eft deftiné comme le fang chez les animaux, à fe féparer en différens fucs pour la nourriture & l'entretien des divers organes. Elle eft très-abondante au printems, & fon mouvement fe manifefte alors par le développement des feuilles & des fleurs. Il paroît démontré, par la ligature auffi bien que par tous les phénomènes de la végétation, qu'elle monte de la racine vers les tiges & les branches. On ne fait pas fi elle defcend de nouveau vers la racine, comme quelques phyficiens l'ont cru. Les valvulves admifes dans les vaiffeaux communs par plufieurs botaniftes, n'ont point été démontrées, à moins qu'on ne veuille donner ce nom à quelques filets ou poils dont leur paroi intérieure a paru hériffée à Tournefort & à Duhamel. Il y a bien loin de ce mouvement irrégulier à la circulation des animaux.

La sève portée dans les utricules & de-là dans les vaiffeaux propres, y eft élaborée d'une manière particulière. Elle y donné naiffance à différens fluides, fucrés, huileux, mucilagineux, qui fortent par une excrétion organique, & dont l'évacuation femble être un avantage pour le végétal, puifqu'il ne fouffre point de la perte fouvent confidérable qui s'en fait. Cette altération des fluides que l'on obferve encore d'une manière marquée dans plufieurs organes, comme dans les nectaires, à l'extrêmité du piftil, dans la pulpe des fruits, à la bafe des calices & de plufieurs feuilles, appartient entièrement à la fonction qui, dans les animaux, porte le nom de *fécrétion*. Guettard a pouffé cette analogie jufqu'à décrire des glandes de plufieurs formes différentes à la bafe des feuilles des arbres fruitiers, vers l'onglet des pétales de certaines fleurs. C'eft cette fécrétion qui développe le principe odorant, la matière colorante, la fubftance combuftible; &c. Mais elle diffère de la fécrétion animale, en ce que celle-ci eft entièrement due à l'organifation des glandes qui élaborent les fluides animaux ; tandis que dans les végétaux, les sucs chariés par les vaisseaux communs, font plus exposés au contact de l'air, de la lumière, à l'action de la chaleur, & que leur stafe les rend susceptibles de passer par l'action de ces agens, à des mouvemens de fermentation qui seuls font capables de les altérer.

Le fluide séveux par son séjour dans les cavités des utricules & du tissu vésiculaire, s'épaissit, prend une consistance plus ou moins forte. Cette altération le rend susceptible de se coller aux parois des fibres, d'y adhérer, de faire corps avec elles, d'en augmenter peu-à-peu les dimensions. Tel est le mécanisme de la nutrition des végétaux, de leur accroissement & du développement de toutes leurs parties. Il a beaucoup de rapport avec la nutrition des animaux. Le tissu vésiculaire des premiers & le tissu cellulaire des seconds ont la même structure & les mêmes usages dans ces deux classes d'êtres organiques. Ils pénètrent également tous leurs organes ; ils établissent entr'eux une communication immédiate, & ils font tous les deux le véritable siége de la nutrition.

Il y a long-temps que les botanistes physiciens se font convaincus qu'il fort de la surface des plantes des exhalaisons qui se répandent dans l'air. L'esprit odorant des feuilles & des fleurs forme autour des végétaux une atmosphère qui frappe nos sens, & que le contact d'un corps embrasé est quelquefois capable d'enflammer, comme on l'a observé pour la fraxinelle. Cette espèce d'exhalaison paroît être un gaz inflammable d'une nature particulière. Une malheureuse expérience avoit encore appris que plusieurs végétaux exhalent des vapeurs mortelles pour les animaux qui y sont exposés. Tels sont le noyer, l'if & plusieurs arbres des pays chauds.

Les travaux de **M.** Ingen-housz lui ont fait découvrir que les feuilles de toutes les plantes exposées au soleil & à la lumière, versent dans l'atmosphère un fluide invisible, un air vital semblable à celui qu'on retire des oxidés de manganèse, de mercure, &c. L'ombre change entièrement cette propriété des feuilles, qui ne donnent plus que du gaz acide carbonique, lorsqu'elles sont privées du contact de la lumière. Cette belle découverte annoncée d'abord par **M.** Priestley, démontre dans les végétaux une nouvelle propriété, celle de purifier & de renouveller l'air en lui rendant cette portion de fluide vivifiant, sans cesse détruit par la combustion, la respiration, &c. Mais si les végétaux répandent sans cesse des fluides vaporeux qui ne sont que le dernier travail de la végétation, ils ont aussi la propriété d'absorber plusieurs des principes contenus dans l'atmosphère. La face inférieure des feuilles absorbe l'humidité portée par la rosée, suivant les expériences de Bonnet. Les recherches de M. Priestley ont démontré que les végétaux absorbent les gaz résidus de la combustion & de la respiration, puisque la végétation devient plus énergique & plus rapide dans l'air altéré par ces deux phénomènes. L'exhalation & l'inhalation sont donc beaucoup plus étendues dans le règne végétal qu'on ne le croyoit avant les découvertes modernes. Il paroît même que l'eau absorbée par la partie inférieure des feuilles est décomposée dans leur tissu, que son hydrogène est absorbé, & que l'air vital qui se dégage de la partie supérieure des feuilles, est dû à l'oxigène contenu dans ce liquide. Le contact des rayons du soleil contribue beaucoup à cette décomposition, puisqu'elle n'a pas lieu dans l'ombre. Alors l'eau absorbée en entier, & non décomposée, rend les plantes blanches, fades, molles, étiolées en un mot, & il s'y forme beaucoup moins de matière colorée combustible ou huileuse.

Les gaz absorbés par les végétaux sont portés dans tous leurs organes par les vaiſſeaux connus ſous le nom de *trachées*, & qui ſe rapprochent par leur uſage & leur ſtructure, de celles des inſectes & des vers. Cependant les trachées ne ſont pas ſeulement deſtinées à contenir ce fluide : on les trouve remplies de ſuc ſéveux dans les ſaiſons où cette humeur eſt très-abondante, ce qui les éloigne beaucoup des organes de la reſpiration ſi eſſentiels & ſi conſtans dans un grand nombre d'animaux. D'après la théorie de la reſpiration que nous avons expoſée dans l'hiſtoire de l'air, il eſt facile d'expliquer pourquoi les végétaux n'ont point de chaleur libre ſupérieure à celle de l'air qui les environne.

On ne peut douter que pluſieurs parties des végétaux ne jouiſſent du mouvement. Quelques-unes même en ont un ſi étendu qu'il eſt ſenſible à l'œil. Tels ſont les mouvemens de la ſenſitive, des étamines de l'opuntia, de la pariétaire, de l'helianthème, &c. Ce mouvement ſemble appartenir à la fonction connue dans les animaux ſous le nom d'*irritabilité*, puiſqu'il s'exécute par l'action d'un ſtimulus, & qu'il a des organes particuliers, que quelques botaniſtes ont comparés aux fibres muſculaires.

Peut-on refuſer encore une ſorte de ſenſibilité aux plantes, lorſqu'on les voit tourner

leurs feuilles & leurs fleurs du côté du soleil,
lorfqu'on obferve qu'enfermées dans des caiffes
de bois vitrées d'un côté, trouées, ou fimple-
ment plus minces dans une de leurs parois
que dans toutes les autres, elles fe portent
conftamment vers le corps tranfparent, ou
l'ouverture, qui laiffent paffer la lumière, ou
même vers le côté le plus rapproché de ce
fluide par fon peu d'épaiffeur? ou bien cette
apparence de fenfibilité ne doit-elle être regardée que comme l'effet de la force d'affinité, de la tendance à la combinaifon qu'il y
a entre les végétaux & la lumière? Il eft bien
démontré que ce fluide développe dans les
plantes, foit par la percuffion, foit par la combinaifon, la couleur, la faveur, la propriété
combuftible ; puifque les plantes élevées à
l'ombre font blanches, fades, aqueufes, &
ne contiennent rien d'inflammable ; tandis que
les végétaux expofés dans les climats brûlans
du midi, aux rayons du foleil, deviennent
très-colorés, chargés de parties amères & réfineufes, & éminemment combuftibles. Quelque forte que puiffe être fuppofée cette affinité, on ne conçoit pas comment elle feroit
capable d'exciter un fi grand mouvement dans
les branches & dans les feuilles des végétaux.
Il eft donc néceffaire d'admettre une fenfation

particulière, un tact bien différent, il eſt vrai, des ſens des animaux qui fait choiſir aux végétaux les lieux les plus éclairés, ou qui donnent le plus d'accès à la lumière.

Les moyens que la nature emploie pour reproduire les eſpèces dans les végétaux, ont beaucoup de rapport avec ceux qu'elle a mis en uſage pour les animaux. Les ſexes & leur réunion y ſont néceſſaires dans le plus grand nombre de plantes. On a trouvé, d'après les travaux du célèbre Linnæus, une analogie marquée entre les organes deſtinés à cette fonction dans ces deux claſſes d'êtres organiques. Les étamines répondent à ceux du mâle, & le piſtil eſt compoſé de trois parties analogues à celles des parties génitales des femelles des animaux. L'embryon ſe développe par l'action de la pouſſière fécondante, ſans laquelle il n'eſt pas ſuſceptible de reproduire un nouvel individu, ainſi qu'on l'obſerve tous les jours dans les oiſeaux. Mais outre cette analogie qu'il ſeroit inutile de pourſuivre plus loin, les végétaux étant d'une ſtructure beaucoup plus ſimple que les animaux, & toutes leurs parties étant compoſées des mêmes organes, chacune d'elles eſt capable de produire un nouvel individu ſemblable à celui à qui elle appartenoit. Telle eſt la raiſon de la reproduction des plantes par le

moyen

moyen des cayeux, des drageons, des boutures, des marcottes, ainſi que de l'altération de leurs ſucs par l'opération de la greffe, ſoit naturelle, ſoit artificielle. C'eſt encore une nouvelle analogie entre les végétaux & cette claſſe d'animaux qui ſe reproduiſent par boutures, comme les polypes, les inſectes cruſtacées, quelques vers, &c.

Toutes les fonctions dont l'enſemble conſtitue des grands rapports entre les végétaux & les animaux, ſont ſuſceptibles d'éprouver des altérations qui donnent naiſſance à des maladies. Ces maladies qui dépendent le plus ſouvent ou de l'abondance ou du défaut de la sève, auſſi-bien que de ſes mauvaiſes qualités, ont beaucoup d'analogie avec celles des animaux ; leurs cauſes, leurs ſymptômes, leur curation, tiennent abſolument aux grands principes de la médecine, & forment une partie de l'agriculture, peu avancée, il eſt vrai, mais ſuſceptible de beaucoup de progrès lorſqu'on la ſuivra ſur le plan indiqué par pluſieurs agriculteurs modernes.

CHAPITRE III.

Des Sucs & des Extraits.

LES humeurs des végétaux font de deux claffes, les fucs communs & les fucs propres. Les premiers conftituent la sève qui fe trouve dans toutes les plantes. Ce fluide paroît faire la fonction de fang dans les végétaux. Il eft contenu dans les vaiffeaux communs; il coule naturellement de leur furface; on l'extrait plus abondamment par l'incifion. La sève n'eft point un fluide aqueux, elle contient des fels, des extraits & des mucilages. Lorfqu'on veut s'en procurer une certaine quantité, pour en examiner les propriétés ou pour l'ufage médicinal, on broie la plante dans un mortier, & on l'exprime à travers un linge; fi la plante ne fournit pas facilement fon fuc, on la met à la preffe.

Les végétaux fucculens fourniffent leur fuc par la fimple expreffion; ceux dont le fuc eft vifqueux ou peu abondant demandent qu'on les traite par l'eau pour l'étendre & le délayer; telles font la bourache & les plantes aromatiques sèches. Cette humeur étant extraite par une forte preffion, contient une portion des folides des végétaux qui ont été brifés par le pilon ; il faut alors les dépurer. La dépuration des fucs fe fait, 1°. par le fimple repos, ou par la filtration lorfqu'ils font très-fluides, comme ceux de pourpier, de joubarbe, &c.; 2°. par le blanc d'œuf qui raffemble la fécule, en fe coagulant comme pour ceux de bourache, d'ortie, &c.; 3°. par la fimple chaleur qui coagule & précipite le parenchyme, ainfi que le confeille M. Baumé pour les fucs qui contiennent des principes volatils, tels que ceux de cochléaria, de creffon, &c. On plonge dans l'eau bouillante la fiole qui contient le fuc, & qu'on a bouchée avec un papier percé ; on la retire lorfque le fuc eft éclairci ; on la plonge enfuite dans l'eau froide, & on filtre le fuc ; 4°. par l'alcohol qui coagule la fécule ; 5°. par les acides végétaux, ainfi que la pharmacopée de Londres le prefcrit pour les fucs des plantes cruciferes.

Les fucs des plantes tiennent en diffolution des matières qui, féparées du véhicule aqueux, forment ce que l'on appelle en pharmacie les extraits. On diftingue ces matières en trois efpèces ; les extraits muqueux, les favonneux, les extracto-réfineux.

On donne le nom d'extraits muqueux à ceux qui fe diffolvent bien dans l'eau, très-peu dans

l'alcohol , & qui paſſent à la fermentation ſpiritueuſe; tel eſt le rob de groſeille qu'on prépare
en évaporant le ſuc de ce fruit.

Les extraits ſavonneux ont pour caractère de
ſe diſſoudre dans l'eau , & en partie dans l'alcohol , de ſe moiſir plutôt que de paſſer à la
fermentation ſpiritueuſe. Le ſuc de bourache
épaiſſi en fournit un de cette nature. Ce ſont là
les extraits proprement dits.

Les extracto-réſineux ſe diſſolvent dans l'eau
& dans l'alcohol; ils ſont inflammables, parce
qu'ils contiennent un principe réſineux, & ils
ne s'altèrent en aucune manière à l'air. Le ſuc
épaiſſi de concombre ſauvage, nommé *élaterium*,
eſt de cette eſpèce. On fait des inciſions au fruit
de cette plante, on l'exprime , on laiſſe le ſuc
ſe clarifier de lui-même , & on l'évapore au
bain-marie juſqu'à ſiccité.

On prépare en grand dans le commerce des
extraits de ces trois eſpèces différentes, en évaporant le ſuc de pluſieurs plantes. Tels ſont
entr'autres ,

1°. Le ſuc d'acacia qu'on retire en Egypte,
en pilant le fruit de cet arbre , en exprimant
ſon ſuc & en l'évaporant au ſoleil; le ſuc d'acacia
d'Allemagne ſe prépare avec le ſuc des pru-
nelles par un même procédé.

2°. Celui d'hypociſte qui eſt fait comme

les précédens avec les fruits de cette plante parafite.

3°. L'opium, médicament très-important, dont on doit connoître exactement la nature. On l'extrait du pavot blanc en Perfe, &c. Il coule par les incifions qu'on fait aux capfules vertes de cette plante, un fuc blanc qui fe sèche en larmes brunes ; c'eft-là le véritable opium. Celui du commerce eft formé en exprimant ces capfules après les avoir arrofées d'eau ; on fait deffécher ce fuc, & on l'envoie en pains circulaires applatis, enveloppés de feuilles & mêlées de beaucoup d'impuretés. Pour le purifier, on le diffout dans le moins d'eau poffible à l'aide de la chaleur ; on paffe la liqueur avec forte expreffion, & on la fait évaporer au bain-marie. C'eft l'extrait d'opium. Cette fubftance contient un extrait favoneux, une réfine, une huile effentielle folide, un principe odorant, vireux & narcotique, un fel effentiel & une matière glutineufe. Comme la partie odorante vireufe & narcotique eft fouvent nuifible, on a cherché le moyen d'avoir de l'extrait d'opium qui en fût privé. M. Baumé qui a beaucoup examiné ce médicament, volatilifoit ce principe en même-tems que l'huile effentielle, & féparoit auffi la réfine par une digeftion de fix mois. Bucquet a découvert qu'on peut obtenir ce même extrait calmant & non narcotique, en diffolvant l'opium à l'eau froide, & en évaporant la diffolution au bain-marie. Lorry, qui a fait de très-beaux travaux fur cet objet, a trouvé que l'opium fermenté donnoit par la diftillation une eau calmante non-vireufe, dont il a fait ufage avec beaucoup de fuccès. Il obferve que le principe odorant de ce médicament ne peut être détruit par aucun procédé.

Lorfque les plantes dont on veut avoir les extraits font sèches & ligneufes, pour en retirer ce principe, on emploie la macération dans l'eau, l'infufion ou la décoction, fuivant l'état & la nature des matières d'où l'on veut tirer l'extrait; la macération fuffit fouvent. Les plantes odorantes ne doivent être qu'infufées. La décoction tire trop de fubftance, & fépare la partie réfineufe; elle forme un fluide épais très-chargé, qui fe trouble par le refroidiffement. L'infufion peut fuffire dans tous les cas; c'eft l'opinion des plus grands chimiftes & des médecins les plus célèbres.

On retire à l'aide de l'eau des extraits différens entr'eux, comme ceux que donnent les fucs épaiffis. Ainfi les baies de genièvre donnent à l'eau un extrait muqueux; le quinquina fournit un extrait favonneux, qu'on obtient en petites écailles tranfparentes & comme falines, fi l'on fait évaporer la diffolution dans des vaiffeaux très-plats; on tire de la rhubarbe une fubftance extracto-réfineufe.

L'extrait chimique proprement dit, ou l'extrait favonneux paroît être un compofé d'huile & d'alkali fixe végétal. Tous les extraits préparés en pharmacie, ne font point à beaucoup près de la même nature; ils font mêlés de mucilage, de fels effentiels, de fuc fucré, de réfine. C'eft pour cela que Rouelle, dans l'intention de jetter quelque jour fur cette partie de la chimie médicinale, les avoit diftingués en trois genres, comme nous l'avons dit; mais en rangeant l'extrait pur au nombre des principes immédiats des végétaux, on doit le regarder comme un compofé favonneux jouiffant de propriétés particulières.

On prépare en grand dans le commerce des extraits à l'aide de l'eau. Tels font,

1°. Le fuc de régliffe jaune par la première infufion, & noir par la forte décoction. Ce dernier eft brûlé & contient de véritable charbon. On le purifie en le fondant dans l'eau, en filtrant & en évaporant la diffolution qu'on aromatife avec quelques huiles effentielles d'anis, de canelle, &c.

2°. Le cachou qu'on retire des Indes Orientales de l'infufion des femences d'une efpèce de palmier nommé *Areca*; on évapore cette infufion, & on en forme des pains applatis. On purifie le cachou dans les pharmacies par la diffolution dans l'eau & l'évaporation. On l'aromatife comme le fuc de régliffe.

Parmi les extraits que l'on prépare pour l'ufage de la médecine, Rouelle diftinguoit particulièrement ceux qui étoient mêlés de réfine fous le nom d'extracto-réfineux, ou de réfino-extractifs.

L'extracto-réfineux ne fe brûle qu'après avoir été defféché; il paroît contenir plus d'extrait proprement dit, que de réfine. Le réfino-extractif brûle beaucoup mieux que le premier; il paroît contenir plus de réfine que de fubftance extractive. Cette diftinction lumineufe prouve que ces deux efpèces ne font que des mélanges de l'extrait à différentes dofes, avec un principe réfineux. Ce ne font donc plus des extraits proprement dits, & ce nom ne doit appartenir en propre qu'à la matière favonneufe; c'eft donc de cette fubftance qu'il faut examiner les propriétés.

L'extrait pur differe de ces derniers; en raffemblant les propriétés qui le caractérifent, on doit le confidérer comme une fubftance sèche, folide, colorée en rouge brun, tranfparente, qui ne brûle point par elle-même, qui répand beaucoup de fumée, & dans laquelle on trouve plus ou moins de fel effentiel. Sa faveur eft prefque toujours amère; il donne à la diftillation un phlegme infipide; à un feu doux ce phlegme fe colore peu-à-peu, & devient alkalin, comme on l'obferve pour l'élatérium, l'extrait de bourache, &c. L'ammoniaque que le produit entraîne eft alors formée par la chaleur; il paffe enfuite un peu d'huile empyreumatique; le charbon eft léger, contient de la potaffe, & prefque toujours quelques fels neutres. L'extrait expofé à l'air fe couvre de moififfure, en attire l'humidité, les fels qui y font mêlés criftallifent & fe féparent de la partie extractive; fouvent ils s'altèrent & fe décompofent entièrement. Il fe diffout dans l'eau, & il reffemble alors à une forte infufion. Les acides décompofent cette diffolution à la manière des favons, & ils y opèrent un précipité plus ou moins huileux. Les diffolutions métalliques la précipitent auffi, & ces fubftances fe décompofent mutuellement. On n'a pas fuivi plus loin les propriétés chimiques de l'extrait, & on l'a regardé avec raifon, d'après celles qui font connues, comme une efpèce de favon.

On emploie les extraits en médecine, comme apéritifs, fondans, diurétiques, ftomachiques, & on en obtient tous les jours les plus grands fuccès.

CHAPITRE IV.

Des Sels essentiels des végétaux en géné-
ral ; & de ceux qui sont analogues aux
Sels minéraux en particulier.

ON appelle sels essentiels des plantes, les
substances salines tenues en dissolution dans
leurs sucs ou dans l'eau de leur infusion. On les
extrait en laissant refroidir ces fluides évaporés
en consistance de sirop. Comme ces sels sont
imprégnés d'extraits & de matières grasses, on
est obligé de les purifier à l'aide de la chaux
& des blancs d'œufs. Si ces sels sont acides,
on ne doit point se servir de chaux qui les
neutraliseroit, mais d'argile blanche pure en
poudre. Après cette première extraction, ils
sont encore fort impurs. On les dissout dans
l'eau distillée, on les fait cristalliser plusieurs
fois jusqu'à ce qu'ils soient blancs. Ce procédé
ne peut avoir lieu que pour les sels essentiels
cristallisables tout formés dans les végétaux.
Mais on a découvert des sels végétaux qui ne
sont pas cristallisables, quelques-uns qu'on n'extrait que par des procédés plus compliqués, en
raison de leur mêlange ou de leur combinaison
avec d'autres principes. Pour connoître tous les

fels que contiennent ou que fourniffent les végétaux, nous croyons devoir les diftinguer

Le premier comprendra les fels des végétaux qui font analogues à ceux que nous avons connus dans le règne minéral.

Le fecond genre contiendra les fels acides purs des plantes.

Dans le troifième genre nous placerons les fels acides combinés avec une certaine quantité de potaffe, & que nous défignerons par le nom générique d'*acidules*.

Le quatrième genre renfermera ceux qui font formés par l'action de l'acide nitrique fur quelques matières végétales.

Le cinquième genre fera compofé de ceux dont la formation eft due à la chaleur.

Enfin le fixième genre fera deftiné aux acides végétaux qu'une fermentation particulière déve-loppe.

Premier genre des fels végétaux. Sels analogues à ceux du règne minéral.

Le premier genre des fels effentiels des végétaux comprend les fels neutres analogues à ceux du règne minéral que l'on extrait de leurs fucs par l'évaporation. Les principales efpèces de ces fels font, 1°. les alkalis fixes combinés à l'acide carbonique qu'on retire de prefque en fix genres.

toutes les plantes, en les faisant macérer dans les acides, comme l'ont démontré Margraf & Rouelle le jeune: la potasse est la plus commune; la soude existe dans les plantes marines; 2°. le sulfate de potasse de la mille-feuille, des vieilles borraginées, des astringentes & des aromatiques, du thymelea, du marc des olives; 3°. le sulfate de soude du tamarisc & des bois pourris; 4°. le nitre des borraginées, du tournesol, du tabac, &c. 5°. le muriate de potasse, & le muriate de soude des plantes marines; 6°. le sulfate de chaux découvert par Model dans la rhubarbe. L'existence de ce dernier est douteuse depuis que Schéele a soupçonné que ce que Model avoit pris pour du sulfate de chaux étoit de l'oxalate calcaire.

On trouveroit, sans doute, dans les végétaux plusieurs autres sels, semblables à ceux des minéraux, si l'on faisoit une analyse exacte d'un grand nombre de plantes. On a aussi cru que le carbonate ammoniacal existoit tout formé dans les plantes cruciferes, parce que ces plantes, mises en distillation, donnent, dès la première impression de la chaleur, un phlegme qui tient un peu de ce sel en dissolution. C'est pour cela que les anciens chimistes avoient donné à ces plantes le nom de *plantes animales;* mais Rouelle le jeune a fait voir que ce sel n'y eft pas tout formé, & que c'eft la réaction des principes de ces plantes, opérée par le feu, qui le produit. M. Baumé a prétendu que le principe volatil des cruciferes n'étoit que du foufre. L'ammoniaque, qu'on obtient de ces plantes, provient de l'hydrogène de l'huile uni à l'azote que ces végétaux contiennent, comme l'a démontré M. Berthollet.

Les naturaliftes ont eu différentes opinions fur les fels minéraux que l'on trouve dans les plantes. Les uns ont penfé que ces fels étoient chariés de l'intérieur de la terre par l'eau, & paffoient ainfi fans altération dans les végétaux. D'autres ont cru que la végétation formoit les fubftances falines. Il eft certain que deux plantes très-différentes, comme la bourrache & la mille-feuille, croiffant dans le même terrein, fourniffent chacune le fel qui leur eft propre; c'eft-à-dire, la bourrache du nitre, & la mille-feuille du fulfate de potaffe. Une feule expérience dont on parle beaucoup, & qui n'a point été faite avec l'exactitude convenable, pourroit décider cette queftion; ce feroit de faire croître dans une terre bien leffivée, des plantes qui donnent une efpèce de fel comme du nitre, & de les arrofer avec de l'eau chargée de muriate de foude ou d'un autre fel; fi elles fourniffoient encore du nitre & non du muriate de foude, on en pourroit conclure que ce fel ne paffe pas tel qu'il eft dans l'intérieur des plantes, & que celui qui leur eft propre s'y forme par le travail de la végétation. Quelque réfultat que l'on obtienne de cette expérience, il fera démontré que plufieurs fels, que nous avons examinés dans le règne minéral, comme la potaffe, l'acide carbonique & peut-être plufieurs autres, fe forment immédiatement dans les végétaux.

CHAPITRE V.

Du fecond genre des Sels effentiels ou des acides purs des végétaux.

Nous rangeons, dans le fecond genre des fels effentiels végétaux, les acides qui y font tout formés, & qu'on en extrait purs par des procédés très-fimples. Il y a quatre acides de ce genre; favoir, l'acide citrique, l'acide gallique, l'acide malique & l'acide benzoïque.

s. I. De l'acide citrique.

Nous nommons acide citrique l'acide pur que Schéele a retiré du fuc de citron.

Autrefois les chimiftes, fans faire attention aux caractères particuliers que préfentoit ce fuc acide, l'avoit comparé à celui du tartre, & à cette époque tous les acides végétaux paroif-foient être de la même nature. On avoit cher-ché à concentrer & à purifier le fuc aigre du citron, de l'orange, pour pouvoir le conferver dans les voyages de long cours. Le fuc du pre-mier de ces fruits a une faveur fi fortement acide, & il altère fi efficacement la plupart des couleurs bleues, qu'on ne pouvoit douter de fa nature. M. de Morveau a trouvé que la pefan-teur fpécifique de ce fuc étoit à celle de l'eau diftillée, : : 1,060 : 1.

Lorfqu'on garde ce fuc exprimé, il fe trou-ble, prend une faveur défagréable & fe couvre de moififfure ; cette altération dépend d'un mucilage fort abondant qu'il contient, & dont les chimiftes ont cherché à le débarraffer. Avant qu'on en eut trouvé les moyens, on le con-fervoit dans des bouteilles de verre en le couvrant d'huile ; quelques perfonnes avoient propofé de mettre du fable dans les vafes ; d'autres y ajoutoient un acide minéral ; ces deux derniers procédés altéroient manifeftement fa nature ; le premier leur étoit préférable, encore le fuc contracte-t-il au bout de quelques jours une faveur âpre, huileufe & défagréable. M. Georgius a publié, dans les actes de l'académie de Stockolm en 1774, un procédé pour concentrer & rendre inaltérable le fuc acide du citron. Il confeille de tenir quelque tems à la cave, dans des bouteilles renverfées, le fuc de citron, pour en féparer une partie du mucilage, & de l'expofer à un froid de 3 ou 4 degrés au-deffous de o du thermomètre de Réaumur; la partie aqueufe fe gèle en entraînant, à ce qu'il paroît, une portion de la matière mucilagineufe; on a foin de féparer le liquide de la glace à mefure que celle-ci fe forme; on continue de faire geler jufqu'à ce que la glace qui fe forme devienne acide. M. Georgius a trouvé que lorfque le fuc eft réduit à un huitième de fon volume, il eft huit fois plus fort qu'auparavant. Un fuc de citron qui faturoit à la dofe d'une once trente-fix grains de potaffe, a faturé cette même quantité d'alkali, à celle d'un gros après avoir été concentré par la gelée. Cet acide, ainfi concentré, peut être employé à tous les ufages économiques; on en fait une limonade sèche en le mêlant avec fix parties de fucre rafiné en poudre.

Le fuc de citron récemment exprimé, expofé quelques heures à l'air dont la température s'élève au-deffus de 15 degrés, laiffe dépofer une matière muqueufe blanche demi-tranfparente d'une confiftance gélatineufe; lorfqu'on décante ce fuc & qu'on le filtre, il eft enfuite

bien

bien moins altérable qu'auparavant. La substance muqueuse desséchée ne se dissout point dans l'eau bouillante; traitée par l'acide du nitre elle donne du gaz azotique, & se convertit en acide oxalique: ce n'est pas un mucilage gommeux, & elle a de l'analogie avec le gluten végétal, dont nous parlerons à l'article de la farine.

M. Dubuisson a conservé le suc de citron par un procédé opposé à celui de M. Georgius; en évaporant ce suc à une chaleur douce & long-tems continuée, le mucilage s'épaissit, se sépare sous forme de croûte & de floccons glutineux; le liquide acide se concentre, & peut être gardé long-temps, sans altération, dans des bouteilles bien bouchées. M. Dubuisson a observé que le contact de l'air qui reste entre le bouchon & la surface de cette liqueur acide concentrée par l'évaporation, suffit pour en séparer, en quelques semaines, des floccons d'une substance blanche qu'il croit être glutineuse, & qui se rassemblent à sa surface en formant un corps cohérent élastique. L'acide n'est pas sensiblement altéré pendant cette séparation.

Tels sont les divers procédés qui ont été proposés & mis en usage avant Schéele pour purifier & conserver le suc de citron. Quoiqu'ils prouvent qu'on s'étoit occupé de cet acide, on ne l'avoit fait que pour les usages de la phar-

macie, & on étoit tellement perfuadé de fa
nature analogue à celle de l'acide du tartre,
qu'on n'avoit élevé nul doute fur cette opinion.
Stahl avoit dit que faturé de pierre d'écreviffe
ou de craie, le fuc de citron prenoit la nature
du vinaigre. Plufieurs chimiftes avoient effayé
de le combiner avec les alkalis, & ils n'avoient
pu obtenir de criftaux permanens de ces combinaifons, fans doute à caufe du mucilage qui
y eft mêlé fi abondamment. M. de Morveau
affure cependant qu'après avoir faturé du jus de
citron de carbonate de potaffe, cette diffolution
expofée à l'air & filtrée plufieurs fois, lui a donné
un fel criftallifé en petits grains opaques non
déliquefcens.

Schéele a donné dans le journal de Crell en
1784, un procédé pour obtenir l'acide du
citron très-pur, féparé du mucilage & de la
matière extractive qui l'altèrent dans le jus exprimé de ce fruit, & fous une forme concrète :
l'alcohol qu'il employa d'abord pour féparer le
mucilage par la coagulation ne lui réuffit point ;
après avoir filtré le liquide épaiffi, l'évaporation
ne lui donna point de criftaux. Il mit en ufage
le procédé qu'il avoit trouvé plufieurs années
auparavant pour purifier l'acide tartareux, &
il réuffit à obtenir l'acide citrique pur & concret.
Voici ce procédé. On fature du jus de citron

bouillant de craie pulvérifée ; l'acide forme avec la chaux un fel peu foluble, & l'eau fur-nageante retient en diffolution les fubftances muqueufe & extractive ; on lave le précipité avec de l'eau tiède jufqu'à ce qu'elle ne prenne plus de couleur ; il s'en diffout à-peu-près autant que du fulfate de chaux ; on le traite enfuite par la quantité d'acide fulfurique né-ceffaire pour la faturation de la dofe de craie employée, & étendue de dix parties d'eau ; on fait bouillir ce mélange pendant quel-ques minutes. On filtre après le refroidiffe-ment ; le fulfate de chaux refte fur le filtre ; la liqueur évaporée donne un acide concret & criftallifé. Dans cette opération il vaut mieux, fuivant la remarque de Schéele, qu'il y ait un excès d'acide fulfurique, que d'y laiffer un peu de chaux qui empêche que l'acide citrique ne criftallife : l'excès d'acide fulfurique refte dans l'eau-mère.

L'acide citrique ainfi préparé eft très-pur & très-concentré ; fa faveur eft fortement acide ; il rougit toutes les couleurs bleues végétales qui font fufceptibles de ce changement. Le feu le décompofe & le convertit en phlegme acidule, en acide carbonique gazeux, en gaz hydrogène carboné ; il refte un peu de charbon dans la cornue, fes criftaux ne s'altèrent point à l'air ;

il est très-dissoluble dans l'eau, sa dissolution se décompose par une vraie putréfaction, mais qui est très-lente. Uni avec les terres & les alkalis, il forme les citrates d'alumine, de baryte, de magnésie, de chaux, de potasse, de soude, d'ammoniaque, dont les propriétés n'ont pas encore été bien reconnues, mais que l'on sait être différens de tous les autres sels neutres. L'acide nitrique ne le convertit point en acide oxalique comme il fait plusieurs autres acides végétaux, il paroît être un des plus puissans de ces acides, il agit sur plusieurs substances métalliques à l'aide de l'eau, & notamment sur le zinc, le fer, le cuivre, &c.

Ses affinités, indiquées par Bergman, sont dans l'ordre suivant. La chaux, la baryte, la magnésie, la potasse, la soude, l'ammoniaque. M. de Bressey de Dijon a déterminé ses attractions un peu différemment; suivant lui la baryte tient le premier rang, la chaux le second, & la magnésie le troisième; les alkalis viennent ensuite. Il résulte des recherches de ces deux observateurs que les trois terres alkalines sont préférées aux alkalis par cet acide.

Les usages de l'acide citrique sont assez multipliés. On en fait avec de l'eau & du sucre une boisson fort agréable, connue sous le nom de limonade. On l'emploie en médecine, comme rafraîchiffant, tempérant, anti-feptique, anti-fcorbutique, diurétique ; il corrige fur - tout l'âcreté de la bile ; on s'en fert quelquefois comme d'un léger efcarotique dans les ulcères fcorbutiques, les éruptions dartreufes, les taches de la peau. Concentré par le procédé de M. Georgius ou de M. Dubuiffon, on pourra l'emporter dans les voyages de mer, & il fera d'une grande reffource dans ceux de long cours.

§. II. *De l'Acide gallique.*

Nous donnons le nom d'acide gallique à celui que l'on extrait de la noix de galle qui vient fur le chêne par la piquure d'un infecte. Cet acide exifte auffi en général & en plus ou moins grande quantité dans toutes les fubftances végétales acerbes ou aftringentes. Tels font les bois de chêne, de frêne, de faule, les écorces des mêmes arbres, le quinquina, le fimarouba, la grenade, le fumac, la tormentille, les noix de cyprès, le brou de noix, la tige & les feuilles d'iris des marais, de fraifier, de nénuphar, &c.

Les chimiftes ne connoiffoient autrefois dans cette matière, qu'ils défignoient par le nom de *principe aftringent*, que la propriété à la vérité exclufive & très-caractériftique de précipiter les diffolutions de fer dans les acides en noir, de faire de l'encre. MM. Macquer, Monnet,

Lewis, Cartheufer & Gioanetti avoient recherché par des expériences la manière d'agir de ce principe fur ce métal. M. Monnet avoit furtout remarqué que la noix de galle & les fucs végétaux aftringens agiffoient immédiatement fur le fer, & le coloroient en noir. M. Gioanetti avoit obfervé que le précipité ou la fécule atramentaire n'étoit point attirable à l'aimant, & que le fer n'y étoit point à l'état métallique, comme on l'avoit penfé avant lui. Ces obfervations auroient dû faire penfer que le principe aftringent de la noix de galle étoit un acide, ou au moins fe comportoit comme un acide dans les opérations chimiques. Meffieurs les académiciens de Dijon font cependant les premiers qui, après les auteurs cités, ont commencé à reconnoître dans leurs expériences que le principe aftringent étoit un acide. Ces favans ont fait voir, 1°. que les produits de la noix de galle diftillée, noirciffoient avec la diffolution de fulfate de fer; 2°. qu'une once de cette excroiffance donne à l'eau froide une teinture d'où on tire $3\frac{1}{2}$ gros d'extrait par l'évaporation; 3°. que cette infufion rougit le tournefol & le papier bleu; 4°. que le même principe eft diffoluble dans les huiles, dans l'alcohol, dans l'éther; 5°. que les acides le diffolvent fans l'altérer & fans lui ôter la propriété de précipiter le fer en noir ; 6°. que sa dissolution dans l'eau précipite les sulfures alkalins ; 7°. qu'il décompose complettement toutes les dissolutions métalliques, & colore leurs oxides en s'y combinant ; 8°. enfin qu'il dissout directement le fer & réduit l'argent & l'or après les avoir séparés de leurs dissolvans.

Tels sont les faits importans annoncés par MM. les académiciens de Dijon, dont plusieurs à la vérité avoient déjà été vus par quelques chimistes, mais qui n'avoient été pour aucuns l'annonce de l'acidité de ce principe, comme ils l'ont été pour ces savans.

Depuis eux Schéele a non-seulement fait observer que toutes les plantes acerbes & astringentes donnent des signes d'acidité ; mais il a découvert & décrit encore un procédé pour obtenir cet acide végétal pur & cristallisé.

On verse sur une livre de noix de galle en poudre six livres d'eau distillée ; on laisse macérer pendant une quinzaine de jours à la température de 16 à 20 degrés ; on filtre & on met la liqueur dans une terrine de grès ou une grande capsule de verre. On la laisse évaporer lentement à l'air ; il se forme une moisissure & une pellicule épaisse comme glutineuse ; il se précipite des floccons muqueux fort abondans ; la dissolution n'a plus alors une saveur fort astringente,

mais plus fenfiblement acide; & après deux
ou trois mois d'expofition à l'air, on obferve
fur les parois du vafe une plaque brune adhérente & couverte de criftaux grenus, brillans,
gris jaunâtres; les mêmes criftaux exiftent auffi
en grande quantité fous la pellicule épaiffe
qui recouvre la liqueur; alors on décante celle-
ci; on verfe fur le dépôt flocconeux, la pellicule & la croûte criftalline, de l'alcohol qu'on
fait chauffer; ce diffolvant enlève tout le fel
criftallifé, & ne touche point au mucilage. On
évapore cette diffolution fpiritueufe, & on a
l'acide gallique pur en petits criftaux grenus,
d'un gris un peu jaune & brillans.

L'acide gallique ainfi purifié a une faveur
aigre peu aftringente. Il précipite le fulfate &
les autres fels de fer en un noir très-beau &
très-brillant; il rougit fortement la teinture de
tournefol; chauffé avec le contact de l'air, il fe
bourfouffle & s'enflamme en répandant une
odeur affez agréable, & laiffe un charbon difficile à incinérer; diftillé à un feu doux, une
partie s'élève diffous dans l'eau de criftallifation; une autre fe fublime en petits criftaux
foyeux fans décompofition : un grand feu en
fépare quelques gouttes d'huile, des gaz acide
carbonique & hydrogène carboné. La noix de
galle diftillée entière donne un peu de fel concret analogue à l'acide gallique fublimé.

L'acide gallique demande 24 parties d'eau froide pour être diffous ; lorfque l'eau eft bouillante il n'en faut que 3 parties. Les diffolutions & les criftallifations répétées ne le blanchiffent pas fenfiblement. L'alcohol le diffout bien plus efficacement ; quatre parties de ce liquide froid fuffifent ; lorfqu'il eft bouillant il en diffout un poids égal au fien.

Cet acide dégage l'acide carbonique des bafes terreufes & alkalines, lorfqu'on en aide l'action par la chaleur.

Il forme avec la baryte, la magnéfie & la chaux des fels folubles dans l'eau, fur-tout à l'aide d'un excès de ces bafes. La potaffe, la foude & l'ammoniaque s'y uniffent très-bien, & forment des *gallates* dont on ne connoît point encore les propriétés.

L'acide nitrique convertit l'acide gallique en oxalique.

L'acide gallique précipite l'or de fon diffolvant en une poudre brune, & une partie du métal paroît à la furface en une pellicule brillante & métallique. L'argent eft précipité en brun, & une lame de ce métal réduit couvre bientôt la furface de la liqueur. Le mercure eft précipité en jaune orangé, le cuivre en brun, le fer en beau noir luifant, le bifmuth en jaune citron. Les diffolutions de platine, de zinc, d'étain, de cobalt, de manganèfe n'éprouvent point d'altération par cet acide.

Telles font les propriétés reconnues par Schéele dans l'acide gallique préparé comme on l'a indiqué. Elles fuffifent pour faire regarder ce fel comme un acide particulier & différent de tous les autres. Sa nature intime, & les proportions de fes principes, n'ont point été déterminés. M. de Morveau en a retiré une réfine qu'il croit être la bafe acidifiable, dont l'union avec l'oxigène forme cet acide.

On connoît affez les ufages de la noix de galle pour la teinture en noir; nous ajouterons feulement, à ce que nous en avons déjà dit à l'article du fer, qu'en employant l'acide gallique purifié pour la préparation de l'encre, celle-ci eft très-belle, très-noire & fe conferve long-tems fans altération.

§. III. *De l'Acide malique.*

Nous donnons le nom d'*acide malique* à l'acide végétal particulier que Schéele a extrait du fuc de plufieurs fruits, & qu'il a trouvé fur-tout très-abondant dans les pommes.

Pour obtenir cet acide on exprime des pommes aigres, on en fature le jus par la potaffe, on mêle la liqueur avec une diffolution d'acétite de plomb ou fucre de faturne; il fe fait une double décompofition, l'acide acéteux fe porte fur la potaffe, & l'acide malique fur l'oxide de plomb; le malate de plomb fe précipite; on lave ce précipité; on le traite avec l'acide fulfurique étendu d'eau; il fe forme du fulfate de plomb, & l'acide malique furnage. On doit mettre affez d'acide fulfurique pour décompofer tout le malate de plomb, ce qu'on reconnoît à la faveur acide franche de la liqueur.

Cet acide jouit des propriétés fuivantes; on ne peut l'obtenir fous forme concrète; il forme avec les trois alkalis des fels neutres déliquefcens; avec la chaux un fel qui donne de petits criftaux irréguliers folubles dans l'eau bouillante, dans le vinaigre & dans l'acide malique lui-même; avec l'alumine un fel très-peu foluble; avec la magnéfie un fel déliquefcent. Il diffout le fer, cette diffolution eft brune & incriftallifable; il donne avec le zinc qu'il diffout bien un fel en très-beaux criftaux; l'acide nitrique le change en acide oxalique; il précipite les nitrates de mercure, de plomb & d'argent, & l'or dans l'état métallique; le malate calcaire décompofe le citrate ammoniacal, & il fe forme du citrate calcaire infoluble dans l'eau bouillante & dans les acides végétaux; la diffolution de malate calcaire dans l'eau eft précipitée par l'alcohol ; enfin l'acide malique est promptement détruit par le feu, qui le change en acide carbonique ; ce dernier fature en partie les bafes des malates décompofés par la chaleur. Telles font les propriétés qui établiffent le caractère particulier de cet acide.

Schéele l'a trouvé prefque pur ou mêlé avec peu d'acide citrique dans les jus de pomme, d'épine-vinette, des bayes de fureau, des fruits du prunier épineux, du forbier des oifeaux, du prunier cultivé ; il l'a trouvé uni à moitié de fon poids d'acide citrique dans les grofeilles, les cerifes, les fraifes, les framboifes, la ronce fans épine, &c. enfin il l'a retiré du fucre par l'acide nitrique, & M. de Morveau remarque que l'acide malique s'y manifefte avant l'acide oxalique.

Lorfque des fruits aigres contiennent en même tems de l'acide citrique & de l'acide malique, voici le procédé que Schéele a fuivi pour les féparer & pour obtenir ce dernier pur. Le fuc de grofeilles faturé de craie donne du citrate calcaire qui fe précipite comme infoluble ; la liqueur furnageante tient en diffolution le malate calcaire qu'on fépare par l'alcohol ; mais comme il refte toujours uni à un mucilage, Schéele a eu recours à un autre moyen pour l'obtenir pur. Il a évaporé le jus de grofeille en confiſtance de ſyrop, il a verſé deſſus de l'alcohol qui a diſſous l'acide ſans toucher au mucilage, & il a filtré pour ſéparer ce dernier ; la liqueur filtrée, il a évaporé l'alcohol ; il a ſaturé les acides par la craie. La portion d'acide citrique s'eſt dépoſée en citrate calcaire, & le malate calcaire eſt reſté diſſous. Ce nouvel alcohol l'a précipité de ſa liqueur, & Schéele en a obtenu l'acide malique, en diſſolvant ce ſel dans l'eau, en précipitant ſa diſſolution par l'acétite de plomb, & en décompoſant le malate de plomb par l'acide ſulfurique ; l'acide malique ſe trouve libre dans la liqueur ſurnageante.

§. IV. *De l'Acide benzoique.*

On ſait depuis Blaiſe de Vigenère, qui écrivóit au commencement du ſiècle dernier, que le benjoin fournit à la diſtillation un ſel acide criſtalliſé en aiguilles très - odorantes, d'une ſaveur âcre, qu'on nomme en pharmacie *fleurs de benjoin*. Autrefois les chimiſtes penſoient que c'étoit un acide minéral modifié, mais aujourd'hui les propriétés particulières & caractériſtiques qu'on y a reconnues, ne permettent plus de douter que ce ne ſoit un acide végétal différent de tous les autres.

Cet acide exiſte dans le benjoin, le baume

du Pérou & de Tolu, le ftorax, le liquidambar, la vanille autour de laquelle il fe criftallife. Schéele l'a auffi trouvé dans le fucre de lait & l'extrait d'urine, on verra à l'article benjoin que le procédé fimple qu'on employoit autrefois pour l'obtenir confiftoit en une fublimation à un feu doux. Geoffroi découvrit en 1738 qu'on pouvoit l'extraire par l'eau, & que cette fubftance faline étoit toute contenue & formée dans le benjoin; je l'ai extrait par ce même procédé du baume du Pérou, du ftorax, des gouffes de vanille. Mais ce moyen n'en fournit qu'une petite quantité, parce que la réfine du benjoin qui ne fe mêle point à l'eau, enveloppe & défend une grande partie du fel acide.

Schéele a donné en 1776, dans les mémoires de Stockolm, des obfervations importantes fur l'acide benzoique : 96 parties de benjoin lui ont formé par la fublimation entre 9 & 10 parties de ce fel fublimé, ce qui eft fort éloigné de l'eftimation de Spielman qui affuroit qu'il en avoit obtenu le quart du benjoin employé ; il paroît que le chimifte de Strasbourg l'avoit eftimé mêlé de beaucoup d'huile empyreumatique. Schéele fit bouillir de l'eau fur du benjoin en poudre mêlé de craie, filtra la liqueur qui ne donna point de fel par le refroidiffement; de l'acide sulfurique versé dans cette liqueur, en sépara l'acide benzoique en poudre, & indiqua que cet acide s'étoit uni à la base de la craie, & avoit formé un sel neutre soluble dans l'eau; cependant la quantité d'acide concret & précipité par ce procédé n'étoit pas plus considérable que celle que l'on obtient par la simple lixiviation. Schéele pensa qu'il en obtiendroit davantage en employant une matière susceptible d'agir sur la résine, & de faciliter la séparation du sel. La potasse ne remplit pas son objet; la résine se réunissoit à la surface de la liqueur, sous la forme d'une huile épaisse & tenace, qui ne permettoit pas d'espérer une séparation assez complète de l'acide. La chaux vive lui réussit mieux & on s'en sert d'après lui de la manière suivante. On prend 4 onces de chaux vive; on l'éteint avec 12 onces d'eau; on en ajoute huit livres lorsque le bouillonnement a cessé; on mêle six onces de cette eau de chaux sur une livre de benjoin en poudre, on remue assez fortement pour mêler ces deux substances; on verse peu-à-peu toute l'eau de chaux; ce mélange par parties empêche le benjoin de se réunir en masse; on chauffe le liquide sur un feu doux pendant une demi-heure en l'agitant continuellement; on retire du feu & on le laisse déposer pendant plusieurs heures; on décante enſuite la liqueur claire ; on jette huit livres d'eau ſur le réſidu, on la fait bouillir une demi-heure, on réunit cette liqueur claire à la précédente ; on répète deux fois encore ce lavage & cette ébullition ; on finit par arroſer le réſidu mis ſur un filtre avec de l'eau chaude. Toutes ces leſſives ſont enſuite réduites à deux livres par l'évaporation ; il ſe ſépare un peu de réſine ; la liqueur évaporée étant refroidie , on y verſe goutte à goutte de l'acide muriatique, juſqu'à ce qu'il ne ſe faſſe plus de précipité & qu'il y ait une ſaveur acide ſenſible dans le liquide ; le ſel de benjoin ſe précipite ſous la forme de pouſſière. On l'édulcore ſur le filtre ; ſi on veut l'avoir en criſtaux, on le diſſout dans cinq ou ſix fois ſon poids d'eau bouillante ; on filtre à travers un linge, & on laiſſe refroidir lentement cette diſſolution ; le ſel ſe dépoſe en priſmes comprimés & très-longs ; dans ce procédé la chaux abſorbe l'acide benzoique & forme avec lui du benzoate calcaire qui eſt très-ſoluble, la réſine ſe ſépare de ce ſel qui n'a que très-peu d'affinité avec elle ; l'acide muriatique, dont l'attraction pour la chaux eſt plus forte que celle de l'acide benzoique, s'empare de cette terre & ſépare l'acide végétal. La liqueur réduite à deux livres par l'évaporation ne ſuffit plus pour tenir cet acide en diſſolu-

tion

tion, & prefque tout fe dépofe ; le benzoate calcaire n'a pas l'odeur du benzoin, mais auffi-tôt que l'acide benzoique eft féparé par l'acide muriatique, il reprend l'odeur vive qui eft propre à cette fubftance balfamique. Par ce procédé Schéele a obtenu 12 à 14 gros d'acide benzoique par livre de benjoin, tandis que la fublimation n'en donne que 9 à 10. Il avertit encore que la purification de ce fel par l'eau chaude & par la criftallifation en fait perdre une grande quantité, & que cette purification n'eft pas néceffaire pour les ufages pharmaceutiques : en effet, ce fel bien criftallifé eft très-difficile à réduire en poudre, & la purification n'a pour objet que d'en féparer environ 2 grains de réfine par livre de benzoin. Enfin il remarque que la filtration de cet acide diffous dans l'eau ne peut être faite qu'à travers un linge. Comme il fe fépare promptement & à mefure que la liqueur fe refroidit, ce fel bouche les pores du papier, & la filtration ne peut avoir lieu.

Depuis les expériences de Schéele, M. Lichtenftein a publié en Allemagne des obfervations fur l'acide benzoique, dans lefquelles il affure que la fublimation fournit plus de cet acide que le procédé par l'eau de chaux ; mais je penfe avec Schéele & M. de Morveau que cela ne peut s'entendre que de ce fel purifié.

L'acide benzoique pur a une faveur légèrement aigre, piquante, chaude & âcre; fon odeur n'eft que peu aromatique; il rougit bien la couleur du tournefol.

La chaleur le volatilife en augmentant fingulièrement fon odeur. Si on l'expofe au feu de chalumeau dans une cuiller d'argent, il fe liquéfie fuivant l'obfervation de M. Lichtenftein, & il s'évapore fans s'enflammer; fi on le laiffe refroidir, il forme une croute folide qui offre à fa furface des traces de criftallifation en rayons divergens. Il ne brûle avec flamme que lorfqu'il eft en contact avec des corps eux-mêmes fortement enflammés. Le contact d'un charbon ardent ne fait que le fublimer rapidement.

L'air ne paroît avoir aucune action fur cet acide, car après avoir été confervé 20 ans dans un vaiffeau de verre, il étoit très-pur & n'avoit rien perdu de fon poids; fon odeur fe diffipe, mais elle reparoît par la chaleur.

L'acide benzoique n'eft que très-peu foluble dans l'eau froide. Il paroît d'après les expériences de MM. Wenzel & Lichtenftein que 480 grains d'eau froide n'en diffolvent qu'un grain, & que la même quantité d'eau bouillante peut en diſſoudre 20 grains, dont 19 ſe ſéparent par le refroidiſſement. Bergman dit que l'eau bouillante peut en prendre $\frac{1}{24}$ de ſon poids, & qu'à la température moyenne elle en diſſout à peine $\frac{1}{500}$.

L'acide benzoïque s'unit à toutes les baſes terreuſes & alkalines, & forme avec elles les benzoates d'alumine, de baryte, de magnéſie, de chaux, de potaſſe, de ſoude & d'ammoniaque. On ne connoît point les propriétés caractériſtiques de chacune de ces combinaiſons, non plus que les attractions diverſes de cet acide pour les baſes. M. Lichtenſtein aſſure qu'il préfère les alkalis fixes & même l'ammoniaque aux terres alumineuſe, magnéſienne & calcaire; mais il faut des expériences plus multipliées pour déterminer exactement l'ordre de ces attractions, d'autant plus que Bergman les indique différemment. Suivant lui la chaux en ſépare les baſes alkalines, & la baryte en ſépare la chaux; il dégage l'acide carbonique de toutes ces baſes.

L'acide ſulfurique concentré le diſſout facilement ſans chaleur & ſans bruit ſuivant le même chimiſte, cependant il paſſe à l'état d'acide ſulfureux; on peut en ſéparer l'acide benzoïque non altéré par l'eau.

L'acide nitrique le diſſout de même, & l'eau

dégage également ce fel fans altération. M. de Morveau a augmenté l'action de ces deux corps par la chaleur; le gaz nitreux ne s'eft dégagé qu'à la fin, & l'acide benzoique s'eft fublimé en entier & fans altération. Cependant M. Hermf-tadt dit qu'en employant de l'acide nitreux concentré, l'acide benzoique devient fluide, plus fixe, & perd les caractères de l'acide tartareux ou oxalique; mais ce réfultat, qui eft par lui-même fort incertain, demande de nouvelles recherches. Ce qui paroît le plus vrai fur cet acide, c'eft qu'il differe par fa nature & fes propriétés de tous les autres acides végétaux, & qu'il retient une huile effentielle qui lui donne de l'odeur, de la volatilité, de la com-buftibilité & de la diffolubilité dans l'alcohol.

CHAPITRE VI.

Des Acides végétaux en partie faturés de potaffe, & de ces mêmes Acides purs.

Nous avons diftingué dans le quatrième chapitre une claffe particulière d'acides végétaux que nous avons dit être en partie combinés avec de la potaffe. Nous connoiffons deux acides dans ce cas, favoir l’acide du tartre & celui de l’ofeille. Nous défignons ces acides en partie neutralifés par l’expreffion d’*acidules*, l’un tartareux & l’autre oxalique.

§. I. *De l’acidule tartareux ou du tartre, & de l’acide tartareux pur.*

Le tartre du commerce eſt un ſel eſſentiel acide uni à une portion de potaffe & d’huile, qui ſe dépoſe ſur les parois des tonneaux pendant la fermentation inſenſible du vin. Il n’eſt point un produit de la fermentation ſpiritueuſe, comme quelques chimiſtes l’ont cru, puiſque Rouelle le jeune l’a trouvé tout formé dans le moût & dans le verjus. Beaucoup d’autres chimiſtes l’ont depuis trouvé tout formé dans pluſieurs fruits.

Il eſt ſous la forme de plaques irrégulières, diſpoſées par couches, ſouvent remplies de criſtaux brillans, d’une ſaveur acide & vineuſe. On diſtingue le tartre blanc & le tartre rouge, qui ne diffère du premier que par une matière extractive colorante plus abondante.

Le tartre crud expoſé au feu dans des vaiſſeaux fermés, fournit un phlegme acide rougeâtre, une huile d’abord légère, enſuite peſante, colorée & empyreumatique, un peu d’ammoniaque, & une grande quantité d’acide carbonique, que Hales, Boerhaave & plusieurs autres chimistes ont pris pour de l'air. Il reste un charbon qui contient beaucoup de carbonate de potasse, & qui s'incinère facilement. On retire par la combustion & l'incinération du tartre, de l'alkali fixe assez pur. Pour cet effet, on met du tartre en poudre dans des cornets de papier, qu'on trempe ensuite dans l'eau; on les arrange dans un fourneau entre deux lits de charbon que l'on allume, le tartre brûle & se calcine; quand le feu est éteint, on retire les cornets qui conservent leur forme; on lessive ce qu'ils contiennent avec de l'eau distillée froide: on filtre cette lessive, on l'évapore jusqu'à pellicule, on la laisse refroidir pour en séparer le sulfate de potasse qui s'y forme par le repos, on décante l'eau de dessus ce sel, on la fait évaporer & cristalliser de nouveau jusqu'à ce qu'elle ne donne plus de sulfate de potasse; alors on l'évapore à siccité, & on obtient, par ce moyen, de la potasse en partie caustique & en partie combinée avec l'acide carbonique.

Le tartre ne se dissout que très-difficilement dans l'eau, puisqu'une once de ce fluide à la température de dix degrés au-dessus de la glace, n'en a pris que quatre grains. Comme il contient beaucoup de matière huileuse & colorante,

on le purifie par la diffolution & la criftallifation à Aniane & à Calviffon, dans les environs
de Montpellier. C'eft au docteur Fizes qu'on
doit les détails de cette purification. Il les a
confignés dans un mémoire imprimé parmi ceux
de l'académie en 1725.

On fait bouillir le tartre dans l'eau ; on filtre
cette diffolution bouillante ; elle fe trouble en
refroidiffant, & elle dépofe des criftaux irréguliers qui forment une pâte ; on fait bouillir
cette pâte dans des chaudières de cuivre, avec
une eau dans laquelle on a mêlé une terre
argileufe tirée du village de Merviel, à deux
lieues de Montpellier ; il s'élève des écumes
qu'on enlève avec foin, & il fe forme enfuite
une pellicule faline ; on ceffe le feu, on caffe
la pellicule qui fe mêle avec les criftaux qui
fe font précipités de la diffolution ; on lave les
criftaux avec de l'eau pour enlever la terre qui
les falit, & on les envoie dans le commerce
fous le nom de *crême* ou de *criftaux de tartre*,
qui ne different entr'eux que parce que la
crême s'eft criftallifée à la furface, tandis que
les criftaux fe font dépofés au fond de la
liqueur. Il paroît que l'argile blanche fert à
débarraffer le tartre de fa matière huileufe &
de fa partie extractive furabondantes.

A Venife, on purifie le tartre d'une manière

un peu différente , suivant M. Defmaretz : on
diffout le fel en poudre dans l'eau bouillante,
on laiffe dépofer les matières impures qu'il contient , & on les enlève avec foin ; la liqueur
donne des criftaux par le repos & le refroidiffement. On rediffout ces criftaux dans de
l'eau qu'on chauffe lentement ; lorfque cette
nouvelle diffolution eft bouillante, on y jette des
blancs d'œufs battus & de la cendre paffée au
tamis. On fait ce mélange de cendres quatorze
ou quinze fois, on enlève l'écume que l'effervefcence y occafionne , & on laiffe la liqueur
en repos. Il s'y forme bientôt une pellicule &
des criftaux falins très-blancs : on décante l'eau,
& on fait fécher le fel ; cette méthode dénature l'acidule tartareux, & en change une partie
en tartrite de potaffe. C'eft de la crême de
tartre ou du tartre purifié aux environs de
Montpellier, qu'il faut examiner les propriétés
chimiques, pour connoître l'acidule tartareux pur.

L'acidule tartareux bien pur eft criftallifé, mais
d'une manière irrégulière. Il a une faveur aigre
& moins vineufe que le tartre cru. Lorfqu'on
le met fur un charbon ardent, il répand beaucoup de fumée qui a une odeur piquante d'empyreume ; il devient noir & charbonneux. Si
l'on foumet cette fubftance en diftillation
dans une cornue de terre à laquelle eft adapté

un ballon terminé par un tube qui plonge fous une cloche pleine d'eau, on obtient, en conduifant le feu par degrés, un phlegme d'abord peu coloré & peu acide ; il paffe enfuite un acide plus fort & d'une couleur plus foncée, une huile qui prend peu-à-peu de la couleur, de la confiftance, dont l'odeur eft empyreumatique, enfin du carbonate ammoniacal, & une grande quantité d'acide carbonique. Il refte dans la cornue un charbon très-abondant qui, leffivé fans incinération, fournit abondamment de la potaffe. Tous ces produits peuvent être rectifiés par une nouvelle diftillation à un feu doux. Le phlegme paffe prefque fans couleur ; l'huile devient très-blanche & très-volatile dans cette rectification ; l'ammoniaque eft en partie combinée à l'acide, & on ne l'obtient féparée & pure qu'en diftillant les dernières portions de phlegme avec addition de potaffe. Quant au charbon, la potaffe qu'il contient n'eft point produite dans l'opération comme l'ont penfé quelques chimiftes qui ne connoiffoient pas bien la nature de la *crême de tartre* ; mais il eft tout contenu dans cette fubftance. C'eft à cet alkali qu'eft due la production de l'ammoniaque, formée par la réaction du premier fur l'huile : on peut même augmenter la quantité de ce fel volatil, en diftillant l'huile obtenue de l'acidule tartareux fur le charbon qu'il laiſſe dans ſon analyſe à la cornue. Il paroît que cette formation de l'ammoniaque eſt due à l'azote de la potaſſe qui s'unit à l'hydrogène dégagé de l'huile.

L'acidule tartareux n'éprouve aucune altération à l'air.

Il ſe diſſout dans vingt-huit parties d'eau bouillante, & il criſtalliſe par refroidiſſement, mais d'une manière très-confuſe. Il ſe ſépare de la diſſolution de ce ſel, une certaine quantité de terre, qui appartient ſans doute à celle qui a été employée dans ſa purification. Cette diſſolution rougit la teinture de tourneſol, & a une ſaveur acide. Si on la laiſſe expoſée à l'air, elle ſe trouble, dépoſe au bout de quelque tems des floccons muqueux; l'acide ſe décompoſe & l'on ne trouve plus dans la liqueur que du carbonate de potaſſe. M. de Machy a obſervé le premier cette décompoſition. MM. Spielman & Corvinus s'en ſont auſſi occupés; mais M. Berthollet a fait des expériences encore plus exactes que ceux qui l'avoient précédé. Il a obſervé que deux onces d'acidule tartareux demandoient 18 mois pour être en entier décompoſées; qu'il fourniſſoit 6 gros $\frac{1}{2}$ de carbonate de potaſſe encore huileux & mêlé d'un peu de carbone; que cette quantité d'alkali répondoit

affez exactement à celle que donnoit cet acidule par la combuſtion & la calcination. Le
réſidu alkalin de la diſtillation & cette décompoſition ſpontanée prouvent donc qu'il exiſte dans
l'acidule tartareux, à-peu-près le quart de ſon
poids de potaſſe.

On ne connoît point l'action de la terre
ſilicée & très-peu celle de l'alumine & de la
baryte ſur l'acidule tartareux. MM. les chimiſtes
de l'académie de Dijon ont obſervé que la
magnéſie formoit avec ce ſel acidule un ſel
ſoluble, que l'alkali fixe décompoſoit, & dont
l'évaporation, faite à l'air libre, donnoit de
petits criſtaux priſmatiques, diſpoſés en rayons.
Expoſé au feu, ce tartrite de magnéſie bouillonne & ſe convertit en un charbon léger.
M. Poulletier de la Salle a obtenu de cette
combinaiſon une maſſe gélatineuſe tout-à-fait
ſemblable à un mucilage. Ces phénomènes
tiennent à l'état en partie ſaturé de l'acide tartareux, dans ce ſel végétal acidule.

Pluſieurs chimiſtes ont très-bien décrit l'action
de la chaux & de la craie ſur l'acidule tartareux. Lorſqu'on jette de la craie dans une diſſolution de cet acidule, il ſe produit une efferveſcence occaſionnée par le dégagement de
l'acide carbonique, & il ſe forme un précipité
très-abondant; ce précipité eſt la combinaiſon

de l'acide tartareux & de la chaux. La liqueur
qui le surnage contient un sel neutre tout formé
dans l'acidule ou la *crême de tartre*, & composé
de son acide uni à la potasse; ce sel a été improprement nommé, comme nous le verrons plus
bas, *tartre soluble*. C'est à Rouelle le jeune
qu'on est redevable de cette belle analyse de
l'acidule tartareux par la craie; elle prouve,
1°. que cette substance est composée d'un acide
huileux surabondant, & d'une certaine quantité
de cet acide uni à la potasse, dans l'état d'un
sel neutre; 2°. que la combinaison de l'acide
tartareux avec la chaux, forme un sel neutre
très-peu soluble. M. Proust a découvert que le
tartrite calcaire, distillé dans une cornue, laisse un
résidu qui s'allume à l'air comme le pyrophore.

L'acidule tartareux s'unit très-bien aux différens alkalis. On jette dans une dissolution de
carbonate de potasse, de l'acidule tartareux en
poudre; il se fait une effervescence vive produite par le dégagement de l'acide carbonique;
on ajoute de l'acidule jusqu'à saturation; on
filtre cette liqueur après l'avoir fait bouillir
pendant une demi-heure; on l'évapore jusqu'à
pellicule, & on la laisse refroidir lentement;
il s'y forme des cristaux en quarrés longs, terminés par deux biseaux. Ce sel a été nommé
sel végétal, tartre soluble, tartre tartarisé, &

doit être nommé Tartrite de potaffe. Il a une faveur amère ; il devient charbonneux lorfqu’on le chauffe fortement ; il fe décompofe dans une cornue, & donne un phlegme acide, de l’huile, beaucoup d’acide carbonique & un peu de carbonate ammoniacal. Il attire un peu l’humidité de l’air. Il fe diffout dans quatre parties d’eau chaude à 40 degrés. Cette diffolution fe décompofe en quelques mois, & laiffe l’acidule tartareux combiné avec l’acide carbonique. Les acides minéraux le décompofent & en précipitent de l’acidule tartareux. Il eft également décompofé par la plupart des diffolutions métalliques.

L’acidule tartareux, combiné avec la foude, forme le *fel de Seignette*, nom d’un apothicaire de la Rochelle, qui l’a compofé le premier ; nous l’appelons Tartrite de foude. Pour le préparer on jette 20 onces d’acidule de tartre dans quatre livres d’eau bouillante, on ajoute peu-à-peu du carbonate de foude criftallifé bien pur, jufqu’au point de faturation, que l’on reconnoît lorfqu’il ne s’excite plus d’effervefcence par l’addition de ce fel alkalin. Cette combinaifon rend l’acidule tartareux foluble. On évapore la liqueur prefqu’en confiftance firupeufe, & elle donne, par le refroidiffement, des criftaux très - beaux, très - réguliers, &

souvent d'une grosseur considérable. Ce sont des prismes à six, huit ou dix faces inégales, tronqués à angle droit à leurs extrémités. Le plus souvent ces prismes sont coupés en deux dans leur longueur, & la face large ou la base sur laquelle ils posent est marquée de deux lignes diagonales, qui se croisent dans le milieu, & partagent cette base en quatre triangles. Le tartrite de soude, vendu d'abord comme un secret, & découvert en même-tems par Boulduc & Geoffroy en 1731, a une saveur amère. Il se décompose au feu comme le tartrite de potasse ; il s'effleurit à l'air, parce qu'il contient beaucoup d'eau de cristallisation ; il est presqu'aussi dissoluble que le tartrite de potasse & décomposable comme lui par l'air, par les acides minéraux & par les dissolutions métalliques. L'eau-mère de ce sel contient la portion de tartrite de potasse qui faisoit partie de l'acidule tartareux.

L'ammoniaque forme avec l'acidule de tartre un tartrite ammoniacal, qui cristallise très-bien par l'évaporation & le refroidissement. Bucquet dit que ses cristaux sont des pyramides rhomboïdales. Macquer a vu les uns en gros prismes à quatre, cinq ou six côtés, les autres renflés dans leur milieu, & terminés par des pointes très-aigues, & MM. les académiciens de Dijon l'ont obtenu en parallélipipèdes à deux biseaux alternes. Ce sel ou tartrite ammoniacal, a une saveur fraîche, & il se décompose au feu; il s'effleurit à l'air; il est plus dissoluble dans l'eau chaude que dans l'eau froide, & il cristallise par refroidissement; la chaux & les alkalis fixes en dégagent l'ammoniaque : le contact de l'air, les acides minéraux & les dissolutions métalliques le décomposent. Quand on le prépare, il paroît que la portion de tartrite de potasse, dont l'union avec l'acide tartareux constitue l'acidule ou la *crême de tartre*, reste dans l'eau-mère.

Pott & Margraf ont traité l'acidule tartareux par les acides minéraux, & le dernier en a retiré des sels neutres, semblables à ceux que chacun de ces acides forme avec la potasse; d'où il a conclu que cet alkali est tout formé dans cet acidule. Rouelle le jeune, qui a fait beaucoup de travaux sur cet objet, a obtenu les mêmes résultats. En jettant une livre d'acide sulfurique concentré sur égal poids d'acidule tartareux en poudre très-fine, le mélange s'échauffe, on favorise l'action réciproque des deux substances par la chaleur d'un bain-marie, & en les agitant avec une spatule de verre; on continue cette chaleur pendant dix à douze heures, le mélange devient épais comme une bouillie, on y verfe deux ou trois onces d'eau diftillée bouillante, qui donne de la fluidité à la matière, on la laiffe dans le bain - marie environ deux heures; alors on la retire du feu, & on ajoute à la liqueur trois pintes d'eau diftillée bouillante; cette diffolution eft colorée & opaque, elle contient de l'acide fulfurique à nud, une portion d'acidule tartareux non décompofé & du fulfate de potaffe. On fature l'excès d'acide fulfurique par de la craie, il fe précipite du fulfate de chaux avec un peu d'acidule tartareux; on filtre le mélange & on fait évaporer la liqueur filtrée ; elle donne un peu d'acidule tartareux & de fulfate de chaux, jufqu'à ce qu'elle foit réduite à dix-huit ou vingt onces; alors on la décante, & évaporée de nouveau, elle fournit par le repos des criftaux de fulfate de potaffe, que l'on peut obtenir ainfi jufqu'à la fin par des évaporations & des criftallifations répétées. Ce fel eft toujours mêlé d'un peu d'acidule tartareux, & il brûle fur le fer rouge; mais en le leffivant avec une jufte quantité d'eau diftillée, on le diffout, & l'acidule refte au fond du vaiffeau où fe fait ce lavage. Tel eft le procédé décrit & répété avec fuccès par **M. Berniard**, d'après **Rouelle**.

L'acide nitrique & l'acide muriatique, traités de la même manière avec l'acidule tartareux,
donnent

donnent du nitrate & du muriate de potaffe ; ce qui prouve fans replique la préfence de la potaffe dans cette fubftance.

L'acidule tartareux acquiert de la folubilité par l'union du borax & de l'acide boracique; fuivant les expériences de M. de Laffone, une partie de ce dernier fel peut rendre jufqu'à quatre parties d'acidule tartareux folubles. Cette diffolution mixte, évaporée, donne un fel gommeux verdâtre & fort acide.

L'acidule tartareux paroît fufceptible de s'unir fans décompofition à la plupart des fubftances métalliques, comme l'ont démontré M. Monnet & MM. les chimiftes de l'académie de Dijon; mais comme on n'a que peu examiné toutes ces combinaifons, nous ne parlerons ici que de celles de l'antimoine, du mercure, du plomb & du fer avec cette fubftance faline, parce que ces compofés font mieux connus, & font la plupart employés en médecine.

La combinaifon d'acidule tartareux & d'antimoine porte le nom de *tartre ftibié* ou *antimonié*. C'eft du tartrite d'antimoine & de potaffe. Comme c'eft un des remèdes les plus importans que la chimie puiffe fournir à la médecine, il faut en examiner avec foin les propriétés. Depuis Adrien de Mynficht, qui le premier l'a fait connoître en 1631, on a beaucoup

varié fur fa préparation. Les pharmacopées &
les ouvrages des chimiftes different tous, foit
fur les fubftances antimoniales qu'on doit employer pour cette préparation, foit fur leur
quantité, ainfi que fur celle de l'eau & de
l'acidule tartareux, foit enfin fur la manière de
la faire. On peut voir dans la Differtation de
Bergman fur ce médicament, un tableau très-
bien fait des divers procédés donnés jufqu'actuellement pour préparer le tartrite d'antimoine.
On a fucceffivement confeillé les oxides blanc
fublimé & vitreux, brun ou orangé ; les uns
ont prefcrit de faire bouillir ces fubftances
avec l'acidule tartareux & une plus ou moins
grande quantité d'eau, pendant dix à douze
heures ; d'autres ne demandent qu'une ébullition d'une demi-heure; enfin, il eft des auteurs
qui veulent qu'on évapore la leffive filtrée à
ficcité, & il en eft d'autres qui exigent qu'on
la faffe criftallifer, & qu'on n'emploie en médecine que les criftaux. Il arrive de ces différentes préparations que le tartrite d'antimoine
n'eft jamais le même, & qu'il jouit de divers
degrés d'énergie, de forte qu'on ne peut jamais
être fûr de fes effets. Auffi Geoffroy, qui a
examiné plufieurs *tartres ftibiés* de différens
degrés de force, a-t-il trouvé par l'analyfe que
les plus foibles contiennent par once depuis

trente grains jufqu'à un gros dix-huit grains d'oxide d'antimoine ; ceux d'une éméticité moyenne un gros & demi, & les plus actifs jufqu'à deux gros dix grains. L'oxide d'antimoine vitreux a été choifi préférablement aux autres fubftances antimoniées, parce qu'il eft un des plus folubles par l'acidule de tartre ; mais ce verre métallique peut être plus ou moins oxidé, & ces degrés divers d'oxidation doivent néceffairement influer fur fon éméticité. Cependant en prenant un oxide vitreux d'antimoine bien tranfparent & porphyrifé, en le faifant bouillir dans l'eau avec partie égale d'acidule tartareux, jufqu'à ce que ce dernier foit faturé, filtrant & faifant évaporer à une chaleur douce cette diffolution, on obtient par le repos & le refroidiffement des criftaux de tartrite antimonié, dont les degrés d'éméticité paroiffent être affez conftans. On décante la liqueur, on la fait évaporer, & elle fournit par plufieurs évaporations fucceffives de nouveaux criftaux. L'eau-mère contient du foufre, du tartrite de potaffe, & une certaine quantité de fulfure alkalin antimonié. Lorfqu'on filtre le mélange d'acidule tartareux, d'oxide vitreux d'antimoine & d'eau qu'on a fait bouillir pour la préparation du tartrite antimonié, il refte fur le filtre une matière comme gélatineufe jaune ou brune, que Rouelle a fait connoître. Cette gelée diftillée donne un pyrophore très-inflammable fuivant M. Prouft.

Macquer a propofé de fubftituer à l'oxide vitreux d'antimoine, l'oxide blanc précipité du muriate d'antimoine par l'eau ; cet oxide eft un émétique violent, que Macquer croyoit être toujours le même. Bergman a adopté l'opinion de Macquer, & on prépare depuis dans le laboratoire de l'académie de Dijon, un tartrite d'antimoine, fuivant la méthode de ce chimifte & celle de M. de Laffone. Ce médicament a été employé avec le plus grand fuccès ; il opère à la dofe de trois grains fans fatiguer l'eftomac ni les inteftins.

Le tartrite d'antimoine fe criftallife én pyramides trièdres ; il eft très-tranfparent ; il fe décompofe au feu, & devient charbonneux ; il eft efflorefcent à l'air, & devient d'un blanc mat & farineux ; il fe diffout dans foixante parties d'eau froide, & dans beaucoup moins d'eau bouillante ; il fe criftallife par refroidiffement ; les alkalis & la chaux le décompofent. La terre calcaire & l'eau pure en grande dofe font fufceptibles de le décompofer ; d'où il fuit qu'on ne doit l'adminiftrer que dans l'eau diftillée. Les fulfures alkalins & le gaz hydrogène fulfuré le précipitent en une poudre rouge ou efpèce d'oxide d'antimonie fulfuré, & peut fervir à faire reconnoître ce fel dans toutes les liqueurs où il fe trouve. Le fer s'empare de l'acide tarta-reux, & fépare l'oxide d'antimoine ; on ne doit donc pas préparer le tartre ftibié dans des vaif-feaux de ce métal. M. Durande, médecin & profeffeur de Dijon, a propofé de faire pré-parer ce médicament publiquement & par un procédé uniforme, comme on a coutume de faire pour la thériaque. Nous croyons que cela ne pourroit qu'être fort utile en procurant un tartrite d'antimoine uniforme, & fur les effets duquel le médecin pourroit toujours compter. Il paroît que le tartrite d'antimoine contient la portion de tartrite de potaffe qui fait partie de l'acidule tartareux & que c'eft une forte de fel triple.

On peut combiner l'acide tartareux avec le mercure par deux moyens. L'un, dont M. Mon-net a fait mention, confifte à faire diffoudre dans l'eau bouillante fix parties d'acidule tarta-reux avec une partie d'oxide de mercure pré-cipité de l'acide nitrique par le carbonate de potaffe. Cette liqueur filtrée & évaporée lui a donné des criftaux qui ont été décompofés par l'eau pure. Le fecond moyen d'unir le mercure à l'acidule tartareux, c'eft de verfer une diffo-lution nitrique de ce métal dans une diffolution de tartrite de potaffe ou de foude, on obtient un précipité formé par le tartrite mercuriel, & le nitrate de potaffe ou de foude refte en diffolution dans la liqueur.

L'acidule tartareux agit d'une manière fenfible fur les oxides de plomb. Rouelle le jeune s'eft affuré que le tartrite de plomb qui fe forme dans cette opération, ne refte point en diffolution dans la liqueur, & que cette dernière évaporée ne fournit que du tartrite de potaffe pur qui étoit tout contenu dans l'acidule tartareux ; c'eft un des procédés dont il s'eft fervi pour démontrer la préfence de la potaffe dans le tartre.

Le cuivre & fes oxides font affez facilement attaqués par l'acidule tartareux ; il en réfulte un fel d'un beau vert, fufceptible de criftallifation, mais qui n'a été que peu examiné jufqu'à préfent.

Le fer eft un des métaux fur lequel l'acidule tartareux agit le plus efficacement. On prépare un médicament, nommé *tartre chalybé*, en faifant bouillir dans douze livres d'eau quatre onces de limaille de fer porphyrifée & une livre de tartre blanc. Lorfque le tartre eft diffous, on filtre la liqueur, elle dépofe des criftaux, on en obtient de nouveau en faifant évaporer l'eau-mère. Pour préparer la *teinture de mars tartarifée*, on fait une pâte avec fix onces de limaille de fer, une livre de tartre blanc en poudre, & fuffifante quantité d'eau ; on laiffe ce mêlange en repos pendant vingt-quatre heures ; on l'étend enfuite dans douze livres d'eau, & on fait bouillir le tout pendant deux heures, en ajoutant de l'eau pour remplacer celle qui s'évapore ; on décante la liqueur, on la filtre, on l'épaiffit en confiflance de firop, & on y ajoute une once d'alcohol. Rouelle s'eft affuré que la potaffe eft libre dans cette teinture, & qu'en la traitant par les acides, on obtient des fels neutres qui font reconnoître cet alkali. Il y a encore deux médicamens formés par la combinaifon de l'acide tartareux & du fer ; l'un eft le *tartre martial foluble* qui n'eft qu'un mêlange d'une livre de *teinture de mars tartarifée*, & de quatre onces de tartrite de potaffe, évaporé à ficcité ; l'autre eft connu fous le nom de *boules de mars*. On les prépare en mettant une partie de limaille d'acier, & deux parties de tartre blanc en poudre, dans un vaiffeau de verre, avec une certaine quantité d'eau-de-vie ; lorfque cette dernière eft évaporée, on pulvérife la maffe, & on ajoute de l'eau-de-vie, qu'on laiffe évaporer comme la première fois ; on repète ce procédé jufqu'à ce que le mélange foit gras & tenace ; alors on en forme des boules.

Le tartre crud eft fort utile dans la teinture, les chapeliers en font auffi ufage.

Les différentes préparations de l'acidule tartareux dont nous avons fait l'énumération, font employées la plupart en médecine. L'acidule tartareux pur eft regardé comme rafraîchiffant & antifeptique ; à la dofe d'une demi-once ou d'une once, il purge doucement & fans exciter de naufées. Les tartrites de potaffe & de foude font d'un ufage fréquent , comme purgatifs adjuvans, à la dofe de quelques gros. Le tartrite d'antimoine eft un des médicamens les plus utiles & les plus puiffans que la médecine doit à la chimie. Ce fel eft émétique, purgatif, diurétique, diaphorétique, fondant, fuivant les dofes & les procédés qu'on emploie dans fon adminiftration. Souvent même il produit tous ces effets à la fois. Il doit encore être regardé comme un altérant puiffant, & comme propre à détruire les embarras & les obftructions des vifcères lorfqu'on le donne à une dofe très-petite & répétée. On l'adminiftre à la dofe d'un grain jufqu'à quatre, diffous dans quelques verres d'eau, comme vomitif. On le mêle à la dofe d'un grain avec d'autres purgatifs dont il aide l'action : enfin, à celle d'un demi-grain étendu dans une grande quantité d'eau, il agit comme altérant. M. de Laffone a découvert que le tartrite d'antimoine eft rendu très-foluble dans l'eau par le mélange du muriate ammoniacal, & qu'il en réfulte un fel mixte analogue au muriate ammoniaco-mercuriel. Ce nouveau fel triple doit produire des effets très-énergiques fur l'économie animale. Le *tartre chalybé*, le *tartre martial foluble*, la *teinture de mars tartarifée*, font employés comme toniques & apéritifs.

Telles font les propriétés de l'acidule tartareux natif ou de l'acide tartareux combiné par la nature avec une certaine quantité de potaffe; il étoit néceffaire de les examiner avec foin, parce que cette fubftance eft très-utile & très-employée dans cet état. Mais ce n'eft point là l'acide tartareux pur; il eft également important d'en connoître les caractères & les propriétés. M. Retzius a publié dans les mémoires de Stockolm en 1770, un procédé dû à Schéele pour l'extraction & la purification de cet acide. On jette dans une diffolution de deux livres d'acidule tartareux à l'eau bouillante, de la craie lavée, jufqu'à ce qu'il n'y ait plus d'effervefcence, ni d'acide libre; il en faut un peu plus du quart du poids de l'acidule. On ramaſſe ſur un filtre & on lave à l'eau chaude le précipité de tartrite calcaire qui s'eſt formé ; on en a communément 32 à 33 onces, en raiſon de l'eau qu'il retient. La liqueur décantée de deſſus ce précipité donne par l'évaporation à-peu-près la moitié de l'acidule employé, de tartrite de potaſſe qui n'a point été décompoſé par la craie. On verſe ſur le tartrite calcaire en poudre un mélange de $9\frac{1}{2}$ onces d'acide ſulfurique concentré étendu avec 5 livres 5 onces d'eau ; on laiſſe digérer pendant douze heures en agitant de tems en tems le mélange. On décante la liqueur de deſſus le ſulfate de chaux ; on l'évapore après s'être aſſuré qu'elle ne contient point d'acide ſulfurique. Pour cela on y verſe quelques gouttes d'acétite de plomb ou de ſel de ſaturne ; ſi le précipité qui ſe forme eſt entièrement ſoluble dans le vinaigre, la leſſive ne contient pas d'acide ſulfurique ; s'il ne l'eſt pas par cet acide fermenté, elle contient de l'acide ſulfurique ; on l'en débarraſſe en faiſant digérer la liqueur ſur une certaine quantité de tartrite calcaire. On peut employer la chaux au lieu de craie pour obtenir l'acide tartareux ; mais comme cette terre alkaline décompoſe le tartrite de potaſſe contenu dans l'acidule tartareux, la leſſive ne contient que de l'alkali au lieu de tartrite de potaſſe, comme dans le premier procédé. L'emploi de la chaux vive dans cette décompofition donne plus d'acide, parce que cette terre décompofe le double de fon poids d'acidule tartareux.

L'acidule tartareux pur obtenu liquide par l'un ou l'autre des procédés décrits doit être évaporé à ficcité, puis rediffous & criftallifé, foit par l'évaporation douce fuivant M. Pœcken, foit par le refroidiffement de la liqueur évaporée en confiftance de fyrop clair fuivant Bergman. On l'obtient fous la forme de petites aiguilles très-pointues, ou de prifmes fins dont il eft bien difficile de déterminer la forme. Bergman les décrit comme des feuillets divergens ; M. Retzius les compare à des cheveux entrelacés ; ils font d'abord très-blancs, ceux qu'on obtient à la fin font jaunes.

L'acide tartareux criftallifé fe fond, fume, noircit & s'enflamme même par le contact des corps embrafés. Diftillé il ne donne, comme l'acidule tartareux lui - même, qu'un phlegme acide, un peu d'huile & beaucoup d'acide carbonique gazeux, mêlé de gaz hydrogène carboné. Le charbon qui refte ne contient ni acide, ni alkali; ce qui prouve que ce dernier ne fe forme point par la décompofition de l'acide tartareux opérée par le feu ; cet acide, quoique purifié, eft toujours huileux. C'eft pour cela

que nous le défignons par le nom d'acide tartareux, & fes fels par celui de tartrites.

Il eft inaltérable à l'air. Il eft bien plus diffoluble que l'acidule tartareux. Sa faveur eft
très-piquante, il rougit la teinture de violettes
comme celle de tournefol. Il diffout bien
l'alumine & forme avec elle un tartrite alumineux qui ne prend qu'une confiftance gommeufe
ou mucilagineufe par l'évaporation.

Uni à la magnéfie, l'acide tartareux pur forme
un fel qui donne auffi une forte de matière
gélatineufe au lieu de criftallifer.

Combiné avec la chaux, il donne un fel prefque infoluble.

Si l'on verfe dans fa diffolution un peu de
potaffe, il fe précipite des criftaux d'acidule
tartareux ou de *créme de tartre*. Cette découverte de Schéele & de Bergman, eft celle qui
jette le plus de jour fur la nature de ce fel
végétal; il ne refte plus, comme le dit M. de
Morveau, de preuves à acquérir fur la compofition de l'acidule tartareux, on fait que
c'eft du tartrite de potaffe avec excès d'acide;
mais ce qui eft très-fingulier, c'eft que cet
acide qui eft très-diffoluble perd tout-à-coup
cette propriété, lorfqu'on en fature environ la
moitié par la potaffe qui eft cependant elle-
même très-foluble. Cette belle expérience

prouve encore que l'acide tartareux n'eſt en aucune manière altéré par le procédé de Schéele, puiſqu'il ſe forme avec environ un quart ou un tiers de ſon poids de potaſſe, un ſel acidule abſolument ſemblable à celui de la nature. Si l'on augmente la proportion de la potaſſe, il ſe forme un ſel neutre tout-à-fait ſaturé & ſoluble qui eſt du tartrite de potaſſe ou *ſel végétal*.

L'acide tartareux, uni à la ſoude, conſtitue un ſel neutre, criſtalliſable, ou tartrite de ſoude, (*ſel de Seignette*) très-pur. Avec l'ammoniaque il donne auſſi un tartrite ammoniacal criſtalliſable. M. Retzius annonce que ſi l'on combine l'acide tartareux avec une quantité d'ammoniaque, bien au-deſſous de celle qui ſeroit néceſſaire pour la ſaturer, il ſe forme un acidule tartareux ammoniacal peu ſoluble qui ſe criſtallife, comme l'acidule tartareux de potaſſe, ou la crême de tartre ordinaire.

Quoique l'acide tartareux ait moins d'affinité avec les alkalis que les acides minéraux, ceux-ci en décompoſant les tartrites de potaſſe & de ſoude, n'en ſéparent pas complètement ces baſes, mais dégagent l'acide tartareux dans l'état d'acidule de potaſſe ou de ſoude. L'acide tartareux libre décompoſe lui-même en partie le ſulfate, le nitrate & le muriate de potaſſe, &

en sépare la portion d'alkali dont il a besoin pour être en état d'acidule tartareux ou de tartrite acidule de potasse. Il ne fait pas le même effet sur le nitrate & le muriate de soude.

M. Hermstadt assure que l'acide tartareux devient acide oxalique par le moyen de l'acide nitreux. Bergman n'a pas pu opérer ce changement ; mais il est vraisemblable que ce manque de succès dépend de ce qu'il n'a point employé assez d'acide nitreux : comme celui-ci donne du gaz nitreux pendant cette conversion, il paroît que l'acide oxalique diffère du tartareux, en ce qu'il contient une plus grande quantité d'oxigène.

L'acide tartareux n'a nulle action sur le platine, l'or & l'argent ; il dissout leurs oxides. Il n'agit qu'insensiblement sur le cuivre, le plomb & l'étain ; il dissout leurs oxides & enlève la couleur rouge de celui de plomb.

Il dissout le fer avec une effervescence très-lente.

Il n'altère en aucune manière l'antimoine à l'état métallique, mais il dissout bien ses oxides vitreux.

Il enlève la chaux aux acides nitrique, muriatique, acéteux, formique & phosphorique.

Il précipite les dissolutions nitrique de mercure, muriatique de plomb, &c.

Ses attractions, indiquées par Bergman, font dans l'ordre fuivant ; la chaux, la baryte, la magnéfie, la potaffe, la foude, l'ammoniaque, l'alumine, les oxides de zinc, de fer, de manganèfe, de cobalt, de nickel, de plomb, d'étain, de cuivre, de bifmuth, d'antimoine, d'arfenic, d'argent, de mercure, d'or, de platine ; l'eau & l'alcohol.

§. II. *De l'acidule oxalique ou fel d'ofeille du commerce, & de l'acide oxalique pur.*

Le fel d'ofeille du commerce ou l'acidule oxalique eft retiré en grande quantité en Suiffe, au Hartz, dans la Thuringe & la Souabe, du fuc de l'ofeille nommée par Linneus *oxalis acetofella :* cent livres de cette plante en belle végétation donnent, fuivant M. Savary, 50 livres de fuc par expreffion, & celui-ci ne fournit que 5 onces de fel concret par l'évaporation & la criftallifation. On diftingue dans le commerce le fel d'ofeille de Suiffe qui eft le plus beau & le plus blanc ; celui des Forêts de Thuringe eft fale & jaunâtre.

On fait depuis long-tems que le fuc de l'ofeille donne un fel neutre par l'évaporation. Duclos en fait mention dans les mémoires de l'académie pour 1668. Juncker en parle auffi ; Boerhaave a décrit avec beaucoup de foin le procédé propre à obtenir ce sel qu'il compare au tartre. Margraf a découvert la présence de la potasse dans l'acidule oxalique comme dans l'acidule tartareux. Mais les connoissances exactes sur la nature de ce sel n'ont été acquises que depuis les travaux de MM. de Savary, Wenzel, Wiegleb, Schéele & Bergman.

L'acidule oxalique est en petits cristaux blancs, opaques, aiguillés ou lamelleux. La forme exacte n'en a pas encore été déterminée, quoique Capeller & Ledermuller l'aient représenté vu au microscope. M. de Lisle les définit des parallélipipèdes fort allongés. Ce sont des assemblages ou grouppes de feuillets minces & allongés réunis par un bout & écartés par l'autre. Sa saveur est aigre, piquante & en même-tems acerbe. Il rougit fortement la teinture de tournefol & le papier bleu : 480 grains de cet acidule distillés dans une cornue à un feu bien réglé par M. Wiegleb, ont donné 150 grains d'un phlegme fort acide, sans odeur, sans couleur. Il restoit 160 grains d'un sel gris d'où on tira 156 grains d'alkali végétal. Il se sublima aussi environ 4 grains de sel concret acide au col de la cornue ; il ne passa pas une goutte d'huile. Il y a eu 166 grains de perte dans cette distillation ; mais comme M. Wiegleb ne fait nulle mention des fluides élastiques qui ont dû se

dégager

dégager dans cette analyfe, il eft vraifemblable que cette perte eft due à de l'eau en vapeurs & à du gaz acide carbonique mêlé d'un peu de gas hydrogène & de carbone. On voit d'après cette analyfe comparée à celle de l'acide tartareux, que l'acidule oxalique n'eft pas auffi huileux que ce dernier; auffi l'acide liquide obtenu dans cette diftillation eft-il de l'acide oxalique pur, tandis que l'acidule tartareux traité au feu donne un àcide altéré & différent de l'acide tartareux, que nous diftinguons par le nom d'acide pyro-tartareux. C'eft en raifon de cette moindre quantité d'huile contenue dans l'acide de l'ofeille, que nous l'avons nommé acidule & acide oxal*ique*, tandis que l'acide plus huileux du tartre a été nommé fuivant les règles de la nomenclature méthodique, acide tartar*eux*.

L'acidule oxalique expofé à l'air n'éprouve aucune altération lorfqu'il eft pur; il eft plus diffoluble que l'acidule tartareux. Suivant M. Wiegleb, un gros d'acidule oxalique de Suiffe n'exige que 6 gros d'eau bouillante, mais il fe précipite tout entier par le refroidiffement malgré l'addition de 6 gros d'eau froide. Suivant M. Wenzel il eft encore bien plus diffoluble, puifque d'après fes expériences 960 parties d'eau bouillante prennent 675 de ce fel; mais fa folubilité paroît varier, fuivant fon état plus ou moins acide qui dépend fans doute de celui de la plante d'où il a été extrait.

L'acidule oxalique s'unit à la baryte, à la magnéfie, à la foude, à l'ammoniaque, & forme des fels triples ou *trifules*. La chaux le décompofe en s'emparant de tout fon acide, tant de celui qui y eft libre, que de celui qui eft combiné avec la potaffe; 100 grains de craie décompofent 137 grains d'acidule oxalique. Le précipité d'oxalate calcaire qui fe dépofe pèfe 175 grains; la liqueur furnageante fournit par l'évaporation 32 grains de carbonate de potaffe. Ce procédé ne peut pas fervir à préparer l'acide oxalique pur, comme il fert à obtenir l'acide tartareux pur, parce que l'oxalate calcaire ne peut pas être décompofé par l'acide fulfurique, comme l'eft le tartrite calcaire; au contraire l'attraction de l'acide oxalique pour la chaux eft fi forte, qu'il l'enlève à tous les autres acides, & qu'un moyen sûr de reconnoître la pureté de l'acidule oxalique ou du fel d'ofeille du commerce, confifte à verfer fa diffolution dans une eau chargée de fulfate calcaire; fi cet acidule eft vraiment extrait de l'ofeille, il précipite abondamment cette eau.

L'acide fulfurique facilite le dégagement de

l'acide oxalique de cet acidule par le moyen de la chaleur fuivant M. Wiegleb. L'acide nitrique décompofe l'acidule & en fépare l'alkali bien plus difficilement qu'il ne le fait de l'acidule tartareux d'après les recherches de Margraf.

L'acidule oxalique attaque le fer, le zinc, l'étain, l'antimoine & le plomb; il diffout les oxides de tous les autres métaux & forme avec eux des fels triples criftallifables & non déliquefcens, dans lefquels la potaffe refte toujours unie à l'acide; il précipite les diffolutions nitriques de mercure d'argent. M. Bayen, en évaporant la liqueur qui furnage ces précipités, en a retiré du nitrate de potaffe, & a confirmé par-là la préfence de l'alkali dans cet acidule.

Pour préparer l'acide oxalique & le priver de la portion de potaffe qui le rend acidule, on peut, comme nous l'avons déjà fait voir, employer la diftillation; mais ce procédé n'en fournit qu'une petite quantité, & on doit préférer celui de Schéele qui eft beaucoup plus sûr & plus facile. On fature l'acidule oxalique d'ammoniaque. On verfe dans la diffolution de cet oxalate trifule d'ammoniaque & de potaffe, du nitrate de baryte. Il fe forme un précipité d'oxalate de baryte, & l'acide nitrique retient la potaffe & l'ammoniaque. On décompofe l'oxalate barytique bien lavé avec de l'acide fulfurique ; le fulfate de baryte qui fe forme refte infoluble au fond de la liqueur. On décante celle-ci, on l'effaie par de l'oxalate barytique diffous dans l'eau bouillante pour en féparer la portion d'acide fulfurique qui pourroit y être contenue , & lorfqu'il ne forme plus de précipité on décante le liquide , qui contient l'acide oxalique pur. On la fait évaporer convenablement , & elle donne par le refroidiffement ce fel criftallifé en prifmes quadrilatères, dont les faces font alternativement larges & étroites, terminés par des fommets dièdres. Ces criftaux ont fouvent la forme de plaques quarrées ou rhomboïdales.

Cet acide concret a une faveur aigre très-forte. 7 grains dans deux livres d'eau lui donnent une acidité fenfible. Il altère en rouge toutes les couleurs bleues. Un grain de ce fel donne à 3600 grains d'eau, la propriété de rougir le papier teint avec le tournefol.

L'acide oxalique concret, expofé à un feu doux, fe defsèche & fe couvre d'une croûte blanche ; il fe réduit bientôt en pouffière, & il perd $\frac{3}{10}$ de fon poids. Diftillé dans une cornue à un feu plus fort, mais toujours modéré, il fe liquefie , devient brun en bouillant, donne un phlegme acidule, fe fublime en partie fans altération ; il s'en dégage en même - tems un

gaz mêlé d'acide carbonique & de gaz hydrogène. Si l'on chauffe très-fortement on a plus
de gaz, moins d'acide concret fublimé, plus
de phlegme acidule non criftallifable ; il ne
laiffe au fond de la cornue qu'une maffe grife
ou brune, faifant $\frac{1}{50}$ de l'acide employé. Mis
fur un charbon allumé dans l'air, il s'exhale
en fumée blanche très-âcre, qui irrite vive-
ment les poumons, il ne laiffe qu'un réfidu
blanc fans matière charbonneufe. Tel eft le
réfultat de la décompofition de l'acide oxalique
par le feu, obfervée par Bergman. M. l'Abbé
Fontana a obtenu près du double de produit
gazeux, mais cela dépend, comme nous l'avons
déjà indiqué, du feu plus fort qu'il a donné,
dans l'intention de décompofer complètement
cet acide.

L'acide oxalique concret, expofé à l'air
humide, refte déliquefcent, mais il fe defsèche
plutôt à l'air fec. L'eau froide en diffout moitié
de fon poids. Lorfqu'on jette des criftaux de
cet acide dans l'eau froide, ils font entendre
un petit bruit qui annonce un brifement fubit
dans leurs molécules. La pefanteur fpécifique
de cette diffolution froide eft 1,0593, fuivant
M. de Morveau. Si on évapore l'eau de diffolution, il ne s'élève point de vapeur acide
même par l'ébullition. L'eau bouillante diffout

une quantité de ce fel acide concret égale à fon poids. Il s'en précipite la moitié en criftaux par le refroidiffement.

L'acide oxalique diffout l'alumine. Cette dif-folution évaporée donne une maffe jaunâtre, tranfparente, douce, aftringente, qui s'humecte à l'air, & rougit le tournefol. Ce fel fe bour-fouffle au feu; il perd fon acide, & laiffe l'alu-mine un peu colorée. Il eft décompofable par les acides minéraux.

Combiné avec la baryte il forme un fel peu foluble, qui donne des criftaux anguleux à la faveur de l'excès d'acide : l'eau chaude, en leur enlevant cet excès, les rend opaques, pulvéru-lens & infolubles.

Uni à la magnéfie, il donne un fel blanc en poudre, décompofable par l'acide fluorique & la baryte.

Saturé de chaux, l'acide oxalique conftitue un fel infoluble dans l'eau, pulvérulent, qui n'eft décompofable que par le feu, parce que l'affinité de cet acide avec la chaux eft telle qu'il enlève cette bafe à tous les autres acides. C'eft d'après cette propriété que Bergman a pro-pofé l'acide oxalique pour reconnoître la pré-fence & la quantité de chaux contenue dans les eaux minérales, & combinée à quelqu'acide. L'oxalate calcaire verdit le firop de violettes.

L'acide oxalique s'unit à la potasse, & est susceptible de cristalliser, lorsque l'un de ses deux principes est en excès. L'oxalate de potasse, très-soluble dans l'eau, se décompose par l'action du feu & par les acides minéraux. Si on ajoute à sa dissolution de l'acide oxalique pur, goutte à goutte, il se forme bientôt un précipité que l'on reconnoît pour de l'acidule oxalique ou du *sel d'oseille*, analogue à celui du commerce.

Combiné avec deux parties de soude, l'acide oxalique forme un sel peu soluble, qui se dissout mieux dans l'eau chaude, & qui verdit le sirop de violettes. Un excès d'acide forme un oxalate acidule de soude peu soluble.

Uni à l'ammoniaque, l'acide oxalique donne l'oxalate ammoniacal, qui cristallise par l'évaporation lente en prismes quadrilatères; ce sel se décompose au feu, & fournit du carbonate ammoniacal, formé aux dépens de l'acidule oxalique détruit. Un excès de cet acide versé dans la dissolution de ce sel en précipite un acidule oxalique ammoniacal, qui se précipite en cristaux beaucoup moins solubles que le sel neutre pur.

L'acide oxalique est dissoluble dans les acides minéraux. Il brunit l'acide sulfurique concentré; il est décomposé par l'acide nitreux,

& réduit en acide carbonique. Cet acide fe combine en général plus facilement avec les oxides métalliques qu'avec les métaux.

1°. Il forme avec l'oxide d'arfenic des criftaux prifmatiques, très-fufibles, très-volatils, décompofables par la chaleur.

2°. Avec l'oxide de cobalt, un fel pulvérulent d'un rofe clair, peu foluble.

3°. Avec l'oxide de bifmuth, un fel blanc en poudre, très-peu diffoluble dans l'eau.

4°. Avec l'oxide d'antimoine, un fel en grains criftallins.

5°. Avec l'oxide de nickel, un fel d'un blanc ou d'un jaune verdâtre très-peu foluble.

6°. Avec l'oxide de manganèfe, un fel en poudre blanche, qui noircit au feu.

7°. Avec le zinc, dont la diffolution eft accompagnée d'effervefcence, un fel blanc pulvérulent.

8°. Il diffout l'oxide de mercure, & le réduit en une poudre blanche, que le contact de la lumière noircit. Cet acide décompofe le fulfate & le nitrate mercuriels.

9°. Il noircit d'abord l'étain, qui fe couvre enfuite d'une pouffière blanche. Le fel qu'il forme avec ce métal eft d'une faveur auftère; il criftallife en prifmes par une évaporation bien ménagée. Si on l'évapore fortement, il donne une maffe tranfparente, femblable à de la corne.

10°. Il ternit le plomb, mais diffout mieux fon oxide. La liqueur faturée dépofe de petits criftaux qu'on obtient auffi par l'acide oxalique verfé dans une diffolution de nitrate ou de muriate de plomb, ainfi que dans l'acétite du même métal.

11°. Il attaque le fer en limaille, & il fe dégage du gaz hydrogène de cette diffolution pendant laquelle l'eau eft décompofée. L'oxalate de fer eft ftiptique ; il donne des criftaux prifmatiques d'un jaune verdâtre, décompofables par la chaleur.

L'oxide de fer jaunâtre, uni à cet acide, préfente un fel d'une couleur jaune, femblable à celle que l'on obtient en verfant l'acide oxalique en liqueur dans une diffolution de fulfate de fer.

12°. Il agit fur le cuivre, & diffout entièrement les oxides de ce métal ; le fel qu'il forme eft d'un bleu clair, peu foluble. On peut auffi avoir ce fel en précipitant les diffolutions fulfurique, nitrique, muriatique, & acéteufe de cuivre par l'acide oxalique.

13°. L'oxide d'argent précipitée par la potaffe fe diffout en petite quantité dans cet acide. La meilleure manière de fe procurer ce fel c'eft de précipiter la diffolution nitrique de ce métal par l'acide oxalique ; il fe forme un dépôt blanc, à peine foluble dans l'eau, qui brunit par le contact de la lumière.

14°. Cet acide n'agit que très-peu fur l'oxide d'or.

15°. Enfin, il diffout le précipité de platine, fait par la foude. Cette diffolution eft un peu jaune, & donne des criftaux de la même couleur. Tels font les phénomènes décrits par Bergman, fur les combinaifons de l'acide oxalique avec les fubftances métalliques.

Ce célèbre chimifte a fait toutes ces combinaifons en employant de l'acide oxalique artificiel préparé par le fucre & l'acide nitrique. Le fucre, ainfi que tous les mucilages, les extraits, les huiles douces, les farines, donnent, lorfqu'on les traite par l'acide nitreux, un acide tout-à-fait femblable à l'acide oxalique pur, comme Schéele l'a reconnu. Toutes ces matières, & même un grand nombre de fubftances animales comme l'a découvert M. Berthollet, contiennent donc le radical oxalique, auquel il ne manque que de l'oxigène pour devenir acide oxalique.

Bergman eft le premier qui ait découvert que le fucre traité par l'acide nitreux, formoit un acide différent de tous les autres, & qu'on a appelé *acide du fucre*, ou *acide faccharin*, pendant plufieurs années, jufqu'à ce que Schéele eût fait voir que cet acide étoit abfolument de la même nature que l'acide oxalique extrait du *fel d'ofeille* par le procédé indiqué ci-deffus. Il a démontré cette identité d'une manière convainquante, en reformant de l'acidule oxalique peu foluble ou du *fel d'ofeille*, par la combinaifon d'une petite quantité de foude avec l'acide *faccharin*. Voilà donc un acide végétal, n'exiftant comme acide que dans peu de matières végétales, mais dont la bafe eft extrêmement abondante dans ces matières, & qui paroît paffer fans altération dans le corps des animaux. Nous verrons dans les chapitres fuivans que cet acide eft vraifemblablement comme tous les acides végétaux, un compofé d'hydrogène, de carbone & d'oxigène, & qu'il n'en diffère comme ceux-ci diffèrent de lui que par des proportions particulières.

La bafe ou le radical oxalique paroît exifter plus abondamment dans les matières fades que dans le fucre, quoiqu'on ait cru dans les premiers tems que le corps fucré étoit celui qui en fourniffoit le plus. Bergman n'a obtenu du fucre qu'un tiers de fon poids d'acide oxalique, & M. Berthollet en a préparé avec la laine plus de la moitié du poids de celle-ci.

L'acide oxalique pur n'eſt d'uſage que dans les laboratoires de chimie, ſur-tout pour reconnoître par-tout la préſence de la chaux. L'acidule oxalique ou le ſel d'oſeille eſt employé pour ôter de deſſus les étoffes blanches, les bois, l'ivoire, &c. les taches d'encre, en raiſon de ſon attraction pour le fer ; mais on pourroit y ſubſtituer avec avantage, l'acide oxalique pur, à cauſe de ſa plus grande diſſolubilité.

CHAPITRE VII.

Des Acides végétaux formés par l'action du feu, & par celle de l'Acide nitrique.

IL y a long-tems qu'on ſait en chimie que beaucoup de matières végétales donnent à la diſtillation des phlegmes ou liqueurs acides ; mais on n'avoit point fait aſſez d'attention à ces ſubſtances ſalines altérées par le feu. Depuis qu'on a trouvé tant d'acides réellement différens les uns des autres, ſoit par leur nature intime, ſoit par une modification relative à la proportion de leurs principes, on a découvert pluſieurs de ces ſels jouiſſant de propriétés particulières & diſtinctives. Il a été également reconnu que quelques acides agiſſoient comme la chaleur ſur les matières végétales, & que le nitrique en convertiſſoit la plupart en acides. Pour connoître ces ſubſtances ſalines, nouvelles ou modifiées, il faut donc les examiner avec ſoin. Remarquons d'abord que les acides végétaux, formés par l'action de la chaleur, doivent avoir enſemble une analogie de nature ou de formation; c'eſt en raiſon de cette analogie que nous les déſignons ſous le nom générique d'acides empyreumatiques, & pour ſpécifier chacun d'eux, nous ajoutons le mot *pyro*, à l'expreſſion qui indique ſon origine; ainſi nous diſons, les acides *pyro-tartareux*, *pyro-muqueux*, *pyro-ligneux*.

§. I. *De l'Acide pyro-tartareux.*

Nous avons déjà dit qu'en diſtillant de l'acidule tartareux on obtenoit un phlegme acide qui n'eſt pas l'acide pur de cette ſubſtance, mais ce ſel altéré d'une manière particulière. Le gaz hydrogène & le gaz acide carbonique qui ſe dégagent en même-tems, annoncent aſſez cette altération, puiſque c'eſt aux dépens des principes de l'acide du tartre qu'ils ſe forment. Comme c'eſt à la chaleur qu'eſt due cette altération du tartre, & comme il ſe volatiliſe une huile mêlée à l'acide diſtillé, & qui en modifie la couleur, nous avons nommé cet acide *pyro-tartareux*, & fes combinaifons falines *pyro-tartrites* fuivant les règles de la nomenclature méthodique.

Les premiers chimiftes, qui ont mis quelque exactitude dans leurs recherches, ont déterminé qu'on obtient, par la diftillation, environ un quart du poids du tartre, d'un phlegme acide d'une odeur fort piquante, ou d'acide pyro-tartareux. La rectification ou la diftillation fecondaire de cet acide qui a été recommandée par un grand nombre d'auteurs, préfente une très-grande difficulté fuivant MM. les académiciens de Dijon, c'eft que le foulevement rapide du liquide a toujours brifé les vaiffeaux, malgré toutes les attentions qu'ils ont prife pour modérer le feu & donner de l'efpace aux vapeurs. Ils attribuent ce foulevement au gaz produit par la décompofition de l'acide, & comprimé par l'huile, fur la preffion de laquelle il l'emporte enfin par fa grande dilatation. Au refte on peut fe paffer de cette rectification, & l'acide féparé de l'huile par le moyen de l'entonoir, eft affez pur pour préfenter tous fes caractères diftinctifs.

L'acide pyro-tartareux a une odeur & une faveur empyreumatique; il ne rougit pas les violettes, mais le tournefol & le papier bleu;

il dégage avec vive effervefcence l'acide carbonique de fes bafes. Il forme avec les terres
& les alkalis des fels fort différens de ceux que
conftitue l'acide tartareux. On n'a point encore
examiné ces compofés falins, on fait feulement
que les pyro-tartrites de potaffe & de foude
font diffolubles dans l'eau froide, & criftallifables; qu'il décompofe le nitrate d'argent en y
formant un précipité gris; qu'il ne trouble que
lentement le nitrate de mercure; qu'il ne décompofe pas le muriate calcaire, & que fes
fels neutres font décompofés par l'acide fulfurique à la diftillation.

Les chimiftes, avant d'être parvenus à concevoir que l'hydrogène, le carbone & l'oxigène paroiffent être les feuls & vrais principes
de tous les acides végétaux, qui ne different
que par les proportions, avoient adopté des
opinions fort éloignées de la vérité, fur l'acide
retiré du tartre par la diftillation. Venel avoit
affuré que c'étoit l'acide du nitre. M. Monnet,
fondé fur des expériences plus pofitives, penfe
que cet acide eft le muriatique déguifé par
l'huile & le mucilage; mais quoique Schéele
ait trouvé un peu d'acide muriatique dans le
tartre, la forme cubique du fel neutre formé
par l'acide pyro-tartareux & la foude, la précipitation du nitrate de mercure, deux pro-

priétés fur lefquelles M. Monnet établit l'identité de l'acide pyro-tartareux avec l'acide muriatique ne fuffifent plus aujourd'hui aux chimiftes pour affurer cette identité ; d'ailleurs ces expériences n'ont point eu le même fuccès entre les mains de MM. les Chimiftes de Dijon. MM. Berthollet, Spielman & Corvinus n'en ont pas obtenu davantage. Il eft, au contraire, très - probable que l'acide pyro-tartareux n'a pas d'autres principes que ceux de l'acide du tartre même, qu'il paroît feulement avoir varié dans la quantité de ces principes ; cette modification eft prouvée par l'odeur, la faveur, la non criftallifabilité, par toutes les autres propriétés de cet acide empyreumatique, & fur-tout par l'huile & l'acide carbonique gazeux qui fe dégage de l'acidule tartareux en même-tems que fe forme l'acide pyro-tartareux.

On n'a point fait affez de recherches fur cet acide empyreumatique, pour qu'on puiffe déterminer l'ordre de fes attractions chimiques avec les bafes terreufes alkalines & métalliques.

§. II. *De l'Acide pyro-muqueux.*

Nous défignons par le nom d'acide pyromuqueux celui que l'on obtient des mucilages fades, fucrés, gommeux, farineux, &c. par la diftillation, & que M. de Morveau avoit d'abord nommé

nommé acide fyrupeux. Les chimiftes favent depuis long-tems que le fucre donne à la diftillation
un phlegme acide même affez fort ; Neuman,
Cartheufer, Geoffroy & Bucquet en ont fait
une mention particulière, mais fans jamais examiner les propriétés de cet acide. M. Schrickel
eft de tous les chimiftes celui qui s'eft occupé
avec le plus de détail de ce principe du fucre.

En diftillant du fucre M. Schrickel a obtenu
de 16 onces de cette matière 6 gros de phlegme
paffant en vapeurs blanches & condenfé en
ftries graffes, d'une odeur piquante de raifort
ou d'amandes amères grillées, d'une faveur
acide âcre & amère, d'une couleur jaune rouge.
Il rectifia fur de l'argile, cet acide qui paffa clair
avec une odeur douce, une faveur plus aigre. Cet
acide ainfi purifié ne fe mit point en criftaux ; mais
expofé au froid, la partie aqueufe fe gela, &
la portion reftée liquide étoit beaucoup plus
concentrée.

M. de Morveau a obfervé, en préparant
l'acide pyro - muqueux par la diftillation du
fucre, que le fond de la cornue étoit corrodé.
Il n'attribue point cette corrofion à cet acide,
qui ne préfente point cette propriété quand on
le rectifie, ou quand on le laiffe long-tems dans
le verre, mais à l'action & à l'adhérence du
carbure de fer qui exifte dans le charbon que

Tome IV.   G

laisse le sucre, & qu'il avoit chauffé très-fortement. On ne peut point concentrer cet acide
par la volatilisation de l'eau qui lui est unie,
puisque ce sel est aussi volatil que ce fluide.
C'est cet acide qui existe dans les mélasses,
suivant M. de Morveau, qui les rend déliques-
centes & en empêche la cristallisation.

L'acide pyro-muqueux concentré par la gelée
est très-piquant, & rougit fortement les couleurs
bleues végétales. Il tache la peau en rouge,
comme Cartheuser l'a observé il y a déjà long-
tems, & cette tache ne disparoît qu'avec l'épiderme. Il se volatilise en entier au feu, & ne
laisse pour résidu qu'une trace brune ; on en
change la plus grande partie en acide carbonique gazeux, & en gaz hydrogène, en le distillant avec précaution dans des vaisseaux bien
fermés ; il donne alors un résidu charbonneux
plus abondant que lorsqu'on le chauffe dans des
vaisseaux ouverts ; une portion se volatilise sans
altération.

Combiné avec la baryte, la magnésie, la
chaux, la potasse, la soude & l'ammoniaque,
il forme des sels neutres que nous nommons
pyro - mucites, dont on n'a encore que peu
examiné les propriétés, mais qui different de
tous les autres sels neutres connus. Il dégage
avec une vive effervescence l'acide carbonique
de toutes ces bases alkalines.

Quoiqu'on ait attribué autrefois à l'efprit de miel la propriété de diffoudre l'or, il paroît certain que l'acide pyro-muqueux ne touche point à ce métal non plus qu'au platine, à l'argent, ni même au mercure; mais il pourroit peut-être diffoudre leurs oxides. Cet acide corrode le plomb & devient lui-même opaque en raifon de l'oxide de ce métal qu'il forme; le pyro-mucite de plomb eft en criftaux allongés; il attaque le cuivre & devient vert; il diffout l'étain; il attaque le fer avec lequel il criftallife.

Ses attractions chimiques ont été déterminées par M. de Morveau dans l'ordre fuivant, la potaffe, la foude, la baryte, la chaux, la magnéfie, l'ammoniaque, l'alumine, les oxides métalliques, l'eau, l'alcohol.

On n'a encore employé à rien cet acide empyreumatique; autrefois on fe fervoit en pharmacie de l'efprit de miel, de manne, &c. mais cet ufage a été depuis long-tems abandonné.

§. III. *De l'Acide pyro-ligneux.*

La diftillation des bois, & fur-tout du hêtre, du bouleau, du buis, fournit un liquide acide brun, d'une odeur particulière & affez forte, qui rougit les couleurs bleues végétales, & fait effervefcence avec les carbonates alkalins. Boerhaave a connu le produit du buis, du gayac, du genièvre & du chêne; mais les chimiftes qui ont répété le procédé de Boerhaave, n'ont point examiné la nature & les propriétés particulières de cet acide. M. Goettling eft le premier qui ait publié en 1779, dans le journal de M. Crell, un mémoire fur l'acide des bois & fur-tout fur fon union avec l'alcohol. Ce favant s'eft fervi de l'écorce de bouleau qu'il a diftillée dans une cornue de fer ; le produit acide brun & huileux qu'il en retira, fut laiffé en repos pendant trois mois ; il fépara, par le filtre, les gouttes d'huile qui vinrent nager à la furface, & verfa de la diffolution de potaffe dans la liqueur. Il y eut une vive effervefcence, la liqueur prit une couleur rouge de fang, & donna, après avoir été faturée d'alkali & évaporée, un fel noir, qui fut fondu dans une poële de fer, & purifié par une feconde diffolution & par une feconde évaporation.

L'acide pyro-ligneux peut être auffi rectifié par la diftillation fuivant M. Goettling. Le pyro-lignite de potaffe, formé par cet acide rectifié, s'échauffe beaucoup avec l'acide fulfurique, & laiffe dégager l'acide pyro-ligneux affez pur. Ce chimifte, à qui font dues ces expériences, a obfervé que l'acide pyro-ligneux, féparé par l'acide fulfurique, a perdu fon odeur empyreumatique, mais acquis celle de l'ail.

MM. les chimiftes de Dijon ont employé pour obtenir cet acide, le bois de hêtre, qu'ils ont diftillé & dont ils ont rectifié le produit liquide; 55 onces de ce bois bien fec en coupeaux, leur ont donné 17 onces d'acide rectifié, de couleur ambrée, fans mélange d'huile, & dont la pefanteur étoit à celle de l'eau diftillée :: 49 : 48; il a fallu 23 $\frac{1}{2}$ onces d'eau de chaux pour faturer une once de cet acide. Chauffé doucement il s'élève en vapeur; une forte chaleur le décompofe ainfi que tous les autres acides végétaux. On ne peut pas l'obtenir fous une forme concrète.

Il fe combine avec les bafes terreufes & alkalines, & il forme des fels particuliers, que nous nommons pyro - lignites d'alumine, de baryte, de magnéfic, de chaux, de potaffe, de foude & d'ammoniaque. On n'a point encore examiné ces fels avec affez de foin, pour qu'il nous foit poffible d'en tracer ici l'hiftoire. M. Eloy Bourfier de Clervaux a communiqué au cours de chimie de Dijon des expériences propres à déterminer quelques-unes des attractions électives de l'acide pyro-ligneux. Les terres calcaire & barytique y adhérent plus que les alkalis; la chaux plus que la baryte, la magnéfie plus que l'ammoniaque ; de forte que l'ordre de ces attractions pourroit feul fervir à le diftinguer du plus grand nombre des autres acides végétaux. Il agit auffi fur plufieurs métaux & diffout la plupart de leurs oxides.

Il paroît que tous les bois donneront le même acide par la diftillation, puifque le buis, le bouleau, le hêtre, en ont déjà donné un femblable. Au refte on voit combien il refte d'expériences & de recherches à faire pour compléter la connoiffance des propriétés & des caractères propres à cet acide.

§. IV. *Des Acides végétaux formés par l'Acide nitrique.*

Bergman a démontré que l'acide nitrique convertiffoit le fucre en un acide qu'on a d'abord cru différent de tous les autres, & qu'on a nommé acide faccharin. Schéele a fait voir que cet acide étoit abfolument de la même nature que celui qui eft en partie neutralifé par la potaffe dans le fel d'ofeille ; cet acide identique eft donc aujourd'hui l'acide oxalique. Plufieurs chimiftes modernes, & fur-tout M. Berthollet, ont prouvé que la plus grande partie des matières végétales & animales donnoient cet acide par le moyen de celui du nitre. Il eft donc certain que la bafe ou le radical oxalique

exiſte dans un grand nombre de corps, & généralement dans tous ceux qui ont été formés
par le travail de la végétation ou de la vie
animale. L'acide nitrique agit d'une manière
égale & uniforme ſur toutes ces ſubſtances;
il leur cède toujours une quantité plus ou moins
grande de ſon oxigène, & paſſe à l'état d'acide
nitreux, de gaz nitreux, ou même de gaz azotique, ſuivant la proportion d'oxigène qui s'en
dégage. Comme la baſe ou le radical oxalique
eſt plus ou moins abondant, dans les diverſes
matières organiques qui la contiennent, celles-ci
donnent plus ou moins de cet acide par l'acide
nitrique. En même-tems que l'acide du nitre eſt
décompoſé par les ſubſtances organiques, il
ſe dégage avec le gaz nitreux ou le gaz azotique, une certaine quantité de gaz acide carbonique, qui prouve que la matière organique
a perdu une portion de ſon carbone, & que
l'acide oxalique qui en provient contient moins
de ce principe que la ſubſtance qui l'a fourni.
Puiſque pluſieurs acides végétaux & en particulier
l'acide tartareux, &c. paſſent à l'état d'acide
oxalique par l'action de celui du nitre, & puiſqu'il
ſe dégage de l'acide carbonique, pendant que
cette converſion s'opère, on voit bien que ces
acides végétaux ont le même radical, & qu'ils
ne different que par la proportion d'oxigène.

G iv

On a annoncé dans les *Nouv. de la Républ. des lettres*, année 1785, N°s. 42 & 44, que M. Kofegarten a obtenu du camphre en diftillant huit fois de fuite de l'acide nitrique fur cette matière, un acide concret, en criftaux parallélipipèdes, d'une faveur amère & qui rougiffoit la teinture des violettes & du tournefol. Ce fel, fuivant le chimifte que nous citons, diffère de l'acide oxalique, en ce qu'il n'enlève pas la chaux à l'acide muriatique ; il forme avec la potaffe un fel en hexagones réguliers, avec la foude un fel en criftaux irréguliers, avec l'ammoniaque des criftaux prifmatiques ou en aiguilles, avec la magnéfie un fel pulvérulent diffoluble ; il diffout le cuivre, le fer, le bifmuth, le zinc, l'arfenic & le cobalt ; mais les premiers faits dont on n'a point eu confirmation ne fuffifent pas pour traiter en détail des propriétés de cet acide, qui n'eft peut-être qu'une modification de ceux dont nous avons parlé. Au refte fi des recherches nouvelles fur cet acide y font découvrir des propriétés particulières & différentes de celles de tous les autres, on en examinera la nature & on en décrira les caractères fous le nom d'acide camphorique, & de camphorates pour fes fels neutres.

M. Brugnatelli a découvert en 1787 que le

liége, fur lequel il a diftillé quatre fois fon poids d'acide nitreux, a laiffé une maffe jaunâtre épaiffe, acide, diffoluble dans l'eau, d'une faveur aigre un peu amère. Cet acide n'eft pas criftallifable; il fe prend par une évaporation forte en une maffe vifqueufe, femblable à de la cire, & qui fe ramollit & fe moule comme elle entre les doigts; il eft diffoluble dans l'alcohol, il fe charbone fans s'enflammer fur des charbons ardens; il forme avec les terres & les alkalis des fels déliquefcens, dont plu-fieurs criftallifent; enfin, il a pour la chaux une attraction auffi forte que l'acide oxalique, & forme avec elle un fel infoluble dans l'eau, mais diffoluble dans l'acide muriatique. Sans rien décider fur la nature particulière de cet acide, M. Brugnatelli paroît cependant penfer qu'il differe de l'acide oxalique. C'eft à de nouvelles expériences à décider fi cet acide eft réellement différent, & mérite d'être examiné en particulier, ainfi que celui que MM. Prouft & Angulo ont découvert aux environs de Madrid, à la furface des pois chiches dans des véficules placées à l'extrémité des poils de cette plante légumineufe.

Telle eft l'hiftoire de tous les acides végétaux connus; il ne nous refte plus qu'à traiter de ceux qui fe forment par la fermentation; mais le plus & même le feul connu de ces acides étant le produit d'une altération qui a lieu dans des liqueurs déjà fermentées, nous en placerons l'hiftoire immédiatement après celle de la fermentation fpiritueufe & de fon produit.

CHAPITRE VIII.

De la Matière fucrée , des Gommes & des Mucilages.

LA matière fucrée que beaucoup de chimiftes ont regardée comme une efpèce de fel effentiel, fe trouve dans un grand nombre de végétaux , & doit être rangée parmi leurs principes immédiats. L'érable, le bouleau, la betterave, le panais, le raifin, le froment, le bled de Turquie, &c. en contiennent. Margraf en a retiré de la plus grande partie de ces végétaux. Les pétales de beaucoup de fleurs, les nectaires placés dans ces organes préparent un principe de cette efpèce.

La canne à fucre, *arundo faccharifera* , eft la plante qui en contient le plus, & dont on l'extrait avec le plus d'avantage. Ces cannes mûres font écrafées entre deux cylindres de fer pofés perpendiculairement. Le fuc exprimé

tombe fur une plaque placée au-deſſous : on
le nomme *véſou*. Il coule dans une chaudière
où on le fait bouillir avec la cendre & de la
chaux : on l'écume, on le fait ainſi bouillir &
écumer avec des cendres & de la chaux dans
trois autres chaudières ; on lui donne alors le
nom de *ſirop*. On le fait enſuite bouillir de
nouveau à gros bouillons avec de la chaux &
de l'alun : quand il eſt aſſez cuit, on le verſe
dans une baſſine nommée *rafraîchiſſoir* ; lorſqu'il eſt refroidi au point qu'on puiſſe y tenir
le doigt, on le jette dans des barriques poſées
ſur des cîternes, & dont le fond eſt percé de
pluſieurs trous bouchés avec des cannes. Le
ſirop ſe prend en maſſe ſolide dans les barriques, une portion s'écoule dans la cîterne. Le
ſucre ainſi rendu concret, eſt jaune & gras ;
on l'appelle *moſcouade*. On le raffine dans les
iſles, en le faiſant cuire & en le verſant dans
des cônes de terre renverſés, qu'on appelle
formes. Le ſucre, qui ne peut pas devenir concret, coule par le trou des formes dans un
pot placé au-deſſous. On le nomme *gros ſirop*.
On enlève la baſe des pains de ſucre, on met
à ſa place du ſucre blanc en poudre, que l'on
tape bien : on recouvre le tout avec de l'argile détrempée & claire. L'eau de l'argile ſe
filtre à travers le ſucre, & entraîne une por-

tion d'eau-mère du fucre qui s'écoule par le trou des formes, & eft reçue dans de nouveaux pots. On la nomme *firop fin*, parce qu'elle eft plus pure que le premier. On remet une feconde couche d'argile lorfque la première eft sèche, on laiffe l'eau fe filtrer une feconde fois ; & lorfque cette terre eft épuifée d'eau, on porte les pains dans une étuve pour les faire fécher. Au bout de huit à dix jours on caffe ces pains, & on envoie les différentes caffonnades qu'ils forment, en Europe, où on les raffine pour en former les fucres de diverfes qualités.

Le travail des raffineries confifte à faire bouillir le fucre dans de l'eau de chaux, & avec du fang de bœuf, à enlever les écumes deux ou trois fois, à filtrer cette liqueur & à la couler dans des formes pour la faire prendre en pains. On terre enfuite les pains avec une couche d'argile délayée, on les laiffe filtrer. On recommence cette efpèce de filtration à l'aide de l'argile délayée jufqu'à ce que le fucre foit affez blanc; on porte les pains dans une étuve, & au bout de huit jours on les enveloppe de papiers & de ficelles pour les envoyer dans le commerce. Les firops qui ne peuvent plus fe criftallifer fe vendent fous le nom de *mélaffe*.

Tous les chimistes ont pensé que ces différentes opérations séparoient une matière grasse du sucre, & rendoient ce sel susceptible de cristallisation. Bergman croit que la chaux sert à lui enlever l'excès d'acide qui l'empêche de prendre de la solidité. Cet acide ne pourroit être que celui qui est formé par la chaleur, ou l'acide pyro - muqueux dont nous avons parlé dans le chapitre précédent. Comme la liqueur est fortement évaporée dans tout ce travail, elle se prend en une masse grenue & informe, ainsi que nous avons vu que cela arrivoit au sulfate de zinc.

Le sucre est formé d'un acide particulier, uni à un peu d'alkali, & altéré par beaucoup d'huile ou matière grasse. Il cristallise en prismes hexaèdres tronqués. On l'appelle en cet état, *sucre candi.* Il donne à la distillation de l'eau, de l'acide pyro - muqueux, & quelques gouttes d'huile empyreumatique. Il se dégage en même-tems une grande quantité de gaz acide carbonique, & de gaz hydrogène tenant du charbon en dissolution. Il reste un charbon spongieux & léger, qui contient un peu de carbonate de potasse.

Le sucre est inflammable ; mis sur les charbons ardens, il se fond & se boursouffle fortement ; il exhale une vapeur acide très-piquante ;

il devient d'un jaune brun, & forme le caramel. Il est très-dissoluble dans l'eau. Il lui donne beaucoup de consistance, & constitue une sorte de mucilage sucré, auquel on a donné le nom de *sirop*. Ce sirop étendu d'eau, est susceptible de fermenter, de devenir une liqueur vineuse, & de donner de l'alcohol par la distillation.

Bergman a préparé avec toutes les matières sucrées, & spécialement avec le sucre, l'acide oxalique pur par le moyen de l'acide nitrique. Pour l'obtenir, on met dans une cornue une partie de sucre en poudre, avec six parties d'acide nitrique ; on chauffe doucement ce mêlange. On continue l'évaporation quelque tems après qu'il ne passe plus de vapeurs rouges ; on laisse refroidir cette dissolution, & il se précipite des cristaux blancs aiguillés ou prismatiques, qui sont l'acide oxalique concret.

Le sucre est d'un usage très-étendu. C'est un aliment dont la grande quantité est capable d'échauffer. On l'emploie beaucoup dans la pharmacie ; il fait la base des sirops, des tablettes & des pâtes. Il est fort utile pour favoriser la dissolution ou la suspension dans l'eau, des résines, des huiles, &c. Il sert à conserver les sucs des fruits que l'on réduit en gelée ; il peut même être considéré comme un médicament, puisqu'il est incisif, apéritif, lé-

gèrement tonique & ſtimulant ; auſſi rapporte-
t-on quelques faits ſur des maladies dépendantes
d'engorgement, guéries par un uſage habituel
du ſucre.

Il y a quelques ſucs qui découlent des plantes & qui ont une ſaveur ſucrée. La manne &
le nectar ſont de cette eſpèce. La manne eſt
produite par les feuilles du pin, du chêne,
du genevrier, du ſaule, du figuier, de l'érable, &c. Le frêne très-abondant en Calabre
& en Sicile, fournit celle du commerce.
Elle coule naturellement de ces arbres ; mais
on l'obtient en plus grande abondance en faiſant des inciſions à leur écorce. Celle qui ſe
ramaſſe ſur des pailles ou ſur des petits bâtons introduits dans les ouvertures artificielles,
forme des eſpèces de ſtalactites percées dans
leur milieu ; on l'appelle *manne en larmes*. La
manne en ſortes coule ſur l'écorce, & contient
quelques impuretés. La *manne graſſe* eſt chargée de beaucoup de matières étrangères, elle
eſt formée du débris des deux premières ; elle
eſt toujours humectée & ſouvent altérée. La
ſaveur de la manne eſt douce & fade. Celle
que fournit le mélèze abondant dans le Dau-
phiné, & celle de l'alhagi qui croît en Perſe
aux environs de Tauris, ne ſont point d'uſage ;
cette dernière porte le nom de *téréniabin*. La

manne eſt ſoluble dans l'eau ; elle fournit à la diſtillation les mêmes produits que le ſucre. On en retire, à l'aide de la chaux & des blancs d'œufs, une matière ſemblable au ſucre, & traitée par l'acide nitrique, elle donne l'acide oxalique concret.

On l'emploie comme purgative à la doſe d'une once juſqu'à deux ou trois, ou à celle de quelques gros étendus dans un grand véhicule, ſi on l'adminiſtre comme fondante.

Une autre eſpèce de ſuc propre eſt celui qu'on appelle *gomme* ou *mucilage*. Cette ſubſtance eſt très-abondante dans le règne végétal. On la trouve dans un grand nombre de racines ; les jeunes tiges & les feuilles nouvelles en contiennent beaucoup ; en les écraſant entre les doigts, on reconnoît ce principe à ſa propriété viſqueuſe & collante. Dans la ſaiſon où le ſuc eſt le plus abondant, il découle naturellement par l'écorce des arbres, & il s'épaiſſit en gomme à leur ſurface. La gomme eſt diſſoluble dans l'eau, à laquelle elle donne une conſiſtance épaiſſe & viſqueuſe. Cette diſſolution, connue ſous le nom de *mucilage*, évaporée, devient ſèche, tranſparente & friable.

La gomme brûle ſans flamme ſenſible ; elle ſe fond & ſe bourſouffle ſur les charbons ; elle donne

donne à la distillation beaucoup d'eau & d'acide pyro-muqueux, un peu d'huile épaisse & brune & du gaz acide carbonique mêlé de gaz hydrogène; son charbon très-volumineux contient un peu de carbonate de potasse.

On connoît trois espèces de gommes dont on fait usage en médecine & dans les arts.

1°. La gomme de pays qui coule de l'abricotier, du poirier, du prunier, &c. Elle est blanche, jaune ou rougeâtre; celle qui est bien choisie peut être employée aux mêmes usages que les autres. Il découle de l'orme une espèce de suc gommeux d'une belle couleur orangée, qu'on trouve quelquefois en assez grande quantité sur son écorce. Cette gomme m'a présenté l'insipidité, la dissolubilité, la viscosité, & tous les caractères des sucs de cette nature.

2°. La gomme arabique qui coule de l'acacia en Egypte & en Arabie. La gomme du Sénégal est de la même nature; on l'emploie en médecine comme un remède adoucissant & relâchant; on en fait la base des pâtes & des pastilles. Elle sert dans plusieurs arts.

3°. La gomme adraganthe qui découle de l'adragant de Crête: *Tragacantha Cretica.* On l'administre comme la précédente. Sa dissolution est un peu plus épaisse que la sienne; elle laisse

facilement dépofer des floccons vifqueux, &
elle exige plus d'eau pour être diffoute.

On retire de beaucoup de plantes des mucilages de la même nature que les gommes.
Les racines de mauve, de guimauve, de grande
confoude, l'écorce d'orme, la graine de lin,
les pepins de coings, &c. fourniffent par la
macération dans l'eau des fluides vifqueux, qui,
lorfqu'on les évapore à ficcité, donnent de
véritables gommes. On fubftitue ces plantes
en décoction aux diffolutions de gommes pour
l'ufage de la médecine.

Toutes ces matières, confidérées chimiquement, femblent au premier coup-d'œil n'être que
des corps peu compofés, puifque les expériences chimiques préfentent fouvent des fubftances dont la forme gélatineufe fe rapproche des
gommes & des mucilages. Cependant on extrait
de ces produits de la végétation, qui femblent
conftituer une humeur excrémentitielle, de l'eau,
de l'acide pyro - muqueux liquide, de l'acide
carbonique, un principe huileux, & de l'alkali
fixe lié au réfidu charbonneux. Ce réfidu contient lui-même une terre fixe dont la nature n'eft
pas encore connue.

Lorfqu'on traite les gommes & les mucilages par l'acide nitrique aidé de la chaleur,
elles fourniffent de l'acide oxalique criftallifé.

Elles contiennent donc le principe huileux ou le radical, dont la combinaison avec l'oxigène conſtitue cette eſpèce d'acide.

Cette analogie entre le mucilage & la matière ſucrée eſt encore remarquable par l'odeur de la gomme brûlée, qui approche de celle du caramel, par la nature des produits que donnent l'un & l'autre principe à la diſtillation, par le volume & la légèreté de leurs charbons. Parmi les fruits qui deviennent ſucrés, il en eſt, tels que les abricots, les poires, &c. d'où il ſuinte, avant leur maturité, une véritable gomme. L'eſpèce de mucilage ſec, que nous examinerons plus bas ſous le nom de *fécule amylacée*, devient matière ſucrée par la germination. Ces faits, & beaucoup d'autres qu'il ſeroit poſſible de raſſembler, annoncent qu'il y a un grand rapport entre le ſucre & la gomme ; peut-être le mucilage fade ou gommeux paſſe-t-il à l'état de corps ſucré par une eſpèce de fermentation. Si ce fait étoit reconnu, il faudroit placer cette fermentation avant celle que Boerhaave a appelée *fermentation ſpiritueuſe*, & elle la précéderoit toujours, ſoit dans le travail de la végétation, ſoit dans les procédés que l'art met en uſage pour développer la ſaveur ſucrée de l'orge, &c.

CHAPITRE IX.

Des Huiles fixes ou retirées par l'expreſſion.

Les huiles ſont des ſucs propres, gras & onctueux, fluides ou ſolides, indiſſolubles dans l'eau, combuſtibles avec flamme, volatils en différens degrés; elles ſont contenues dans des vaiſſeaux propres ou dans des véſicules particulières. Ces corps ſe trouvent ſous deux états dans les végétaux; ou ils ſont combinés à d'autres principes, comme on les trouve dans les extraits, dans les mucilages, &c. ou ils ſont libres. C'eſt de ces derniers ſucs huileux que nous devons nous occuper ici.

Les chimiſtes ont penſé qu'il exiſtoit un principe huileux ſimple, ainſi qu'un ſel primitif. Ce principe huileux combiné avec différentes ſubſtances, & modifié par ces combinaiſons, conſtituoit, ſuivant eux, les diverſes eſpèces d'huiles que l'on obtient dans l'analyſe des végétaux. On donnoit pour caractère à cette huile ſimple & primitive une grande fluidité, beaucoup de volatilité, point de couleur, point d'odeur; elle brûloit avec flamme & fumée; elle ne s'unissoit point à l'eau ; on la croyoit formée d'eau & d'un acide uni à une terre. & au *phlogistique*. Il est certain que les huiles dans leur décomposition donnent toujours une petite quantité d'acide & beaucoup de gaz hydrogène ; la terre n'en fait que la plus petite partie, puisqu'elles ne laissent que très-peu de résidu fixe & charbonneux. Cette idée sur le principe huileux ne doit être regardée que comme une hypothèse.

Les huiles ne sont jamais formées que par les êtres organiques, & tous les corps qui présentent les caractères huileux dans le règne minéral, doivent leur origine à l'action de la vie végétale ou animale. Il est même très – vraisemblable que les végétaux sont les seuls dans lesquels elles se forment, & qu'elles passent sans altération de ces êtres dans les animaux.

On distingue les sucs huileux des végétaux en huiles fixes & en huiles volatiles.

Les huiles fixes nommées aussi *huiles grasses*, *huiles douces*, *huiles par expression*, sont très-onctueuses ; elles ont la plupart une saveur douce & fade, & sont sans odeur ; elles ne se volatilisent qu'à un degré de feu supérieur à celui de l'eau bouillante, & ne s'enflamment que lorsqu'elles sont parvenues au degré de chaleur qui les volatilise. Tel est l'usage de la mêche qu'on emploie pour faire brûler une huile fixe dans les lampes ; elle échauffe l'huile au point de la volatiliser.

La plupart des huiles fixes font fluides & demandent un froid affez confidérable pour devenir folides ; d'autres le deviennent au plus léger degré de froid ; d'autres enfin, font prefque toujours folides ; on nomme ces dernières, *beurres végétaux*, quoique très-improprement.

Les huiles fixes ne coulent point de la furface des végétaux ; elles font contenues dans les amandes, dans les pepins & dans les femences émulfives. On les retire en brifant les cellules qui les renferment, à l'aide du broiement & de l'expreffion.

Les huiles fixes, expofées à l'air, s'altèrent & fe ranciffent ; leur acide fe développe, elles perdent leurs propriétés, elles en acquièrent de nouvelles, qui les rapprochent des huiles volatiles. L'eau & l'alcohol, en enlevant cet acide développé, leur ôtent leur faveur forte, mais ne les rappellent jamais à leur premier état. M. Berthollet a découvert qu'en expofant des huiles graffes à l'air, en furface très-mince fur l'eau, elles s'épaiffiffent & deviennent affez femblables à de la cire. Il eft aujourd'hui démontré que cet épaiffiffement eft dû à l'abforption de l'oxigène atmofphérique, parce que tous les corps qui contiennent ce principe & qui le cédent aux huiles fixes, comme plufieurs acides & fur-tout l'acide muriatique oxigéné, les oxides métalliques, épaiffiffent les huiles fixes, & les rapprochent de l'état de cire.

Les huiles fixes donnent à la diftillation un peu d'eau chargée d'un acide très-âcre & très-piquant, de l'huile légère, une huile épaiffe, une grande quantité de gaz hydrogène, mêlé d'acide carbonique. Leur charbon eft très-peu abondant. En rediftillant ces produits, on obtient l'acide fébacique pur dont nous parlerons dans le règne animal, & de l'huile de plus en plus légère. Cette huile eft connue fous le nom impropre d'*huile des philofophes* ; les alchimiftes la préparoient en diftillant à plufieurs reprifes une huile fixe dont ils avoient imprégné une brique. On ne fait point exactement jufqu'où peut aller cette décompofition, quoiqu'on ait dit autrefois qu'on pouvoit réduire une huile fixe en principe inflammable libre, en eau, en acide, en air & en terre.

L'eau n'altère point à froid les huiles graffes, elle les purifie en leur enlevant une partie de leur mucilage, qui fe précipite auffi pendant leur combuftion, & auquel elles doivent leur propriété fermentefcible, ou celle de devenir rances. On fait que l'eau jettée fur des huiles allumées, les enflamme davantage au lieu de les éteindre; cela dépend de ce qu'elle fe décompofe, fournit de l'oxigène aux huiles, & laiffe dégager beaucoup de gaz hydrogène. En recueillant dans une cheminée terminée par un ferpentin la vapeur de la flamme que donne l'huile fixe en brûlant, on obtient une grande quantité d'eau, ce qui prouve la préfence du gaz hydrogène dans ce principe immédiat des végétaux.

Les huiles fixes ne fe combinent point avec la terre filicée. Elles forment avec l'argile une pâte molle, qu'on emploie dans les manipulations chimiques, fous le nom de *lut gras.*

Elles fe combinent par des procédés particuliers avec la magnéfie, qui les réduit à un état favoneux.

La chaux s'y unit, mais d'une manière peu marquée, lorfqu'on les combine immédiatement.

Les alkalis purs fe combinent aifément aux huiles graffes, & donnent naiffance à un compofé qu'on appelle *favon.*

Pour le préparer, on triture l'huile d'olive ou d'amandes douces avec une leffive concentrée de foude rendue cauftique par la chaux, qu'on appelle *lessive des savoniers*. Le mélange ne s'épaissit qu'au bout de quelques jours, & donne le savon médicinal. On fabrique celui du commerce en faisant bouillir la lessive avec de l'huile altérée ; il est alors blanc. Le savon vert se fait avec le marc des olives & la potasse.

Le savon est dissoluble dans l'eau pure. La chaleur le décompose, en dégage du phlegme, de l'huile & de l'ammoniaque formée aux dépens de l'alkali fixe & de l'huile ; le charbon contient beaucoup d'alkali fixe. Cette composition artificielle d'ammoniaque semble prouver la présence de l'azote dans les alkalis fixes, & sa réaction sur l'hydrogène de l'huile.

L'eau de chaux décompose le savon suivant la remarque de M. Thouvenel ; il se forme alors un savon calcaire non dissoluble, & qui se dépose en grumeaux. Les acides versés sur le savon en dégagent l'huile un peu altérée.

L'ammoniaque ne se combine que difficilement aux huiles fixes ; cependant, par une trituration longue, le mélange acquiert un peu de consistance, & devient opaque.

Les huiles fixes s'unissent aux acides, & forment des espèces particulières de savon, lorsque ces sels sont employés foibles. Messieurs Achard, Cornette & Macquer se sont occupés de ces compofés. M. Achard les fait en verfant peu-à-peu de l'acide fulfurique concentré fur de l'huile fixe. En triturant fans ceffe ce mêlange, il en réfulte une maffe brune diffoluble dans l'eau & dans l'alcohol. L'huile qu'on en retire par les alkalis eft toujours plus ou moins concrète, ainfi que celle que l'on obtient par la diftillation. Macquer confeille, pour faire ce favon, de verfer l'acide fur l'huile; mais il avertit qu'un favon acide, fait de cette manière, eft peu diffoluble dans l'eau. Celui qu'il prépare en triturant du favon alkalin ordinaire avec l'acide fulfurique concentré, eft plus foluble. L'acide fulfurique concentré noircit les huiles fixes & les rapproche des bitumes. Il paroît que ce phénomène eft dû à la réaction de l'hydrogène de l'huile fur l'oxigène de cet acide.

L'acide nitreux fumant noircit fur le champ les huiles fixes, & enflamme celles qui font ficcatives. Celles qui ne fe defsèchent pas ne peuvent être enflammées que par un mêlange de cet acide & de celui du foufre, ainfi que l'a enfeigné Rouelle l'aîné dans fon mémoire fur l'inflammation des huiles, *Académie*, *année* 1747.

L'acide muriatique & l'acide carbonique n'ont qu'une action très-foible fur les huiles fixes. Cependant le premier, dans fon état de concentration, s'y combine jusqu'à un certain point, suivant M. Cornette. L'acide muriatique oxigéné les épaissit beaucoup & semble les faire passer par l'absorption de son oxigène, à un état assez voisin de la cire.

On ne connoît point l'action des autres acides sur les huiles fixes. Il paroît qu'elles ne se combinent pas aux sels neutres. Plusieurs d'entre ces derniers décomposent le savon alka-lin, & notamment tous les sels calcaires. Dans cette décomposition, sur-tout celle opérée par les sulfates de chaux & de magnésie qui se rencontrent fréquemment unis aux eaux, l'acide sulfurique s'unit à l'alkali fixe du savon, & forme du sulfate de soude ; la chaux ou la magnésie se combinent avec l'huile, & donnent naissance à une sorte de savon très-peu solu-ble, qui vient nager en grumeaux blanchâtres au-dessus de l'eau. Telle est la cause du phé-nomène que présentent les eaux qui caillebottent le savon sans le dissoudre.

L'action du gaz hydrogène sur les huiles fixes n'a point encore été examinée.

Ces huiles dissolvent le soufre à l'aide de la chaleur de l'ébullition, & cette dissolution est d'une couleur rouge foncée tirant sur le brun ; elle a une odeur très-fétide ; elle dépose peu-à-peu du soufre cristallisé. Si on distille cette combinaison, le soufre se volatilise, dissous dans le gaz hydrogène dégagé de l'huile, & on ne peut plus en trouver un atôme. Cette expérience mériteroit un examen particulier. On obtient aussi un peu de gaz sulfureux dans cette décomposition.

Les huiles fixes ne paroissent point susceptibles de s'unir aux substances métalliques pures, excepté le cuivre & le fer, sur lesquels elles ont une action marquée. Mais elles se combinent avec les oxides métalliques, & forment avec eux des combinaisons épaisses concrètes, qui ont l'apparence savoneuse, comme on l'observe dans la préparation des onguens & des emplâtres. On n'a point encore examiné chimiquement ces préparations; on sait seulement que quelques oxides métalliques se réduisent dans la formation des emplâtres, comme l'oxide de cuivre dans l'emplâtre divin, & celui de plomb ou la litharge dans l'onguent de la mère, &c. Dans la Docimasie, on se sert des huiles fixes pour réduire les oxides métalliques. M. Berthollet a donné un procédé ingénieux & simple pour former sur le champ une véritable combinaison d'huile fixe, & d'un oxide métallique quelconque, ou un savon métallique. Il consiste à verser dans une dissolution de savon ordinaire une dissolution métallique; l'acide de cette dernière se porte fur l'alkali fixe du favon, & l'oxide métallique fe précipite uni à l'huile à laquelle il donne fa couleur. On prépare ainfi avec le fulfate de cuivre un favon d'une belle couleur verte, & avec le fulfate de fer un favon brun foncé affez éclatant ; peut-être ces compofés pourroient-ils être utiles à la peinture.

Schéele a découvert qu'en combinant l'huile d'amandes douces, d'olives, de navette & de lin, avec de l'oxide de plomb, en ajoutant un peu d'eau aux mélanges, il fe fépare de ces huiles une matière qui furnage, & qu'il appelle *principe doux*. En évaporant cette eau qui furnage, le principe qu'elle tient en diffolution lui donne la confiftance de firop ; en l'échauffant fortement il prend feu ; une partie fe volatilife fans fe brûler dans la diftillation ; il donne un charbon léger ; il ne fe criftallife pas, il ne paroît pas fufceptible de fermentation. L'acide nitrique diftillé quatre fois fur cette matière la change en acide oxalique. Il paroît que ce principe doux de Schéele eft une forte de mucilage.

Les huiles fixes diffolvent les bitumes, & en particulier le fuccin ; mais elles ont befoin d'être aidées de la chaleur pour opérer cette diffolution. Elles forment des efpèces de vernis gras qui ne fe defsèchent qu'avec peine.

On doit diſtinguer les huiles graſſes en trois genres.

Le premier renferme les huiles fixes pures qui ſe figent par le froid, s'épaiſſiſſent lente-ment, qui forment des ſavons avec les acides, & ne s'enflamment que par la réunion de ceux du ſoufre & du nitre. Telles ſont :

1°. L'huile d'olives qu'on retire de la pulpe de ce fruit écraſé entre deux meules, & ſoumis à la preſſe dans des ſacs de joncs. Celle qui coule la première eſt appelée *huile vierge :* celle qui s'obtient du marc arroſé d'eau eſt moins pure, & dépoſe une lie ; celle qui ſe tire des olives non mûres eſt l'huile *omphacine* des anciens. L'huile d'olive ſe gèle à dix de-grés au-deſſus du thermomètre de Réaumur, & ne ſe rancit qu'au bout de douze ans en-viron.

2°. L'huile d'amandes douces extraite ſans feu, ſe rancit très - promptement ; elle ne ſe gèle qu'à ſix degrés au-deſſous de o.

3°. Celle de navette qui ſe retire de la graine d'une eſpèce de choux nommé *colſa.*

4°. Celle de ben, que l'on extrait des aman-des de ben qui viennent d'Egypte & d'Arabie ; elle eſt très-âcre, ſans odeur ; elle ſe gèle très-aiſément.

Le ſecond genre comprend les huiles ſiccatives qui s'épaississent promptement, ne se figent pas par le froid, s'enflamment par l'acide nitreux seul, & forment avec l'acide sulfurique des espèces de résines. Telles sont :

1°. L'huile de lin qu'on tire par expression de la graine de lin grillée. On l'emploie pour les vernis gras & dans la peinture.

2°. Celle de noix qui sert aux mêmes usages.

3°. Celle d'œillet ou de semence de pavot, qui n'a rien de narcotique, comme l'a très-bien démontré M. l'abbé Rozier.

4°. L'huile de chenevis, qui est très-siccative.

Dans le troisième genre, nous comprenons les huiles fixes concrètes, ou les *beurres végétaux*, parmi lesquels nous distinguerons les suivans :

1°. Le beurre de cacao retiré des amandes du cacaoyer. On distingue quatre espèces de cacao ; le gros & le petit caraque, le berbiche & celui des isles. On extrait le beurre par la torréfaction & par l'ébullition dans l'eau : on le purifie en le faisant liquéfier à une chaleur fort douce.

2°. Le coco fournit un semblable beurre.

3°. La cire des végétaux est de même nature ; elle a seulement plus de solidité. On en retire

du *galé* en Chine : on en fait des bougies jaunes, blanches & vertes, fuivant la manière dont
on a extrait la cire. Les chatons du bouleau &
du peuplier peuvent fournir une petite quantité
de cire femblable. Celle de la Louifiane eft la
plus abondante ; M. Berthollet la blanchit facilement avec l'acide muriatique oxigéné.

L'ufage des huiles fixes eft très-étendu dans
les arts & dans la médecine. On s'en fert dans
cette dernière, comme de médicamens adoucif-
fans, relâchans, calmans & laxatifs ; quelques-
unes même font purgatives, comme l'huile de
ricin à laquelle on a auffi reconnu la propriété
de tuer & de faire rendre le tœnia ou ver
folitaire. Elles entrent dans un grand nombre
de médicamens compofés, tels que les baumes, les onguens, les emplâtres. Enfin on
les emploie fouvent comme affaiffonnemens ou
alimens, à caufe de leur faveur douce & du
mucilage qui leur eft uni.

CHAPITRE

CHAPITRE X.

Des Huiles volatiles.

Les huiles volatiles ou *essentielles* different des huiles fixes par les caractères suivans. Leur odeur est forte & aromatique ; leur volatilité est telle, qu'on les distille à la chaleur de l'eau bouillante ; leur saveur est très-âcre. Elles sont beaucoup plus combustibles que les premières.

Ces huiles existent dans presque toutes les plantes-odorantes. Elles sont contenues ou dans toute la plante comme dans l'angélique de Bohême, ou dans la racine seule comme dans l'aunée, l'iris, le dictamne blanc & la benoite ; ou dans la tige comme dans le bois de santal, celui de sassafras, les pins, &c. ou dans l'écorce comme dans la canelle. Quelquefois ce sont les feuilles qui la recèlent comme on l'observe pour la mélisse, la menthe poivrée, la grande absynthe, &c. Dans d'autres plantes, on la trouve dans les calices des fleurs ; telles sont la rose & la lavande ; les pétales de la camomille & de l'oranger en sont remplis. D'autres fois elle est fixée dans les fruits comme dans les cubebes, le poivre, les baies de genièvre ;

enfin, beaucoup de végétaux en renferment dans leur semence, ainsi que la muscade, l'anis, le fenouil & la plupart des ombelliferes.

Elles different les unes des autres; 1°. par la quantité qui varie beaucoup, suivant l'état ou l'âge de la plante; 2°. par la consistance; il y en a de très-fluides, comme celles de lavande, de rue, &c. Quelques-unes se congèlent par le froid, ainsi que celles d'anis, de fenouil; d'autres sont toujours concrètes, comme celles de roses, de persil, de benoîte & d'aunée. 3°. Par la couleur, les unes n'en ont aucune; d'autres sont jaunes, comme celle de la lavande; d'un jaune foncé, celle de canelle; bleues, celle de camomille; aigue-marine, celle de mille-pertuis; vertes, celle de persil. 4°. Par la pesanteur; les unes surnagent l'eau, comme la plupart de celles de nos pays; d'autres vont au fond de ce fluide, comme celles de saffafras, de gérofle, & la plupart de celles des plantes étrangères: cette propriété n'est cependant pas constante, relativement aux climats, puisque l'huile essentielle de muscade, de macis, de poivre, &c. sont plus légères que l'eau. 5°. Par l'odeur & la saveur; cette dernière propriété est souvent très-différente dans l'huile volatile de ce qu'elle est dans la plante: par exemple, le poivre donne une huile douce, & celle d'abfynthe n'eft point amère.

On retire les huiles volatiles, 1°. par expref-fion, du cédra, de la bergamotte, du citron, de l'orange, on appelle celle-ci *effence*, &c. 2°. Par diftillation; on met pour cela la plante dans la cucurbite d'un alambic de cuivre avec de l'eau; on fait bouillir cette eau, l'huile paffe avec ce fluide, au-deffus duquel elle fe ràmaffe dans un récipient particulier.

Les huiles volatiles font falfifiées, ou par les huiles fixes, on les reconnoît alors parce-qu'elles tachent le papier; ou par l'huile de térébenthine, on s'en apperçoit par l'odeur forte de cette dernière, qui fubfifte après l'évapora-tion de la première; ou par l'alcohol, l'eau, en les troublant, indique la nature de cette altération.

Les huiles volatiles perdent leur odeur à une chaleur douce. Comme elles font très-vo-latiles, le feu ne peut les décompofer. En les chauffant dans des vaiffeaux fermés, il s'en dé-gage une grande quantité de gaz hydrogène. Lorfqu'on les chauffe avec le contaét de l'air, elles s'enflamment promptement & répandent une fumée très-épaiffe, qui fe condenfe en une matière charbonneufe très-fine & très-légère; elles ne laiffent qu'un charbon peu abondant après leur inflammation, parce qu'elles font fi volatiles, que la partie charbonneufe fe forme dans la portion volatilifée.

Expofées à l'air, elles s'épaiffiffent en vieilliffant, & prennent le caractère de réfine. Il s'y dépofe des criftaux en aiguilles femblables à celles du camphre fublimé, que Geoffroy le cadet a obfervées dans l'huile volatile de matricaire, de marjolaine, dans celle de térébenthine. Leur odeur approche auffi de celle du camphre, fuivant le même obfervateur, *Acad. 1721, page 163.*

Elles s'uniffent difficilement à la chaux & aux alkalis avec lefquels elle forme des favons imparfaits que nous nommons *favonules ;* les acides les altèrent ; l'acide fulfurique concentré les change en bitumes, & s'il eft foible, il en forme des efpèces de favons. L'acide nitreux les enflamme ; l'acide muriatique les réduit dans un état favonneux ; l'acide muriatique oxigéné les épaiffit.

Elles n'ont aucune action fur les fels neutres.

Elles fe combinent très-aifément au foufre, & forment des compofés nommés *baumes de foufre,* dans lefquels le foufre eft tellement divifé, qu'on ne peut plus l'en extraire & qu'il s'en fépare par la chaleur fous la forme de gaz hydrogène fulfuré.

Les mucilages & le sucre les rendent solubles dans l'eau.

On les emploie en médecine comme cordiales, stimulantes, antispasmodiques, emménagogues, &c. Appliquées à l'extérieur, elles sont fortement antiseptiques, & elles arrêtent les progrès de la carie des os.

CHAPITRE XI.

Du Principe camphré.

LE camphre est une matière blanche, concrète, cristalline, d'une odeur & d'une saveur fortes, qui se rapproche des huiles volatiles par quelques-unes de ses propriétés, mais qui s'en éloigne par d'autres.

Les chimistes, d'après un assez grand nombre d'observations, regardent le camphre comme un principe immédiat des végétaux, ils pensent qu'il existe dans toutes les plantes très-odorantes & qui contiennent de l'huile volatile. On en a en effet retiré des racines de canellier, de zedoaire, du thim, du romarin, de la sauge & de plusieurs labiées, soit par la distillation, soit par décoction, comme l'ont observé Cartheuser & Neumann; mais ce camphre est en très-petite quantité, & il a toujours l'odeur de la plante d'où on l'a extrait. Il paroît que ce singulier être se trouve combiné avec les huiles volatiles de ces végétaux, puisque Geoffroy a observé que ces dernières déposoient des aiguilles de camphre. J'ai vu chez M. Joffe, apoticaire de Paris, de véritable camphre retiré de la racine d'aunée. Lorry regardoit le camphre comme un principe très-répandu dans les végétaux, & plaçoit son arome à la tête d'une classe d'odeurs très-énergiques, & dont les effets sur l'économie animale doivent fixer l'attention des chimistes & des médecins.

Le camphre dont on se sert en médecine se retire d'une espèce de laurier qui croît en Chine, au Japon & dans les isles de Borneo, de Sumatra, de Ceylan, &c. L'arbre qui le produit en contient quelquefois une si grande quantité, qu'il suffit de le fendre pour en retirer des larmes assez grosses & très-pures. On l'obtient cependant par la distillation. On met dans un alambic de fer les racines ou les autres parties de l'arbre avec de l'eau ; on les recouvre d'un chapiteau, dans lequel sont arrangées des cordes de paille de riz, & on chauffe le tout. Le camphre se sublime en petits grains grisâtres, que l'on réunit en morceaux plus gros. Ce camphre brut est impur. Les hollandois le purifient en le fublimant dans des efpèces de ballons, & en ajoutant une once de chaux par livre de cette fubftance.

Le camphre eft beaucoup plus volatil que les huiles *effentielles*, puifqu'il fe fublime à la plus douce chaleur; il fe criftallife en lames hexagones attachées à un filet moyen. Si on le chauffe brufquement, il fe fond avant de fe volatilifer. Il femble n'être pas décompofable par ce moyen; cependant, fi on le diftille plufieurs fois, il donne un phlegme roufsâtre & manifeftement acide; ce qui indique qu'en répétant un grand nombre de fois cette opération, on parviendroit à le dénaturer. La feule température de l'été fuffit pour le volatilifer; expofé à l'air, il fe diffipe entièrement; renfermé dans un vaiffeau, il fe fublime en pyramides hexagones, ou en criftaux polygones qui ont été obfervés & décrits en 1756 par Romieu. Il répand une odeur forte & infupportable à quelques perfonnes; il s'enflamme très-rapidement, brûle avec beaucoup de fumée, & ne laiffe aucun réfidu charbonneux.

Il ne fe diffout pas dans l'eau; il lui communique cependant fon odeur; il brûle à fa furface. Romieu a obfervé que des parcelles de camphre d'un tiers ou d'un quart de ligne de diamètre, mifes fur un verre d'eau pure, se meuvent en tournant, & se dissolvent au bout d'une demi-heure. Il soupçonne que ce mouvement est un effet de l'électricité, & il remarque qu'il cesse en touchant l'eau avec un corps qui fait fonction de conducteur, comme un fil de fer, & qu'il continue, au contraire, si on la touche avec un corps isolant comme le verre, la résine, le soufre, &c.

Les terres, les substances salino-terreuses & les alkalis n'ont aucune action sur le camphre ; il faut cependant observer qu'on n'a point encore essayé les alkalis caustiques.

Les acides dissolvent le camphre, lorsqu'ils sont concentrés. L'acide sulfurique le dissout à l'aide de la chaleur. Cette dissolution est rousse. L'acide nitrique le dissout tranquillement ; cette dissolution est jaune ; comme elle surnage l'acide à la manière des huiles, on lui a donné le nom impropre d'*huile de camphre*. M. Kosegarten a découvert, comme nous l'avons exposé dans le chapitre VII, que l'acide nitrique distillé huit fois de suite sur le camphre, le change en un acide cristallisable qu'il croit d'une nature particulière.

L'acide muriatique, dans l'état de gaz, dissout le camphre, ainsi que le gaz acide sulfureux & le gaz acide fluorique. Si l'on ajoute de l'eau dans ces dissolutions, elles se troublent, le camphre s’en sépare en floccons, qui viennent nager à la surface, & qui n’ont point éprouvé d’altération. Les alkalis, les subflances salino-terreuses & les matières métalliques précipitent auffi ces diffolutions.

Les sels neutres n’ont aucune action fur le camphre. On ne connoît pas celle du foufre & des bitumes fur cette fubflance, quoiqu’il foit vraifemblable qu’elles font fufceptibles de s’y unir.

Les huiles fixes & volatiles diffolvent le camphre à l’aide de la chaleur. Ces diffolutions refroidies dépofent peu-à-peu des criftaux en végétation, femblables à ceux qui fe forment dans les diffolutions de muriate ammoniacal, c’eft-à-dire, compofés d’une côte moyenne à laquelle font adhérens des filets très-fins, & placés horifontalement. Ces efpèces de barbes de plumes, vues à la loupe, font très-belles & très-régulières. Cette jolie obfervation eft encore due à Romieu (*Académie* 1756, *p. 448*). La diffolution de camphre dans l’alcohol, beaucoup plus connue & plus employée que la précédente, a préfenté à cet obfervateur une criftallifation un peu différente qu’il a obtenue par un procédé particulier.

Le camphre eft un des plus puiffans remèdes que pofsède la médecine. Appliqué fur les

tumeurs inflammatoires, il les diffipe en peu
de tems. On l'emploie comme antifpafmodique
& antifeptique dans les maladies contagieufes,
dans la fièvre maligne, & dans toutes les maladies accompagnées en général d'affections nerveufes & de putridité. En France on ne l'adminiftre guère qu'à la dofe de quelques grains;
en Allemagne & en Angleterre on en pouffe
la dofe jufqu'à plufieurs gros par jour. Il eft
encore important de favoir que le camphre
calme les ardeurs & les douleurs des voies
urinaires, fouvent comme par enchantement.
On le donne trituré avec le jaune d'œufs,
le fucre, les gommes, ou dans l'état d'huile
de camphre, & on le fait toujours entrer
dans quelques boiffons appropriées. Les chi-
rurgiens emploient l'eau-de-vie camphrée,
dont nous donnerons par la fuite la compofition, dans les gangrènes externes; cette
liqueur en arrête fouvent & en borne les
progrès.

CHAPITRE XII.

De l'Arome ou Esprit recteur.

BOERHAAVE a donné le nom d'*esprit recteur*
des plantes au principe qui constitue leur odeur;
on ne connoît encore que très-peu de propriétés
de cet être singulier si intéressant par ses effets
sur l'économie animale. Nous substituons aux
nom d'*esprit recteur* celui d'*arome*, qui tient à
la dénomination d'aromate, déjà si connu dans
notre langue.

L'arome paroît être très-volatil, très-fugace,
très-atténué; il se dégage sans cesse des plantes,
& forme autour d'elles une atmosphère odorante, qui se propage à une plus ou moins
grande étendue. Toutes les plantes different
les unes des autres par la quantité, la force &
la nature de ce principe. Les unes en sont
abondamment pourvues, & ne le perdent même
qu'en partie par leur dessication, de sorte qu'il
paroît jouir alors d'un certain degré de fixité;
tels sont en général les bois odorans & toutes
les parties végétales odorantes, sèches & ligneu-
ses. D'autres en ont un si fugace & si volatil,
que quoiqu'elles aient beaucoup d'odeur, on

ne peut en fixer le principe qu'avec peine. Enfin, il est des plantes dont l'odeur est fade & peu senfible; on les a appelées inodores; ces dernières n'ayant pour ainfi dire qu'une odeur d'herbe, leur arome a été nommé *herbacé*.

La plus légère chaleur fuffit pour dégager l'arome des plantes. Pour l'obtenir, il faut diftiller la plante au bain-marie & en recevoir les vapeurs dans un chapiteau froid qui les condenfe & les fait couler en liqueur dans un récipient. Ce produit eft une eau limpide, chargée d'odeur & qu'on a nommée eau effentielle ou eau diftillée. Cette liqueur doit être regardée comme une diffolution du principe odorant dans l'eau. Ce principe eft plus volatil que le fluide qui le tient en diffolution; fi l'on chauffe cette eau aromatique, elle perd peu-à-peu fon odeur & devient fade; fi on l'expofe à l'air, elle éprouve la même altération, elle dépofe des floccons très-légers comme mucilagineux, & prend même une odeur de moififfure ou de chanci.

Le principe de l'odeur s'unit aux fucs huileux, & il paroît même faire un des élémens des huiles volatiles, puifque, 1°. ces dernières en font toujours chargées; 2°. les plantes qui ont une odeur tenace donnent conftamment plus d'huile volatile que celles dont l'odeur est très-fugace, qui souvent n'en donnent point du tout comme les liliacées. On est obligé, pour retenir l'eau aromatique de ces dernières, comme les lys odorans, la tubéreuse, &c. de le combiner avec des huiles fixes. Le jasmin est aussi dans ce cas. On met ces fleurs dans une cucurbite d'étain avec du coton imbibé d'huile de ben; on dispose les fleurs & le coton couches par couches, on ferme la cucurbite & on l'expose à une chaleur douce. L'arome dégagé se combine à l'huile, & s'y fixe d'une manière durable. 3°. Les plantes qui n'ont point d'odeur ne donnent jamais un atôme d'huile volatile. 4°. Les végétaux, dont on a extrait l'eau aromatique par la distillation au bain-marie, ne fournissent plus cette espèce d'huile, à moins qu'ils ne retiennent encore un peu de leur odeur; dans ce cas ils n'en donnent même qu'une très-petite quantité. 5°. Une huile volatile qui a perdu son odeur, la reprend très-facilement avec toutes ses propriétés, lorsqu'on la distille sur la plante fraîche dont on l'a d'abord extraite.

On n'a point encore examiné l'action des matières salines sur l'eau aromatique; M. Berthollet a trouvé que l'acide muriatique oxigéné détruit souvent l'odeur des végétaux, & altère conséquemment leur arome.

La nature de ce principe n'eſt pas identique, & il ſemble différer ſuivant les genres de plantes auxquelles il appartient. Macquer penſe avec Boerhaave qu'il eſt en général compoſé d'une ſubſtance inflammable & d'une matière ſaline ; mais il obſerve que quelquefois il participe davantage de la nature ſaline , tandis que dans d'autres plantes il ſe rapproche plus des matières huileuſes. L'arome des crucifères lui paroît être ſalin , & il lui donne pour caractères d'être piquant & pénétrant ſans affecter les nerfs. Celui qui , au contraire, eſt fade ou fort, mais ſans être piquant, & qui affecte les nerfs de manière à produire ou à calmer les accès qui dépendent de leur agacement, comme le font ceux des plantes aromatiques & des narcotiques, participe beaucoup de la nature huileuſe, ſuivant ce célèbre chimiſte. Quelques faits viennent à l'appui de cette aſſertion. La fraxinelle répand une odeur qui forme autour de la plante une atmoſphère inflammable, & il ſuffit d'approcher un corps combuſtible en ignition pour l'allumer ; cette vapeur brûle alors depuis le bas juſqu'au haut de la tige qui ſupporte les fleurs.

L'arome de la fraxinelle ſemble donc être de nature huileuſe. Venel, chimiſte de Montpellier & élève de Rouelle, avoit retiré du marum à une chaleur douce, un eſprit recteur acide ; &

Roux, profeſſeur de chimie aux écoles de médecine, qui a examiné ce produit, a découvert qu'il ne rougiſſoit point les couleurs bleues végétales, mais qu'il ſaturoit les alkalis. Quant à l'arome des cruciferes, on n'eſt point encore d'accord ſur ſa nature. Les uns le croient acide, & les autres alkalin. Il paroît, d'après les travaux de MM. Déyeux & Baumé, que le ſoufre ſe trouve combiné avec le principe odorant des plantes anti-ſcorbutiques, & que c'eſt ce corps combuſtible réduit dans l'état de fluide élaſtique par ſa combinaiſon avec l'hydrogène qui conſtitue l'arome des cruciferes.

Il y a encore deux conſidérations importantes à faire ſur l'arome des plantes. La première, c'eſt que, comme l'a très-bien ſoupçonné Macquer, ce principe eſt peut-être un gaz d'une nature particulière; ſon inviſibilité, ſa volatilité, la manière dont il ſe répand dans l'atmoſphère, ſon expanſibilité & quelques expériences du docteur Ingen-housz ſur le gaz nuiſible fourni par les fleurs, rendent cette opinion très-vraiſemblable. Il ne reſte plus qu'à faire ſur cet objet des recherches qui, à la vérité, demandent beaucoup de ſoin & d'exactitude, mais qui promettent auſſi des découvertes brillantes & utiles. Déjà Boyle a ouvert une vaſte carrière ſur les odeurs, ſur leur altérabilité, ſur leur combinaifon réciproque, & ce travail vient d'être continué avec le plus grand fuccès par Lorry. Ce favant a fuivi les altérations qui réfultent de leur mêlange, celles qu'elles éprouvent par la fermentation, par l'action du feu, de l'air & de différens menftrues. Nous ne pourrions, fans nous écarter de notre objet, entrer dans les détails de fes travaux, mais nous croyons devoir faire connoître fa divifion primitive des odeurs. Lorry divife ces corps en cinq claffes; les odeurs camphrées, les éthérées, les vireufes ou narcotiques, les acides & les alkalines; toutes les odeurs peuvent être, fuivant ce médecin phyficien, rapportées à ces cinq claffes primitives. En s'expliquant fur la bafe de fa divifion, prife de l'affection que les odeurs font éprouver au fens de l'odorat & aux nerfs en général, Lorry annonce qu'il ne s'eft point propofé d'en rechercher la nature chimique; mais il eft très-vraifemblable, comme il le penfe lui-même, que celles de chaque claffe fe rapprochent les unes des autres par leurs propriétés chimiques, comme elles le font déjà par leur action fur l'économie animale.

La feconde confidération par laquelle nous terminerons l'hiftoire chimique du principe de l'odeur, c'eft que, quoique les plantes qui ont été appelées inodores foient regardées comme

ne

ne contenant point ce principe, il est cependant très-démontré aujourd'hui qu'on peut en extraire, à l'aide de la chaleur la plus douce du bain-marie, une eau dont l'odeur, quoique très-légère, suffit pour faire connoître aux personnes exercées la plante d'où elle a été tirée. Je puis assurer, pour l'avoir éprouvé un grand nombre de fois, que les plantes réputées les plus inodores, telles que la chicorée, le plantain, la bourrache, &c. donnent au bain-marie une eau qui répand tellement leur odeur, qu'on peut les distinguer les unes des autres. Il est vrai que ces eaux aromatiques fades se décomposent très-vite & perdent bientôt la légère odeur qui les caractérise. Elles s'altèrent, fermentent & passent même à l'acidité ou à l'alkali, suivant leur qualité.

Il existe un art fondé sur les moyens d'extraire les parties odorantes des végétaux, de les conserver, de les fixer dans différentes substances, c'est celui du parfumeur. La plupart de ses procédés sont entièrement chimiques.

La médecine fait un assez grand usage des eaux distillées ou aromatiques. Elles ont différentes vertus suivant leur nature : on est dans l'usage de n'employer que celles que l'on distille à feu nud avec de l'eau, comme on le

Tome IV. K

fait pour obtenir les huiles volatiles. Nous obferverons que cette manipulation eft bonne
pour l'arome des eaux vraiment aromatiques,
mais qu'elle eft défectueufe pour celui des
plantes nommées communément inodores. Nous
croyons qu'il eft indifpenfable de les diftiller
au bain-marie ; comme on ne prend point
ordinairement cette précaution, elles ont une
odeur de feu ou d'empyreume , fans être
chargées de celle de la plante. Si la vertu de
ces eaux ne réfide que dans leur arome ,
quelque foible qu'il foit, il eft certain que
de la manière dont on les prépare , on leur
ôte toutes les propriétés qu'elles peuvent avoir.

Nous ajouterons encore à ces obfervations
que les eaux diftillées des plantes que l'on
prépare en pharmacie, ne font point l'arome
pur appelé *efprit recteur* par Boerhaave ,
mais que l'arome y eft noyé dans une grande
quantité d'eau que l'on diftille avec les plantes.

CHAPITRE XIII.

Des Sucs inflammables réfineux en général, & des Baumes en particulier.

ON a donné le nom de réfines à des matières sèches, inflammables, immifcibles à l'eau, diffolubles dans les huiles & dans l'alcohol, & qui écoulent fluides des arbres qui les produifent. Ces matières ne font que des huiles devenues concrètes par le defféchement à l'air. On n'eft pas d'accord fur la différence des baumes & des réfines. Les uns donnent le nom de baumes à des fubftances inflammables fluides, il en eft cependant qui font fecs. D'autres appellent ainfi les fubftances inflammables les plus odorantes. Bucquet a répandu beaucoup de jour fur cet objet, en ne donnant le nom de baumes qu'à celles de ces matières combuftibles qui ont une odeur fuave qu'elles peuvent communiquer à l'eau, & qui fur-tout contiennent des fels acides odorans & concrets, qu'on peut obtenir par la fublimation ou par la décoction dans l'eau.

Les principales efpèces de baumes peuvent être réduites aux trois fuivantes.

1°. Le benjoin. On en diſtingue de deux ſortes, le benjoin amygdaloide formé de larmes blanches ſemblables à des amandes liées par un ſuc brun ; il reſſemble au nougat. Le benjoin commun eſt brun & ſans larmes, il répand une odeur très-ſuave lorſqu'on le fond ou lorſqu'on le pique avec une aiguille chaude. L'arbre qui le fournit n'eſt point connu. Ce baume nous vient du royaume de Siam & de l'iſle de Sumatra. Il ne donne que peu d'huile eſſentielle à cauſe de ſa ſolidité. L'eau bouillante en extrait un ſel acide en aiguilles, dont l'odeur eſt forte, & qui criſtalliſe par refroidiſſement. On le retire auſſi par la ſublimation. On le nomme alors fleurs de benjoin. Cette opération ſe fait dans deux terrines verniſſées placées l'une au-deſſus de l'autre, & lutées au papier. Il faut pour cela donner un feu doux, ſans quoi le ſel eſt brun. Le cône de carton qu'on employoit autrefois laiſſe perdre beaucoup d'acide concret. Nous avons fait connoître les propriétés de cet acide dans un des chapitres précédens. Le benjoin donne à la cornue un phlegme très-acide, un ſel concret & brun de la même nature, de l'huile brune & épaiſſe; le charbon qui reſte contient de l'alkali fixe.

Le benjoin ſe diſſout dans l'alcohol, & ſa

teinture, précipitée par l'eau, conſtitue le lait virginal. On emploie le ſel de benjoin comme un bon inciſif dans les maladies pituiteuſes des poumons & des reins. Son huile eſt réſolutive; on s'en ſert à l'extérieur pour les membres paralyſés, &c.

2°. Le baume de Tolu, du Pérou, de Carthagêne. On l'apporte ou enfermé dans des cocos, ou en larmes jaunâtres, ou dans un état fluide; il coule du Toluifera, placé par Linnéus dans la Décandrie monogynie. On peut l'extraire des coques en les trempant dans l'eau bouillante, qui le rend fluide. Il vient de l'Amérique méridionale, dans un pays ſitué entre Carthagêne & le nom de Dieu, que les inſulaires appellent Tolu, & les eſpagnols Honduras. Il donne à l'analyſe les mêmes produits que le benjoin, & ſur-tout un ſel acide concret; on l'emploie dans les maladies du poumon; on en fait un ſirop.

On n'a point examiné l'acide du baume de Tolu, & l'on croit qu'il ne diffère pas eſſentiellement de l'acide benzoique.

3°. Le ſtorax calamite eſt en larmes rouges nettes, ou brunes & graſſes. Il a une odeur très-forte; il coule du liquidambar oriental, plante peu connue. Duhamel a vu couler de l'alibouſier un ſuc d'une odeur analogue. Neu-

mann a fait l'analyſe du ſtorax calamite ; il en
a retiré très-peu d'huile eſſentielle, un ſel acide
concret, une huile épaiſſe. Son uſage eſt ſemblable à celui du benjoin ; on l'emploie ſur-
tout pour les parfums. On l'envoyoit autrefois
renfermé dans des roſeaux ; aujourd'hui il nous
arrive ſous la forme de pains ou de maſſes
irrégulières, brunes rougeâtres, mêlées de quelques larmes plus claires, & d'une odeur très-
ſuave.

CHAPITRE XIV.

Des Réſines.

LES réſines diffèrent des baumes par leur odeur
moins ſuave, & ſur-tout parce qu'elles ne contiennent pas de ſel acide concret. Les principales eſpèces ſont les ſuivantes.

1°. Le baume de la Mecque, de Judée,
d'Egypte, du grand Caire. Il eſt liquide, blanc,
amer, d'une odeur de citron très-forte. Il
coule d'un arbre nommé *amyris opobalſamum*,
placé par Linnéus dans l'Octandrie monogynie,
& découvert dans l'Arabie heureuſe par M.
Forskahl. Cette réſine liquide donne beaucoup
d'huile eſſentielle par la diſtillation ; on l'em-

ploie comme vulnéraire incorporée avec le sucre, le jaune d'œufs, &c.

2°. Le baume de Copahu brun ou jaune, qui coule de l'arbre appelé copaiba, nommé par Linnéus *copaïfera*, & placé par ce botaniste dans la Décandrie monogynie : l'espèce commune, ainsi que celle du baume de Tolu, est un mélange de vrai baume de Copahu & de térébenthine, suivant Cartheuser. On l'emploie dans les ulcères du poumon & de la vessie, comme le précédent.

3°. La térébenthine de Chio coule du térébinthe qui fournit les pistaches ; elle est d'une couleur blanche ou d'un jaune tirant sur le bleu. Elle donne une huile volatile très-fluide au bain-marie ; celle qu'elle fournit à feu nud est moins fluide. La térébenthine est ensuite plus jaune ; si on l'a distillée avec l'eau, elle est blanche & soyeuse : on la nomme térébenthine cuite. Cette térébenthine est rare, & n'est guère d'usage.

4°. La térébenthine de Venise ou la résine de Mélèse, est celle qu'on emploie communément en médecine. On s'en sert dans son état naturel ou combinée avec l'alkali fixe. Cette combinaison a été nommée savon de Starkey ; nous lui donnons le nom de *savonule*. Pour le préparer, le dispensaire de Paris prescrit de verfer fur une demi-livre de nitre fixé par le tartre & encore chaud, quatre onces d'huile volatile de térébenthine ; d'agiter ce mélange avec une fpatule d'ivoire, .& de couvrir le vaiffeau d'un papier ; on ajoute peu-à-peu de l'huile jufqu'à ce que le tout forme une maffe blanche. Comme ce procédé dure plufieurs mois, les chimiftes ont cherché des moyens de faire ce favon d'une manière plus expéditive. Rouelle, en triturant goutte à goutte l'alkali avec le favon, & ajoutant un peu d'eau fur la fin, préparoit en trois heures une quantité affez confidérable de ce favon. M. Baumé confeille de broyer fur un porphyre une partie d'alkali de tartre defféché jufqu'à entrer en fufion, & d'y ajouter peu-à-peu deux ou trois fois fon poids d'huile volatile de térébenthine. Lorfque le mélange a acquis la confiftance d'un opiat mou, on le met dans une cucurbite de verre couverte d'un papier, & expofée dans un lieu humide. En quinze jours l'alkali déliquefcent fait une couche particulière de liqueur au fond du vafe ; le favon eft dans le milieu, & une portion d'huile qui a pris une couleur rouge le furnage. M. Baumé penfe que l'alkali ne s'unit qu'à la portion d'huile qui eft dans l'état de réfine. M. le Gendre étend cette idée en propofant de faturer à froid l’alkali fixe en diffolution avec l’huile de térébenthine épaiſſie, ou la térébenthine même. Ce favon a un certain degré de folidité qui devient peu-à-peu plus confidérable ; il s’y forme des criſtaux qui ont été regardés comme la combinaiſon de l’acide de l’huile avec l’alkali fixe végétal ; mais qui, fuivant Meſſieurs les académiciens de Dijon, ne font que de la potaſſe faturée d’acide carbonique & criſtalliſée. Comme ce favon eſt très-difficile à faire & très-altérable, Macquer penſe que lorſqu’on veut réunir les propriétés des huiles volatiles à celles du favon, il vaut mieux incorporer avec le favon blanc médicinal quelques gouttes de l’huile volatile appropriée à l’indication qu’on fe propofe de remplir. L’ammoniaque triturée avec la térébenthine, forme un compofé favonneux folide qui fe diſſout très-bien dans l’eau, & la rend laiteufe & écumeufe.

5°. La réſine de fapin eſt nommée térébenthine de Strasbourg. On la recueille en perçant les véficules de l’écorce du fapin très-abondant dans les montagnes de la Suiſſe.

6°. La poix eſt le fuc d’une efpèce de fapin nommé pèce, *picea*. On la tire par des inciſions faites à l’écorce de l’arbre ; on la fond à un feu doux ; on l’exprime dans des facs de toile ; on la reçoit dans des barils ; c'est la poix de Bourgogne ou poix blanche : mêlée avec du noir de fumée, elle donne la poix noire. Quand on la tient long-tems en fusion avec du vinaigre, elle se sèche, devient brune, & forme la *colophone*. On en brûle les parties les plus grossières dans un four dont la cheminée aboutit à un petit cabinet terminé par un cône de toile : c'est dans ce cône que la fumée vient se condenser, & y former une suie fine qu'on appelle *noir de fumée*.

7°. Le galipot est la résine du pin qui donne les pignons doux. On entaille cet arbre vers le bas, la résine coule par ces cavités dans des auges. On continue ces incisions de bas en haut, lorsque les premières ne fournissent plus rien. Quand elle coule fluide, on l'appelle galipot ; celle qui se sèche sur l'arbre en masses jaunâtres se nomme *barras*. On fait liquéfier ces sucs dans des chaudières ; & quand ils sont épaissis par la chaleur, on les filtre à travers des nattes de paille ; on les coule dans des moules creusés sur le sable, & on en forme des pains qu'on nomme *arcançon* ou *bray-sec*. Si on y interpose de l'eau, la matière devient blanche, & forme la *résine* ou *poix - résine*. Les provençaux distillent en grand le galipot ; ils en tirent une huile qu'ils appellent *huile de raze*. C'est avec les troncs & les racines du pin que l'on prépare le *goudron*, qui n'est que l'huile empyreumatique de cette substance. On met en tas le bois de cet arbre ; on le couvre de gazon, & on y met le feu. L'huile que la chaleur en dégage ne pouvant se volatiliser à travers le gazon, se précipite dans un baquet à l'aide d'une gouttière, & on la ramasse pour la distribuer dans le commerce sous le nom de *goudron*.

8°. La tacamahaca, la résine élémi, la résine animé, font peu en usage ; l'arbre qui donne la première n'est pas connu. L'élémi vient d'une espèce d'*amyris* : la résine animé orientale ou copale, dont l'origine est inconnue, l'animé occidentale ou courbaril qui découle de l'*hymenæa*, arbre de l'Amérique méridionale, font employées dans les vernis.

9°. Le mastic est en larmes blanches, farineuses, d'une odeur foible ; il coule du térébinthe, & du lentisque. On l'emploie comme astringent & aromatique ; on le fait entrer dans des vernis siccatifs.

10°. La sandaraque est en larmes blanches plus transparentes que celles du mastic. On la retire du genevrier entre le bois & son écorce ; on l'appelle aussi vernis, parce qu'on l'emploie beaucoup pour ces préparations. On s'en sert pour mettre en poudre sur le papier gratté, afin de l'adoucir & l'empêcher de boire.

11°. La réfine de gayac qui eft verdâtre, s'emploie contre la goutte ; elle coule du gayac par incifions.

12°. Le ladanum ou réfine d'une efpèce de cifte de Candie, eft noirâtre. Les payfans le recueillent avec un rateau auquel font attachées plufieurs lanières de cuir, qu'ils promènent fur les arbres ; ils en forment des magdaleons cylindriques, que l'on appelle *ladanum in tortis*. Il eft altéré par beaucoup de fable noirâtre ; on l'emploie comme aftringent.

13°. Le fang-dragon eft un fuc rouge qu'on retire du *Dracœna draco*, & de plufieurs autres arbres analogues. Il eft en pains applatis ou arrondis, ou en petites fphéres enfermées dans des feuilles de rofeau, & nouées comme un chapelet. On s'en fert en médecine comme d'un aftringent.

CHAPITRE XV.

Des Gommes réfines.

Les gommes réfines font des fucs mêlés de réfine & de matière extractive, qui a été prife pour une fubftance gommeufe. Elles coulent par incifion, & jamais naturellement, des arbres ou des plantes, fous la forme de fluides émulfifs, blancs, jaunes ou rouges, qui fe defsèchent plus ou moins facilement. L'eau, l'alcohol, le vin, le vinaigre ne diffolvent tous qu'une partie des gommes réfines ; elles different par la proportion de réfine & d'extrait, & leur analyfe donne des réfultats très-variés. Les efpèces les plus importantes à connoître font les fuivantes.

1°. L'oliban eft en larmes jaunes, tranfparentes, d'une odeur forte, défagréable. L'arbre qui le fournit n'eft pas connu ; on en retire par la diftillation un peu d'huile volatile, un efprit acide, & il laiffe un charbon affez confidérable, dû à la partie extractive qu'il contient. On l'emploie en médecine pour faire des fumigations réfolutives.

2°. Le galbanum eſt un ſuc gras, d'un jaune brun, d'une odeur nauſéabonde ; il coule en Syrie, en Arabie, au Cap de Bonne Eſpérance, des inciſions faites à une plante férulacée, nommée *bubon galbanum* par Linnéus. Diſtillé à feu nud, il donne une huile eſſentielle bleue qui devient rouge par la ſuite, un eſprit acide, une huile empyreumatique peſante. C'eſt un très-bon fondant & un puiſſant antiſpaſmodique.

3°. La ſcammonée eſt d'un gris noirâtre, d'une odeur forte & nauſéabonde, d'une ſaveur amère & très-âcre. On diſtingue celle d'Alep qui eſt la plus pure ; celle de Smyrne eſt peſante, noire & mêlée de corps étrangers. On l'extrait du *convolvulus ſcammonia* de Linnéus. La racine de cette plante coupée & exprimée, fournit un ſuc blanc que l'on fait ſécher, & qui devient noir. La ſcammonée contient une quantité variée d'extrait & de réſine, ſuivant les différens échantillons, ce qui fait qu'elle produit des effets très-différens chez divers malades. On l'emploie comme purgative à la doſe de quatre grains juſqu'à douze ; mêlée avec un extrait doux comme celui de la régliſſe, elle forme le *diagréde* ordinaire ; on ſe ſert auſſi à cet effet du ſuc de coings. On l'adminiſtre ordinairement triturée avec le ſucre & les amandes douces.

4°. La gomme gutte est jaune, rougeâtre, sans odeur, d'une saveur fort âcre & corrosive. Elle vient de Siam, de la Chine, de l'isle de Ceylan ; elle est extraite d'un grand arbre peu connu, nommé dans le pays *coddam pulli*. Elle contient beaucoup de résine, qui la rend fortement purgative à la dose de quatre ou six grains. On ne doit l'employer à l'intérieur qu'avec la plus grande réserve.

5°. L'euphorbe est en larmes jaunes, vermoulues ou cariées, sans odeur. Elle coule des incisions de l'*euphorbium*, qui croît dans l'Ethiopie, la Libye & la Mauritanie ; elle contient une résine très-âcre, elle est si fortement purgative, qu'on la range parmi les poisons. On ne l'emploie guère qu'à l'extérieur dans les caries.

6°. L'assa fœtida est quelquefois en larmes jaunâtres, & le plus souvent en pains formés de différens morceaux agglutinés. Son odeur d'ail très-fétide, & sa saveur amère & nauséabonde le font reconnoître. On le tire de la racine d'une espèce de *férula* qui croît en Perse dans la province de Chorasan, & que Linnéus a surnommée *assa fœtida*. La racine de cette plante est charnue & succulente ; elle fournit par l'expression un suc blanc d'une odeur affreuse, que les indiens mangent comme assaisonnement, & qu'ils appellent mets des dieux. On s'en fert à l'intérieur comme d'un puiſſant antiſpaſmodique, & on l'applique comme diſcuſſif à l'extérieur.

7°. L'aloës eſt un ſuc rouge foncé, & même brun, d'une amertume confidérable. On en diftingue de trois eſpèces; l'aloës ſuccotrin; l'aloës hépatique & l'aloës caballin; ils ne different que par la pureté. La première eſpèce eſt la plus pure. A. de Juſſieu a vu préparer les différens aloës à Morviedro en Eſpagne, avec les feuilles de l'aloës commun; on y fait des inciſions profondes, on laiſſe couler le ſuc, on le décante de deſſus ſa fécule, & on l'épaiſſit au ſoleil; on l'envoie dans des ſacs de cuir ſous le nom d'aloës ſuccotrin. On exprime les feuilles & on en defsèche le ſuc dépuré par le repos, c'eſt l'aloës hépatique; enfin, on exprime plus fortement les mêmes feuilles, & on en mêle le ſuc avec les lies des deux précédens, pour en former l'aloës caballin. Le premier aloës contient beaucoup moins de réſine que les derniers qui ſont beaucoup plus purgatifs. On ſe ſert de la première eſpèce en médecine, comme d'un purgatif draſtique, & on lui a reconnu la propriété d'exciter le flux menſtruel chez les femmes, & le flux hémorroïdal chez les hommes. On le recommande ſur-tout comme un très-bon hydragogue.

8°.

8°. La myrrhe eſt en larmes rougeâtres, brillantes, d'une odeur forte, aſſez agréable, d'une ſaveur amère, & qui préſentent dans leur fracture des lignes blanches de la forme d'un ongle. Quelques-unes de ces larmes ſont entièrement gommeuſes & fades. La myrrhe vient d'Egypte, & ſur-tout d'Arabie, de l'ancien pays des Troglodytes. On ne connoît pas la plante qui la fournit ; elle contient beaucoup plus d'extrait que de réſine. On l'emploie en médecine comme un très-bon ſtomachique, comme antiſpaſmodique & cordiale. Cartheuſer recommande aux gens de lettres qui ont l'eſtomac délicat, d'en mâcher & de l'avaler délayée dans la ſalive. On s'en ſert en chirurgie pour déterger les ulcères ſanieux, & pour arrêter les progrès de la carie. On l'emploie en poudre ou diſſoute dans l'alcohol.

9°. La gomme ammoniaque eſt quelquefois en larmes blanches à l'intérieur & jaunes extérieurement, & ſouvent en maſſes aſſez ſemblables à celles du benjoin. Leur couleur blanche & leur odeur fétide les font aiſément diſtinguer. On ſoupçonne que cette gomme réſine qui nous eſt apportée de l'Afrique, eſt tirée d'une plante ombellifere, à cauſe des ſemences qui y ſont mêlées. Les phénomènes de la diſſolution de cette ſubſtance par l'eau & par l'alcohol, &

fur-tout fon inflammabilité, la rapprochent des réfino-extractifs de Rouelle.

On fe fert en médecine de la gomme ammoniaque, comme d'un très-bon fondant dans les obftructions rebelles. On la donne à la dofe de quelques grains en pillules ou en émulfions, elle entre auffi dans la compofition de plufieurs emplâtres fondans & réfolutifs.

10°. La réfine élaftique ou caout-chouc eft une de ces fubftances fur la nature defquelles il eft difficile de prononcer. Quoique fa propriété combuftible, dont on tire parti en Amérique pour s'éclairer, femble la rapprocher des réfines, fon élafticité, fa molleffe, fon indiffolubilité dans les menftrues qui diffolvent ordinairement ces dernières, font autant de caractères qui l'en éloignent.

L'arbre qui la fournit croît dans plufieurs endroits de l'Amérique. On fait des incifions en large fur fon écorce, & on a foin qu'elles pénètrent jufqu'au bois; on reçoit dans un vaiffeau le fuc blanc & plus ou moins fluide qui en découle, pour en former différens uftenfiles; on l'applique par couches fur des moules; on le laiffe fécher au foleil ou au feu; on y fait, à l'aide d'une pointe de fer, des deffins très-variés; on expofe ces uftenfiles à la fumée, & lorfqu'ils font bien fecs, on caffe les moules. Telle eft la manière dont on fabrique les bouteilles & les différens uftenfiles de gomme élaftique qu'on envoie en Europe.

Les vafes qui font faits de cette matière peuvent contenir de l'eau & différens fluides qui n'ont pas d'action fur elle. Si on la coupe en lanières, & qu'on applique fes bords récemment coupés, ils fe rejoignent & fe recollent affez bien. J'ai examiné le fuc du caout-chouc qu'on m'avoit envoyé de Madagafcar. Ce fuc étoit blanc comme du lait, d'une odeur fétide infup-portable. Il contenoit une matière blanche concrète, fpongieufe, qui occupoit le milieu de la bouteille dont elle avoit pris la forme, & qui étoit élaftique. En chauffant la liqueur, il s'eft bientôt formé à fa furface une pellicule blanche de vraie réfine élaftique; l'alcohol mêlé au fuc, en a féparé des floccons de cette réfine.

Expofé au feu le caout-chouc fec, & tel qu'on l'envoie en Europe, fe ramollit, fe bourfouffle, exhale une odeur fétide & brûle en fe retirant.

La réfine élaftique n'eft pas diffoluble dans l'eau; on ignore l'action des matières falines fur cette fubftance. Macquer, qui a effayé de la diffoudre dans différens menftrues, s'eft convaincu que l'alcohol n'avoit aucune action fur elle, comme l'avoient déjà annoncé Meffieurs de la Condamine & Frefneau (*Académie, année 1751*), mais que les huiles la diſſolvoient à l'aide de la chaleur. Cependant, comme ſon intention étoit de la mettre dans un état liquide, de ſorte qu'elle pût être employée, & reprendre ſes propriétés par l'évaporation du diſſôlvant, il a été obligé d'avoir recours à un autre menſtrue que les huiles, parce que ces matières, quelque volatiles qu'elles fuſſent, altéroient toujours la réſine élaſtique, & y reſtoient fixées de manière à lui enlever ſon élaſticité & ſa force. L'éther très-rectifié dans lequel il eſt parvenu à diſſoudre facilement cette ſubſtance, a rempli entièrement ſon objet par ſon évaporabilité (*Académie, année 1768*), & quoique cette liqueur ſoit fort chère, il a cru devoir indiquer ce moyen de faire des uſtenfiles très-utiles, tels que les ſondes, en appliquant ſur un moule de cire des couches ſucceſſives de cette diſſolution juſqu'à ce qu'elles aient l'épaiſſeur qu'on leur deſire. Lorſque la ſonde eſt ſèche, on la plonge dans l'eau bouillante qui liquéfie la cire, & on la ſépare ainſi du moule. La molleſſe & l'élaſticité de cet inſtrument le rendent très-utile pour les perſonnes qui ſont forcées de le porter continuellement.

Telles étoient les connoiſſances acquiſes ſur la réſine élaſtique, lorſqu'au mois d'avril 1781, M. Berniard, connu par l'exactitude de ſes travaux, fit inférer dans le Journal de phyfique un très-bon mémoire fur cette fingulière fubftance. Ce chimifte conclut de fes recherches, que la réfine élaftique eft une efpèce d'huile graffe particulière, colorée par une matière diffoluble dans l'alcohol, & falie par la fuie de la fumée à laquelle on expofe chaque couche de cette réfine pour la deffécher. L'eau ne l'altère point ; l'alcohol la décolore à l'aide de l'ébullition. L'alkali fixe cauftique n'a aucune action fur elle. L'acide fulfurique concentré la réduit à l'état charbonneux, & fe noircit lui-même en prenant l'odeur & la volatilité de l'acide fulfureux. L'acide nitrique ordinaire ou foible agit fur cette réfine comme fur le liège, & la jaunit. L'acide nitrique très-concentré la détruit très-promptement. L'acide muriatique ne l'altère en aucune manière. L'éther fulfurique rectifié ne l'a point diffoute. Ce fait doit paroître fingulier, comme le dit l'auteur, à tous ceux qui connoiffent l'exactitude & la véracité de Macquer. L'éther nitrique l'a diffoute. Cette diffolution eft jaune, & donne par l'évaporation une fubftance tranfparente, friable, diffoluble dans l'alcohol ; en un mot, une vraie réfine, formée, fuivant l'auteur, par l'action de l'acide nitreux fur le caout-chouc élaftique. L'huile volatile de lavande, celles d'afpic & de térébenthine l'ont

L iij

diffoute à l'aide d'une légère chaleur ; mais
elles ont formé des fluides collans, qui poif-
fent plus ou moins les mains, & qui, conféquemment, ne peuvent être d'aucun ufage.
Une diffolution de réfine élaftique par l'huile
d'afpic, mêlée avec de l'alcohol, a dépofé des
floccons blancs infolubles dans l'eau chaude,
qui ont nagé à la furface de cé fluide, & font
devenus blancs & folides comme de la cire,
par le refroidiffement ; en un mot, une véri-
rable huile fixe, concrefcible. L'huile de camphre diffout la réfine élaftique par la fimple macération. En évaporant cette diffolution, le
camphre s'eft volatilifé, & il eft refté dans là
capfule une matière ambrée, d'une confiftance
ferme, & prefque pas gluante, qui fe diffout
bien dans l'alcohol. Les huiles fixes bouillies fur
la réfine élaftique la diffolvent ; la cire la diffout
auffi. Cette fubftance ne fe fond point au degré
de l'eau bouillante ; mais expofée au feu dans
une cuiller d'argent, elle fe réduit en une huile
noire épaiffe ; elle répand des vapeurs blanches ;
elle refte enfuite graffe & collante, quoiqu'expofée à l'air pendant plufieurs mois, & ne reprend point la féchereffe & l'élafticité qui font
fi utiles pour les ufages auxquels on la deftine.
Enfin, M. Berniard a terminé fes recherches
par l'analyfe à feu nud de la réfine élaftique.

Il a obtenu d'une once de cette matière très-peu de phlegme, une huile d'abord claire & légère, ensuite épaisse & colorée, & de l'ammoniaque dont il ne désigne pas la quantité. Il est resté un charbon pesant douze grains, semblable à celui des résines. Ce chimiste attribue l'ammoniaque à la suie qui colore la gomme élastique.

Nous ferons observer sur cette analyse, qu'elle ne démontre pas très-exactement la nature de la résine élastique, puisque l'action des acides sur cette substance ne ressemble pas à celle qu'ils exercent sur les huiles grasses, & qui est beaucoup plus rapide; puisque les alkalis caustiques ne la mettent point dans l'état savonneux; puisqu'elle ne se fond qu'à une chaleur beaucoup plus forte que celle qui est nécessaire pour faire couler les huiles fixes les plus solides; puisqu'aucune huile fixe ne devient élastique, & ne sèche jamais comme elle, &c. &c. D'ailleurs l'auteur avance dans la quinzième expérience, que cette gomme est composée de deux substances distinctes qu'il ne démontre pas, & il finit par la regarder comme un produit de l'industrie humaine. De toutes ces réflexions & de beaucoup d'autres qu'il seroit possible d'ajouter sur le travail, d'ailleurs très-bien fait, de M. Berniard, nous pensons qu'il reſte encore beaucoup à faire, comme il l'a dit lui-même, pour connoître les propriétés de cette ſubſtance, & pour décider poſitivement ſur ſa nature.

CHAPITRE XVI.

De la Fécule pure.

LES ſucs des végétaux élaborés dans leurs vaiſſeaux, s'épaiſſiſſent & ſe dépoſent peu-à-peu à la ſurface de leurs fibres pour leur nutrition & leur accroiſſement, ou s'accumulent ſous une forme plus ou moins ſolide dans les différens organes qui les compoſent. Après avoir parlé des parties fluides de ces êtres organiques, il eſt néceſſaire d'examiner la ſubſtance qui fait le tiſſu de leurs ſolides. Il s'en faut encore de beaucoup qu'on connoiſſe la nature de toutes les matières ſolides qui compoſent le tiſſu des organes des végétaux ; cependant les connoiſſances acquiſes ſur cet objet ſemblent annoncer que ces organes, traités par les procédés que nous allons décrire, ſe réduiſent en une ſubſtance ſèche, pulvérulente, inſipide, blanche, griſe, ou de différentes couleurs, indiſſoluble dans l'eau froide, & comme terreuſe, que l'on appelle *fécule*.

Pour obtenir cette fubftance, on réduit une racine, une tige, une feuille, ou une femence en pulpe par l'action du pilon. Lorfque ces parties font fucculentes, on peut les traiter par ce procédé, fans addition d'eau ; mais pour l'ordinaire, on fe fert de ce fluide pour faciliter la féparation des fibres, & pour enlever la portion divifée & pulvérulente de leur tiffu. Alors on exprime ces parties ainfi réduites en pulpe ; le fuc ou l'eau que l'effort de la preffe en fait fortir, eft trouble, blanc ou coloré, & il laiffe dépofer peu-à-peu par le repos, une matière floconneufe, en partie fibreufe, quelquefois pulvérulente, qui eft la véritable fécule du végétal. Quelques parties des végétaux paroiffent entièrement formées de cette matière ; telles font les femences des graminées & des légumineufes, les racines tubéreufes, &c. Ces parties fourniffent en général la fécule la plus fine & la plus abondante. Quant aux tiges tendres & aux feuilles, leur tiffu plus fibreux ne donne jamais, lorfqu'on les traite par le procédé indiqué, qu'un dépôt groffier, coloré, filamenteux, & qu'on défigne fous le nom de *fécule groffière*. Si, après les avoir fait bien fécher, on les met en poudre, & fi on leffive cette poudre, l'eau enlève une fécule beaucoup plus fine, & qui reffemble parfaitement à celle des racines tubéreufes, & des femences graminées. Il n'y a donc aux yeux d'un chimifte, d'autres différences entre ces deux genres de fécules, qu'en ce que la première provient d'une partie moins fibreufe, moins organifée, & comme formée de cellules dans lefquelles la nature a dépofé le mucilage fec ou farineux, tandis que la feconde, tiffue en fibres, a befoin d'être déforganifée & atténuée par l'art.

Tous les folides des végétaux peuvent à la rigueur fournir une efpèce de fécule; mais comme on en prépare pour les arts, pour la pharmacie & pour les alimens, c'eft de celles-là que nous devons fpécialement nous occuper. Les fécules de brione & de pomme de terre, la caffave, le fagou, le falep, l'amidon, font celles dont on fe fert fpécialement.

1°. Pour préparer la fécule de brione, on prend des racines fraîches de cette plante, on enlève leur écorce, on les rape, & on les foumet à la preffe. Le fuc qui en découle eft blanc, & il laiffe dépofer une fécule très-fine. On décante le fuc au bout de vingt-quatre heures; on fait fécher la fécule; comme elle contient une certaine quantité d'extrait que le fuc y a laiffé, elle eft très-âcre & purge violemment; fi on la lave avant de la faire fécher, elle devient plus fine & plus blanche, mais elle perd

en même-tems fa vertu purgative. Cette manière de préparer la fécule de brione n'en
fournit qu'une très-petite quantité ; mais on peut
s'en procurer beaucoup plus en délayant dans
l'eau le marc reflé fous la preffe, en paffant
cette eau à travers un tamis de crin, pour
féparer les parties fibreufes groffières, & en
laiffant repofer ce fluide. Lorfque cette feconde
fécule eft dépofée, on décante l'eau & on sèche
le dépôt. Cette fécule obtenue par le lavage
du marc, n'eft pas purgative comme la première, parce que l'eau a enlevé la matière
extraétive qui jouit de cette vertu. M. Baumé
a obfervé que la fécule de brione bien lavée
eft abfolument femblable à l'amidon, & qu'on
pourroit en faire de la poudre à poudrer,
ce qui ménageroit beaucoup le froment. On
prépare de la même manière pour l'ufage de la
médecine, la fécule des racines de pied de veau
& de glayeul.

2°. Les pommes de terre font une des fubftances alimentaires les plus utiles par leur abondance & leur fertilité : on en extrait très-aifément une grande quantité de fécule très-blanche
& très-fine, qui fournit un aliment, léger par
la cuiffon dans l'eau, le bouillon, &c. On
obtient cette fécule en rapant des pommes de
terre fur un tamis, & en verfant par-deffus une

grande quantité d'eau. Ce fluide entraîne la portion la plus fine & la plus divifée de la fécule,
& il la laiffe dépofer par le repos ; on décante
l'eau, on fait fécher la fécule à une chaleur
douce ; elle eft alors en poudre extrêmement
fine, très-blanche & très légère. Pour en préparer de grandes quantités, on a imaginé des
moulins particuliers ou des efpèces de rapes
tournant dans des cylindres, dont on fe fert
avec beaucoup d'avantages.

3°. Les américains extraient de la racine d'une
plante très-âcre, nommée *manioc*, une fécule
nourriffante très-douce, qu'ils appellent *caffave*.
Ils dépouillent cette racine de fa peau, ils la
rapent & ils la mettent dans un fac de jonc fait
en forme de cône & d'un tiffu très-lâche, qu'ils
fufpendent à un bâton pofé fur deux fourches
de bois. Ils attachent à l'extrêmité de ce fac
un vaiffeau très-pefant, qui, par fon poids,
exprime la racine & reçoit le fuc qui en découle. Ce dernier eft un poifon très-âcre & très-
dangereux. Lorfque la fécule eft bien exprimée & privée de tout le fuc qu'elle contenoit,
on l'expofe à la fumée pour la deffécher, & on
la paffe au tamis ; elle forme alors la caffave.
On étend cette farine fur une palette de fer
chaude pour la cuire, & on la retourne afin de
donner à fes deux furfaces la couleur jaune

roufsâtre qui en annonce la cuiſſon; on la nomme, dans cet état pain de caſſave. En la chauffant dans une baſſine, & en l'agitant de tems en tems, elle prend, en ſe deſſéchant, la forme de grains, que l'on appelle *couac*. Il ſe précipite du ſuc exprimé une fécule très-fine & très-douce, nommée *mouſſache*, qu'on emploie pour faire des pâtiſſeries.

4°. Le ſagou eſt une fécule ſèche, réduite en grains & un peu rouſſie par l'action du feu, qui nous vient des iſles Moluques, de Java, des Philippines. On le retire d'une eſpèce de palmier, appelé *landan* dans les Moluques. Le tronc de cet arbre contient une moëlle douce que les habitans retirent après l'avoir fendu dans ſa longueur. Ils écraſent cette moëlle, ils la mettent dans une eſpèce de cône ou d'entonnoir fait d'écorce d'arbre, aſſujetti ſur un tamis de crin; ils la délaient avec beaucoup d'eau; ce fluide entraîne par les trous du tamis la portion la plus fine & la plus blanche de la moëlle, la portion fibreuſe reſte ſur le tamis. L'eau chargée de la partie la plus atténuée de cette moëlle eſt reçue dans des pots, & elle y dépoſe peu-à-peu la fécule qui en troubloit la tranſparence. On décante l'eau éclaircie, & on paſſe le dépôt à travers des platines perforées qui lui donnent la forme de petits grains que l'on connoît au fagou; la couleur rouffe qu'ils offrent à leur furface eft due à l'action du feu fur lequel on les a fait fécher. Ces grains fe rámolliffent & deviennent tranfparens dans l'eau bouillante. On en forme avec le lait ou le bouillon, une forte de potage léger & affez agréable, qu'on a fort recommandé dans la phtifie.

5°. Le falep, falop, falab, &c. eft la racine d'une efpèce d'orchis, préparée par les orientaux. Ils choififfent les bulbes les plus belles de cette plante, ils les pèlent, ils les font tremper dans l'eau froide & cuire dans l'eau bouillante; enfuite on les enfile lorfqu'elles font bien égouttées, & on les fait fécher à l'air. M. Jean Moult a donné un autre procédé pour préparer le falep, que l'on peut faire avec toutes les efpèces d'orchis. On frotte les racines à fec ou dans l'eau avec une broffe pour enlever la pellicule extérieure, & on les fait enfuite fécher au four; elles y deviennent très-dures & très-tranfparentes. Cependant on peut les réduire très-facilement en poudre; & cette poudre délayée dans de l'eau chaude, forme une gelée nourriffante dont la vertu a été vantée par Geoffroy, pour toutes les maladies qui dépendent de l'âcreté de la lymphe, & notamment dans la phtifie & la diffenterie bilieufe.

CHAPITRE XVII.

De la Farine de froment & de l'Amidon.

L'AMIDON proprement dit est une fécule absolument semblable aux précédentes ; mais comme la farine de froment dont il fait une des parties constituantes, est une des matières les plus importantes dont la chimie puisse s'occuper, nous insisterons beaucoup plus sur cet objet que nous ne l'avons fait sur les autres espèces de fécules.

Ce qu'on appelle farine est en général une substance sèche, friable, insipide, susceptible de prendre de la saveur, de la dissolubilité par l'action du feu, & formée de plusieurs matières très faciles à séparer les unes des autres. Cette substance réside dans les semences des graminées, & spécialement dans le froment, le seigle, l'orge, l'avoine, le riz, &c. Les légumineuses même paroissent contenir un composé analogue à la farine ; cependant il n'y a que la farine de froment qui jouisse véritablement des propriétés que l'on desire dans cette substance, parce qu'elle seule contient dans une jufte proportion les différentes matières dont le mélange donne naiffance à ces propriétés. Quoique l'ufage économique de la farine de froment foit établi comme première nourriture depuis un tems immémorial, il n'y a que peu de tems qu'on a commencé à examiner chimiquement la farine. MM. Beccari, médecin en Italie, & Keffel Meyer, en Allemagne, font les premiers chimiftes qui ont cherché à féparer les diverfes matières contenues dans la farine. MM. Rouelle, Spielman, Malouin, Parmentier, Poulletier de la Salle & Macquer, ont repris ces travaux & les ont pouffés beaucoup plus loin qu'ils ne l'avoient été par les premiers phyficiens que nous avons cités. M. Parmentier s'en eft fur-tout occupé avec une activité & un zèle peu communs. Ses recherches fur ces fubftances alimentaires, fur les principes de la farine, fur les diverfes efpèces de fécules, & fur tous les végétaux nourriffans en général, font, fans contredit, ce qu'il y a de plus complet & de plus exact dans ce genre.

L'eau eft l'agent le plus utile & le moins capable d'altérer les diverfes matières dont il fe charge, ou qu'il fépare fuivant les loix de leur diffolubilité. C'eft auffi de ce fluide qu'on peut fe fervir avec le plus de fuccès pour obtenir les différentes fubftances dont la farine de froment

eft

est composée. Pour faire cette sorte d'analyse vraie, on forme une pâte avec de la farine & de l'eau ; on malaxe cette pâte au-dessus d'une terrine, & sous un robinet qui laisse couler un filet d'eau ; ce fluide tombant sur la pâte, en enlève une poudre blanche très-fine qui la rend laiteuse ; on continue de la manier ainsi jusqu'à ce que l'eau qui la lave coule claire dans la terrine. Alors la farine se trouve naturellement séparée en trois substances ; une matière grise & élastique qui reste dans la main, qui a été appelée partie glutineuse, ou *végéto-animale* à cause de ses propriétés ; une poudre blanche déposée par l'eau, c'est la fécule ou l'amidon ; & une matière tenue en dissolution dans l'eau qui paroît être une sorte d'extrait muqueux. Passons à l'examen des propriétés de chacune de ces trois substances.

§. I. *De la partie glutineuse du froment.*

La partie glutineuse est une matière tenace, ductile, élastique, d'un gris blanchâtre. Lorsqu'on la tire, elle s'étend environ vingt fois plus qu'elle ne l'étoit, & elle paroît composée de fibres ou de filets posés à côté les uns des autres, suivant la direction dans laquelle elle a été tirée. Si l'effort qui l'étend cesse, elle reprend élastiquement son premier volume. On peut, en l'étendant en plufieurs dimenfions, l'amincir affez pour qu'elle imite, par fa furface polie, le tiffu des membranes des animaux. Dans cet état, elle adhère fortement aux corps fecs, & forme une colle très-tenace que quelques perfonnes employoient pour réunir les porcelaines brifées, long-tems avant que les chimiftes euffent trouvé le moyen de l'obtenir en grande quantité. M. Beccari a obfervé que la dofe de la matière glutineufe, eft depuis un cinquième jufqu'au tiers & même plus dans la farine de la meilleure qualité; il a auffi remarqué que cette quantité varie fuivant les années & la nature du bled.

L'odeur de la matière glutineufe eft douce & comme muqueufe; fa faveur eft fade; expofée à un feu capable de la deffécher promptement, elle fe gonfle prodigieufement. Elle fe defsèche très-bien à un air fec ou à une chaleur douce. Alors elle devient demi-tranfparente, dure comme de la colle forte, elle fe caffe net & avec bruit, comme cette fubftance.

Si on la met dans cet état fur un charbon ardent, ou au-deffus de la flamme d'une bougie, elle préfente tous les caractères d'une matière animale; elle pétille, fe gonfle, fe liquéfie, s'agite, & brûle comme une plume ou une corne, en répandant une odeur forte & fétide. En la diſtillant à la cornue, elle donne, comme le font les ſubſtances animales, de l'eau chargée d'ammoniaque, du carbonate ammoniacal & une huile empyreumatique ; ſon charbon eſt très-difficile à incinérer, & ne contient pas d'alkali fixe.

Le gluten frais expoſé à un air chaud & humide, s'y altère & s'y pourrit abſolument comme les parties des animaux. Lorſqu'il retient encore un peu d'amidon, ce dernier paſſant à la fermentation acide, retarde & modifie la fermentation putride, & le met dans un état qui tient de près à celui du fromage. Auſſi Rouelle le jeune a-t-il préparé avec du gluten un fromage ſingulièrement ſemblable par l'odeur & la ſaveur, à ceux de Gruyère & de Hollande.

L'eau ne diſſout en aucune manière la partie glutineuſe. Lorſqu'on la fait bouillir avec ce fluide, elle devient ſolide ; elle perd ſon extenſibilité & ſa qualité collante, mais elle n'acquiert ni ſaveur ni diſſolubilité dans la ſalive. Obſervons cependant que c'eſt à l'eau qui a ſervi à former la pâte, que le gluten doit ſon élaſticité & ſa ſolidité. En effet, dans la farine, cette portion végéto-animale, ſuſceptible de prendre une forme ſolide & élaſtique, étoit pulvérulente & fans cohérence ; mais dès qu'on verfe de l'eau fur la farine & qu'on la mêle, ces molécules qui doivent jouir de la propriété glutineufe, abforbent ce fluide, fe collent par fon moyen, & forment enfin l'efpèce de folide élaftique qu'on appelle gluten. L'eau contribue donc beaucoup à conftituer cette fubftance, & peut-être doit-on la regarder comme un compofé particulier faturé d'eau, & qui ne peut en abforber davantage. Cela eft fi vrai, qu'en la privant d'eau par la defficcation, elle perd abfolument fa propriété élaftique & collante.

La plupart des fubftances falines ont une action plus ou moins marquée fur le gluten. La potaffe & la foude cauftiques & en liqueur le diffolvent à l'aide de l'ébullition. Cette diffolution eft trouble, & elle dépofe du gluten non élaftique par l'addition des acides.

Les acides minéraux diffolvent le gluten. L'acide nitrique le diffout avec beaucoup d'activité, M. Berthollet a obfervé que cet acide en dégageoit du gaz azotique comme des fubftances animales. Après ce fluide élaftique la diffolution donne une grande quantité de gaz nitreux & prend une couleur jaune. Si on la fait évaporer, elle fournit des criftaux d'acide oxalique. Les acides fulfurique & muriatique forment des

diſſolutions brunes ou violettes avec cette ſubſtance. Il ſe ſépare de ces diſſolutions une eſpèce
de matière huileuſe ; le gluten y eſt dans un
véritable état de décompoſition. M. Poulletier,
qui a fait beaucoup d'expériences ſur cette
matière, a découvert qu'on pouvoit retirer des
ſels ammoniacaux, de ces combinaiſons diſſoutes
dans l'eau ou l'alcohol, & évaporées à l'air libre.

Il réſulte de tout ce que nous avons dit ſur
cette ſubſtance, qu'elle eſt entièrement différente de toutes celles que nous avons reconnues juſqu'actuellement dans les végétaux ; &
qu'elle ſe rapproche par beaucoup de caractères
de la partie fibreuſe du ſang. C'eſt à ce gluten
que la farine du froment doit la propriété qu'elle
a de former une pâte très-liante avec l'eau,
& la facilité avec laquelle elle lève. Il paroît qu'elle n'exiſte pas, ou au moins qu'elle
n'exiſte qu'en très-petite quantité dans les autres
farines, telles que celles de ſeigle, d'orge, de
ſarrazin, de riz, &c. qui toutes forment des
pâtes ſolides, mattes, peu ductiles & caſſan-
tes, & qui ne lèvent que peu ou point lorſqu'on les expoſe à la température qui fait
lever la pâte de farine de froment. Il n'y a
donc que cette dernière qui a véritablement
toutes les qualités néceſſaires pour faire un bon
pain.

M iij

M. Berthollet croit que cette fubftance glu-tineufe contient des fels phofphoriques comme les matières animales, & que c'eft pour cela que fon charbon eft fi difficile à incinérer. Rouelle le jeune a trouvé une fubftance glu-tineufe analogue à celle de la farine de fro-ment, dans les fécules vertes des plantes qui donnent à l'analyfe du carbonate ammoniacal & de l'huile empyreumatique, comme la matière végéto-animale dont nous venons de parler.

§. II. *De l'Amidon du froment.*

L'amidon ou la fécule amylacée, eft la partie la plus abondante de la farine; c'eft elle qui fe précipite de l'eau qui l'entraîne lorfqu'on lave la pâte pour obtenir le gluten pur. Cette fubftance eft très-fine, douce au toucher; elle n'a pas de faveur fenfible. Sa couleur eft un blanc gris & fale lorfqu'on l'extrait par le pro-cédé que nous avons décrit ; mais les amidon-niers parviennent à le rendre extrêmement blanc en le laiffant féjourner dans une eau acide qu'ils nomment eau fûre. Il paroît, d'après les recherches de M. Poulletier, que la fermentation qui s'excite dans ce fluide, blan-chit & purifie l'amidon, en atténuant & en détruifant même la fubftance extractive muqueufe qui fe précipite avec lui dans le premier lavage. L'amidon confidéré chimiquement eft un mucilage d'une nature particulière. Ce mucilage, qui a été regardé fauffement comme une terre par quelques chimiftes differe beaucoup de la partie glutineufe. Il brûle fans répandre une odeur empyreumatique comme cette dernière. Diftillé à feu nud, il donne un phlegme acide d'une couleur brune, & une huile empyreumatique très-épaiffe fur la fin de la diftillation. Son charbon s'incinère affez facilement, & on trouve de l'alkali fixe dans fes cendres.

L'amidon n'eft pas foluble dans l'eau froide; mais lorfqu'on le fait bouillir dans l'eau, il forme avec ce fluïde de la colle, ou plutôt de l'empois. Ce dernier expofé à l'air humide, perd peu-à-peu fa confiftance, fermente, paffe à l'aigre & fe couvre de moififfure.

L'acide nitrique donne de l'acide oxalique avec cette fécule, qui eft parfaitement femblable à celles dont nous avons parlé dans le chapitre précédent.

Comme l'amidon forme la plus grande partie de la farine, on ne peut douter qu'il ne foit la principale fubftance alimentaire contenue dans la farine & dans le pain.

§. III. *De la partie extractive muqueuse de la farine.*

En évaporant l'eau claire qui a servi à laver la pâte, & qui a laissé déposer l'amidon, M. Poulletier a obtenu une matière d'un jaune brun, visqueuse, collante, dont la saveur étoit très-foiblement sucrée. Cette substance, que ce savant nomme *mucoso-sucrée*, lui a présenté dans sa combustion & sa distillation tous les phénomènes du sucre. C'est elle qui excite la fermentation acide dans l'eau qui surnage l'amidon, puisque, comme l'observe très-bien Macquer, ce dernier n'est nullement soluble dans l'eau froide. La matière mucoso-sucrée n'est qu'en très-petite quantité dans la farine de froment ; peut-être existe-t-il d'autres farines dans lesquelles elle est plus abondante.

On ne peut douter que, quelque petite que soit la dose de cette substance dans la farine de froment, elle ne joue cependant un rôle dans la fermentation particulière qui s'établit dans la pâte, & qui la fait lever. Ce mouvement nécessaire pour faire du bon pain, est encore peu connu, quant à sa nature. Il semble que ce ne soit qu'un commencement de fermentation, putride dans le gluten, acide dans l'amidon, & peut-être spiritueuse dans la matière mucofo - fucrée ; de ces trois fermentations commençantes, & qui s'oppofent un mutuel obftacle, naît peut-être le compofé, beaucoup plus léger que la pâte, & qui par la cuiffon doit former le pain. Ce qu'il y a de certain, c'eft que dans le pain les trois fubftances que nous venons d'examiner fe trouvent combinées enfemble, & tellement altérées qu'on ne peut plus les extraire. L'action de la chaleur fuffit même fans le mouvement de la fermentation, pour combiner & dénaturer tellement ces trois fubftances, que le pain azyme ou cuit fans qu'il ait levé, ne fournit plus de partie glutineufe, fuivant Malouin & M. Poulletier.

On voit par ces détails combien les farines différentes de celle du froment, & à plus forte raifon les femences légumineufes ou farineufes, telles que les feves, les pois, les châtaignes, &c. font éloignées de poffeder toutes les qualités néceffaires pour faire du bon pain.

CHAPITRE XVIII.

Des Matières colorantes végétales, & de la Teinture.

LES végétaux contiennent des parties colorantes dans tous leurs organes. Ces parties different beaucoup les unes des autres ; souvent une matière végétale, qui n'a point de couleur apparente, en prend une très-marquée par des menſtrues particuliers. C'eſt ſur la diſſolubilité des parties colorantes dans les différens menſtrues, ſur la manière de les appliquer aux ſubſtances à teindre, & de les rendre fixes & tenaces ſur ces ſubſtances, qu'eſt fondé l'art de la teinture, dont tous les procédés ſont abſolument chimiques. En examinant les propriétés de chaque matière colorante, nous aurons occaſion de parler des principes de cet art important, ſur lequel MM. Hellot, Macquer, le Pileur d'Apligny, Hecquet d'Orval, & l'abbé Mazéas ont déjà donné de bons ouvrages.

Il paroît que la matière colorante proprement dite des végétaux, n'eſt pas encore connue. Rouelle, croyoit que la partie verte ſi abondante dans le règne végétal, étoit analogue au gluten de la farine ; mais il est certain que cette matière présente des caractères chimiques différens, suivant la base à laquelle elle est unie. C'est donc cette base plutôt que la partie colorante elle-même dont on veut parler, en disant que telle ou telle couleur est extractive, telle autre résineuse, &c. La véritable substance qui colore chacune des parties végétales employées dans les arts, est sans doute un corps très-tenu, & peut-être aussi divisé que le principe des odeurs. On feroit même porté à croire qu'elle ne réside que dans une modification particulière des parties solides & liquides des végétaux.

Il est important de rappeler ici que la coloration des végétaux dépend en grande partie du contact de la lumière. Mais comment ce contact y contribue-t-il ; c'est un problême dont la physique n'a point encore donné la solution. Quoi qu'il en soit, comme il est impossible de séparer entièrement la matière colorante de la base végétale à laquelle elle adhère, on est convenu de prendre ces deux substances ensemble pour la partie colorante.

Macquer est celui de tous les chimistes qui a le mieux distingué les différentes matières colorantes des végétaux, considérées relativement à la teinture; & fa théorie fur l'application & la fixation des couleurs aux fubftances à teindre, eft fans contredit la plus fatisfaifante. Notre intention étant de lier cette théorie de la teinture avec l'hiftoire des propriétés chimiques des parties colorantes végétales, nous les confidérerons relativement à ces dernières propriétés.

1°. Un grand nombre des parties colorantes végétales qui font extractives ou favoneufes, fe diffolvent très-facilement dans l'eau. La gaude, la garance, le bois de Campêche, le bois d'Inde, le bois de Bréfil fourniffent des couleurs jaunes ou rouges de cette efpèce. On conçoit que des matières teintes avec ces couleurs, doivent perdre leur teinture à l'eau; auffi fe fert-on pour rendre ces couleurs durables, d'une matière capable de les fixer en les décompofant; comme d'un fel acide, tels que le tartre rouge, l'alun & plufieurs autres. Ces fels font appelés *mordans*. Un acide libre feroit le même effet, mais il altéreroit la partie colorante. La portion d'acide furabondante de l'alun s'unit à l'alkali de l'extrait favoneux colorant, & fait précipiter fur la matière que l'on teint, la partie réfineufe qui eft alors infoluble dans l'eau. Cependant cette portion colorante, rendue infoluble par l'alun ou par le mordant, eft de deux efpèces; la première eft très-folide

& réfiste à l'air, aux favons & à toutes les épreuves nommées en teinture *débouillis*. On défigne cette première couleur par le nom de bon teint ou grand teint. L'autre s'altère à l'air, & fur-tout par l'action des débouillis; on la nomme de faux teint ou de petit teint. Pour connoître la nature de ces couleurs & la durée des teintures en général, M. Berthollet a propofé l'ufage de l'acide muriatique oxigéné. Cet acide fait en très-peu de tems à l'aide de fon excès d'oxigène, ce que l'air vital de l'atmofphère fait à la longue, & la quantité qu'on fera obligé d'en employer pour décolorer & blanchir entièrement une étoffe teinte, ainfi que le tems qu'elle demandera pour être déteinte, pourront fervir de mefure pour déterminer la folidité & la durée des couleurs.

Il faut obferver que la laine eft la fubftance qui prend le mieux la couleur, & qu'enfuite la foie, le coton, le fil de chanvre & le lin font les matières qui fe teignent de plus en plus difficilement, & qui retiennent moins bien les fubftances colorantes.

Les auteurs qui fe font occupés de la teinture, ont eu diverfes opinions fur la manière dont les parties colorantes s'appliquent aux fubftances qui font expofées à leur contact. Plufieurs ont imaginé que cette application n'avoit lieu

qu'en raifon des pores plus ou moins grands
& plus ou moins nombreux des matières que
l'on teint, & que la laine ne prenoit mieux la
couleur que la foie & le fil, que parce que fes
pores étoient plus ouverts & plus nombreux.
Mais Macquer penfe que cette application plus
ou moins facile dépend de la nature relative
de la partie colorante & de la matière à teindre, & que la coloration eft une véritable peinture, dont la réuffite & l'adhérence eft due à
une affinité & à une union intime entre la
couleur & la fubftance teinte. Ce chimifte
célèbre a adopté cette opinion, d'après le grand
nombre d'expériences qu'il a faites fur cet art,
qui doit beaucoup à fes découvertes.

2°. Il eft une autre claffe de matières colorantes qui femblent être des compofés d'extrait
favoneux & de réfine. Macquer les nomme
réfino-terreufes. Lorfqu'on fait bouillir ces matières dans l'eau, la fubftance réfineufe qu'elles
contiennent, fe fond & s'étend dans ce fluide
à l'aide de la chaleur & de la portion favoneufe diffoute; mais elle fe précipite à mefure
que la décoction ou le bain refroidit. Lors donc
qu'on plonge de la laine ou une autre matière
dans la décoction d'une partie colorante mixte
de cette nature, la réfine fe fépare par le refroidiffement, & s'applique fans autre prépa-

ration fur ces fubftances. Comme elle n'eft pas foluble dans l'eau, elle forme une couleur de bon teint. On retire des parties colorantes de cette nature de prefque tous les végétaux aftringens; tels font le brou de noix, la racine de noyer, celle de patience, le fumac, l'écorce d'aune, le bois de fantal, &c. Ces couleurs font toutes fauves; les teinturiers les nomment couleurs de racines. Elles fervent le plus fouvent à former un très-bon fond, fur lequel on applique d'autres couleurs plus brillantes. Il faut encore remarquer que les ingrédiens colorans, qui n'exigent aucune préparation, ni pour eux, ni pour les matières à teindre, fourniffent l'efpèce de teinture la plus fimple & la plus facile à pratiquer.

3°. Le principe colorant de plufieurs autres fubftances réfide dans une matière purement réfineufe, infoluble dans l'eau. Quelques-unes de ces matières ne font même point folubles dans l'alcohol; mais toutes le font dans les alkalis, qui les mettent dans une forte d'état favoneux, & les rendent folubles dans l'eau. Les principales couleurs de cette nature que l'on emploie pour teindre, font les fuivantes:

a. Le rocóu, efpèce de fécule qu'on retire, par la macération, des femences de l'*urucu*, putréfiées dans l'eau. Cette fécule fe dépofe pendant la putréfaction ; elle est d'abord rouge, & elle devient briquetée par le laps du tems. On délaie cette pâte dans l'eau avec l'alkali des cendres gravelées que nous connoîtrons bientôt, & on plonge les matières à teindre dans ce bain. Il s'y dépose sans mordant une couleur jaune dorée ou orangée assez belle.

b. La fleur de carthame ou de safran bâtard, donne une couleur rouge très-belle par le même procédé. Cette fleur contient deux parties colorantes distinctes ; l'une purement extractive & dissoluble dans l'eau ; l'autre résineuse. Pour obtenir cette dernière, il faut retirer d'abord ce que le carthame contient de dissoluble dans l'eau par des lavages exacts ; ensuite on la mêle avec des cendres gravelées ou de la soude ; on lessive ce mêlange, & il sert ainsi à la teinture. Mais comme l'alkali en altère & en ternit la couleur, on trempe la matière teinte dans l'eau rendue acide par le suc de citron : cet acide s'empare de l'alkali, & laisse la partie colorante qu'il avive & fait passer au rouge. C'est par un procédé analogue que l'on retire du carthame une fécule colorée qu'on mêle avec la craie de Briançon en poudre, pour faire le rouge des dames.

c. L'orseille est une pâte qui se prépare avec des mousses & des lichens qu'on fait macérer

dans de l'urine avec de la chaux ; cette dernière dégage l'ammoniaque, qui développe la
couleur rouge. L'orseille délayée dans de l'eau,
donne une teinture sans autre apprêt ; les alkalis
en tirent une couleur violette ; mais elle est de
faux teint ; elle s'altère à l'air, & les acides la
jauniffent.

d. L'indigo, dont le bleu est foncé violet,
& comme cuivreux, est une fécule que l'on
prépare à Saint-Domingue, & dans toutes les
Antilles, &c. en faisant macérer dans des auges
de pierre remplies d'eau, les tiges de l'indi-
gotier ou *anillo*. L'eau devient bleue ; on la bat
fortement, & la fécule se précipite. L'indigo
séparé de l'eau, est mis dans des chauffes de
toile pour le laisser égoutter ; on le fait ensuite
sécher dans de petites caisses de bois, & on le
casse en morceaux quand il est sec. On le regarde
comme bon quand il flotte sur l'eau, & lorsqu'il
brûle entièrement sur une pelle rouge. On en
extrait la partie colorante par les alkalis, & on
l'applique aux matières que l'on veut teindre,
sans avoir besoin d'aucune espèce d'apprêt ;
on ne peut les aviver par les acides qui en
altéreroient la couleur.

4°. Il y a quelques parties colorantes dissolubles dans les huiles. L'orcanette ou la racine
rouge d'une espèce de buglose, communique

la couleur à l'huile. L'alcohol en diffout auffi plufieurs ; les fécules vertes s'y diffolvent ainfi que dans l'huile. Il eft aifé de concevoir qu'on ne fait point ufage de ces couleurs dans la teinture, parce qu'il eft impoffible d'y employer les fubftances néceffaires pour les extraire.

Telles font les principales connoiffances acquifes fur les couleurs végétales. Il en réfulte que tous les principes immédiats des végétaux peuvent être la bafe de ces parties colorantes ; puifqu'on en trouve de favoneufes, de réfineufes, d'extractives. Quelques-unes même femblent être de la nature des huiles fixes, puifqu'elles ne font folubles, ni dans l'eau, ni dans l'alcohol, tandis qu'elles fe diffolvent très-bien dans les alkalis. Enfin, il en eft quelques-unes analogues à la partie glutineufe, fuivant Rouelle.

Il y a tout lieu de croire que des recherches fuivies fur cet objet feront découvrir plufieurs autres propriétés dans ces matières qui font très-abondantes dans les végétaux, & qu'elles contribueront aux progrès de la teinture, l'un des arts auxquels la chimie peut rendre les plus grands fervices.

CHAPITRE XIX.

De l'analyse des Plantes à feu nud.

APRÈS avoir examiné toutes les matières qu'on peut retirer des végétaux par des moyens simples & incapables de les altérer ; après avoir regardé ces matières comme les principes immédiats de ces corps organisés, il est nécessaire de considérer quelles sont les altérations qu'ils peuvent éprouver de la part du feu.

Les anciens chimistes ne connoissoient guère que cette sorte d'analyse sur les végétaux ; & toutes leurs recherches sur la nature de ces êtres, consistoient à déterminer combien d'esprit, d'huile & de sel volatil ils donnoient à la cornue. Aujourd'hui l'on n'a plus de confiance dans ce moyen ; on sait que presque toutes les plantes donnent, à peu de choses près, les mêmes produits ; & la distillation d'un très-grand nombre de végétaux différens, faite par des chimistes d'ailleurs fort estimables & fort instruits, n'a servi qu'à nous détromper sur cette analyse. En effet, comment concevroit-on que l'action du feu, qui s'exerce sur tous les principes différens contenus dans un végétal, tels que l'extrait, le mucilage, l'huile, la réfine, la matière faline, le gluten, &c. qui décompofe chacun de ces principes d'une manière particulière, pût éclairer fur la nature & la quantité de ces principes, fur-tout lorf-qu'on obferve que les produits de ces diver-fes décompofitions s'uniffent entr'eux, & donnent naiffance à de nouveaux corps qui n'exiftoient pas dans le végétal qu'on exa-mine? L'analyfe des végétaux à la cornue, eft donc une analyfe compliquée, fauffe & trom-peufe.

Cependant, comme dans l'examen chimique d'une matière quelconque, on ne doit négliger aucun des moyens que l'art fournit pour en découvrir la nature, on peut avoir recours à cette analyfe, afin d'en obferver les effets, bien prévenu qu'on ne doit pas trop compter fur ce genre de recherches. Il arrive même quelquefois que lorfque, dans le travail que l'on fait fur une fubftance végétale pour en reconnoître les propriétés chimiques, on com-pare les effets des menftrues aqueux, fpiritueux & huileux fur cette fubftance, avec les alté-rations qu'elle éprouve de la part du feu, ces dernières s'accordent avec l'action des diffol-

vans, & indiquent par les produits de la diftillation, la matière contenue en plus ou moins
grande quantité dans le végétal, la nature de
fon fel, &c. Mais pour tirer ce parti de l'a-
nalyfe à feu nud, il faut 1°. bien connoître
l'action du feu fur chaque principe immédiat
ou prochain des végétaux, tels que l'extrait,
le mucilage, la matière faline, les fucs huileux,
fluides ou fecs, &c. 2°. comparer les produits de la diftillation du végétal entier avec
ceux que donnent ordinairement les principes prochains, traités de la même manière;
3°. analyfer en même-tems par les menftrues
le végétal, afin de reconnoître fes principes
prochains, & de pouvoir tirer des inductions utiles fur les altérations que le feu lui
fait fubir.

Le procédé néceffaire pour diftiller les végétaux à feu nud, eft très-facile & très-fimple.
On met dans une cornue de verre ou de
terre, une quantité donnée du végétal fec;
on a foin de ne remplir ce vaiffeau qu'à la
moitié ou aux deux tiers, on place la cornue
dans un fourneau de réverbère; on ajufte à
fon col un ballon proporrionné. Autrefois on
recommandoit de fe fervir d'un ballon perforé
d'un petit trou, afin de donner iffue à l'air,
qu'on difoit fe dégager en plus ou moins grande

quantité des végétaux, & qui expose les vaiffeaux à la rupture. Aujourd'hui l'on fait que
le fluide aériforme qui s'échappe de ces corps
mis en diftillation, n'eft prefque jamais de
l'air, mais bien de l'acide carbonique & du
gaz hydrogène tenant du carbone en diffolution. Or, comme ces fluides élaftiques font
auffi bien des produits du végétal décompofé
par l'action du feu, que le phlegme, les huiles
& les fels volatils, il eft important de les
recueillir comme ces derniers ; à cet effet,
l'on doit employer un récipient perforé, joint
à un fyphon recourbé, dont une extrêmité eft
reçue fous une cloche pleine d'eau, ou mieux
encore de mercure. Par ce moyen, les produits liquides fe raffemblent dans la capacité
du récipient, & les produits aériformes dans
les cloches pofées fur la planche d'une cuve
pneumato-chimique. Lorfque la fubftance que
l'on diftille eft fufceptible de fournir quelque
fel concret, on met entre la cornue & le récipient une allonge en fufeau, fur les parois
de laquelle ce fel fe fublime. Dans cette efpèce
de diftillation on doit donner le feu par degrés & avec précaution, pour obtenir les produits dans l'ordre de leur volatilité, & pour
les empêcher de fe confondre. On commence
par quelques charbons que l'on place fous la

cornue, & on augmente peu-à-peu le feu jufqu'à ce que ce vaiffeau foit rouge, & qu'il ne paffe plus rien. On laiffe refroidir la cornue, & on délutte l'appareil pour examiner chacun des produits que l'on a obtenus.

Quoique la diftillation des végétaux ne donne jamais que des produits fur lefquels on ne doit pas entièrement compter, ces produits different cependant affez les uns des autres, pour devoir être foigneufement diftingués.

Le premier produit que l'on obtient eft une liqueur aqueufe, chargée de quelques principes odorans & falins. Ce phlegme prend peu à-peu plus de couleur & plus de propriétés falines. Il lui fuccède une huile colorée, dont la couleur fe fonce à mefure que la diftillation avance, & qui prend en même-temps de la confiftance & de la pefanteur. Cette huile eft tantôt légère & fluide, d'autres fois pefante & fufceptible de devenir folide. Elle exhale conftamment une odeur forte & empyreumatique. Il fe dégage en même-tems qu'elle, une plus ou moins grande quantité de fluides élaftiques, qui font ou de l'acide carbonique, ou du gaz hydrogène, & le plus fouvent ces deux fubftances mêlées. C'eft auffi à cette même époque que fe fublime le carbonate

ammoniacal, lorfque le végétal eft de nature
à en fournir. Lorfque toutes ces matières font
paffées, le végétal eft réduit dans l'état charbonneux. Revenons maintenant fur chacun
de ces produits, & voyons quelle eft leur
nature, & à quelles fubftances ils doivent leur
formation.

Le phlegme eft dû à l'eau de compofition
du végétal, & en partie à l'eau de végétation,
fur-tout lorfque le corps analyfé n'eft pas entièrement fec ; ce qui fait qu'il eft plus ou moins
abondant, fuivant la plus ou moins grande defficcation que le végétal a éprouvée avant d'être
foumis à la diftillation. Ce phlegme eft plus ou
moins coloré en rouge par la petite quantité
de matière huileufe qu'il enlève, & qui eft mis
dans un état favoneux par le fel qu'il tient
ordinairement en diffolution. La matière faline
qui lui eft unie, eft le plus fouvent acide ; c'eft
pour cela que ce phlegme rougit ordinairement
le firop de violettes, & fait effervefcence avec
les carbonates alkalins. Cet acide appartient
aux mucilages & aux huiles. Quelquefois le
phlegme eft alkalin, comme dans la diftillation
des plantes nitreufes, cruciferes, des femences
émulfives & farineufes. Souvent il eft ammoniacal, parce que l'ammoniaque qui fuccède à
l'acide, fe combine avec lui. On s'affure de ce

fait en jetant un peu d'alkali fixe ou de chaux vive dans ce phlegme. Lorsqu'il est ammoniacal, il se dégage une odeur vive d'ammoniaque.

Les huiles des végétaux obtenues par la distillation à la cornue, sont toutes très-odorantes, très-colorées, & offrent toutes à-peu-près les mêmes propriétés. Les parties des végétaux qui contiennent une grande quantité de ces fluides inflammables, telles que les semences émulsives, donnent une grande quantité d'huile dans leur analyse. Les plantes odorantes en fournissent une qui retient une petite portion de leur odeur dans le commencement de la distillation, mais qui prend bientôt les caractères de toutes ces huiles, c'est-à-dire, la couleur, la pesanteur & l'odeur empyreumatique qui les distinguent. Tous ces fluides sont très-inflammables ; l'acide nitreux les enflamme ; ils sont dissolubles dans l'alcohol, & ils se ressemblent tous de quelque végétal qu'on les retire. On peut, par la rectification, les rendre toutes très-fluides, très-légères, sans couleur, solubles dans l'alcohol, en un mot, dans l'état d'huiles éthérées ou volatiles.

Quant au sel volatil, qui n'est que du carbonate ammoniacal, on ne l'obtient que de quelques végétaux ; mais il ne faut pas croire comme l'ont avancé quelques chimistes, qu'on ne le retire que des cruciferes. En général toutes les plantes qui contiennent une certaine quantité de matière glutineuse ou végéto-animale fournissent plus ou moins d'ammoniaque en raison de l'azote, que contient ce principe immédiat comme l'a démontré M. Berthollet. Il eſt très-rare cependant qu'on en obtienne une certaine quantité dans l'état concret; souvent il eſt diſſous dans les dernières portions du phlegme. Ce ſel eſt dû à l'union de l'azote avec l'hydrogène de l'huile; voilà pourquoi il ne paſſe le plus souvent qu'à la fin de la diſtillation. Il paroît même que celui qui eſt emporté par le phlegme dans l'analyſe de quelques plantes, comme les cruciferes, le pavot, la rue, &c. eſt toujours le produit d'une combinaiſon nouvelle, puiſque Rouelle le jeune a démontré que les premières n'en contiennent pas dans leur état naturel.

Les fluides élaſtiques qui ſe dégagent pendant la diſtillation des végétaux, doivent être compris parmi les produits qu'on en obtient. Il paroît que leur nature dépend de celle du végétal. Une plante qui contient beaucoup de fluides combuſtibles huileux, fournit du gaz hydrogène. Les mucilages donnent, au contraire, de l'acide carbonique. Nous avons dit à l'article de l'acide oxalique, que MM. Bergman

& Fontana en avoient retiré une grande quantité d'acide carbonique, & que ce dernier chimiste croyoit que les acides végétaux en étoient formés en grande partie. Il n'est donc point étonnant que les mucilages dans lesquels Bergman a trouvé le même radical d'acide que dans le sucre, donnent de l'acide carbonique à l'analyse; enfin, il est quelques matières végétales qui donnent du gaz azotique. Ces fluides aériformes ne passent que vers la fin de la distillation, parce qu'ils ne se dégagent que dans l'instant où le végétal se décompose entièrement. Hales, qui ne connoissoit point leur nature, avoit observé que la quantité d'air dégagé pendant la distillation des végétaux étoit d'autant plus grande, que ces derniers étoient plus solides; & il regardoit en conséquence cet élément comme le ciment & la cause de la solidité des corps. On voit, d'après ce que nous venons d'exposer, ce qu'il faut penser de cette hypothèse.

CHAPITRE XX.

Du Charbon.

LE charbon eſt le réſidu noir que laiſſent les matières végétales après qu'elles ont éprouvé une décompoſition complète de leurs principes volatils dans les vaiſſeaux fermés. La propriété de donner du charbon n'appartient qu'aux matières organiques qui contiennent la ſubſtance combuſtible nommée huile. C'étoit à la décompoſition de cette dernière qu'on attribuoit excluſivement la formation de la ſubſtance dont nous nous occupons ; mais on commence à entrevoir que la matière charbonneuſe exiſte toute formée dans le végétal, & qu'on ne fait qu'en ſéparer les principes volatils par l'action du feu.

Le charbon eſt en général noir, caſſant, ſonore & peu ſolide. Il retient la forme du végétal, lorſque ce dernier étoit très-conſiſtant, & ne contenoit que peu de fluides. Si, au contraire, on décompoſe une plante tendre & qui contient beaucoup de ſucs, ces derniers en ſe dégageant, détruiſent le tiſſu organique, & donnent un charbon friable qui ne préſente plus la forme du végétal décomposé. Les différentes matières végétales fourniſſent des charbons plus ou moins abondans, ſuivant la ſolidité & la forme de leur texture. Les bois en donnent beaucoup plus que les herbes ; les gommes plus que les réſines ; & ces dernières plus que les huiles fluides. Il paroît que chaque matière végétale en contient des quantités différentes, ſi l'on regarde le charbon comme un des principes immédiats de ce règne.

Le charbon eſt un corps qui jouit de propriétés très-ſingulières, & qui ſont en général peu connues. Quoiqu'il ſoit très-important en chimie, & qu'il préſente des phénomènes tout-à-fait particuliers, aucun chimiſte n'a encore entrepris des recherches ſuivies pour découvrir ſa nature. Stahl le regardoit comme le principal foyer du phlogiſtique ; & c'eſt le chimiſte qui s'en eſt le plus occupé. Ce qu'on ſait des propriétés du charbon appartient preſqu'entièrement à l'uſage économique qu'on eſt obligé d'en faire, & les travaux des ſavans ſur cet objet n'offrent encore rien de complet.

Le charbon, quant à ſes propriétés phyſiques, diffère ſuivant l'état & la nature des végétaux qu'on a employés pour le former. Il est tantôt dur, & conserve alors une partie de l'organisation du végétal ; d'autres fois il est friable & comme pulvérulent. Les huiles pures en donnent un qui est en molécules très-fines, & comme porphyrisées; c'est le noir de fumée. Sa pesanteur varie suivant les mêmes circonstances. Lorsqu'il est bien fait, il n'a ni saveur, ni odeur sensibles. Sa couleur suit aussi les variétés de ses autres propriétés physiques. En effet, il est d'un noir plus ou moins foncé, brillant ou mat. Mais l'examen le plus important de ce produit du feu concerne ses propriétés chimiques.

Le charbon exposé au feu le plus violent dans des vaisseaux fermés, ne s'altère en aucune manière. Chauffé dans un appareil pneumato-chimique, il ne donne point de gaz hydrogène, lorsqu'il ne contient pas d'humidité; un grand feu le réduit en vapeurs. Si on le chauffe avec le contact de l'air, alors il brûle & se réduit en cendres, mais avec des phénomènes particuliers, qu'il est essentiel de distinguer avec soin de ceux des autres matières combustibles. Dès qu'il s'allume, il rougit, il s'embrase, il présente une flamme blanche d'autant plus considérable, qu'il est en plus grande masse. Il n'exhale aucune espèce de fumée; mais il se réduit en acide carbonique

fluide élaſtique qui n'eſt, d'après les belles
expériences de M. Lavoiſier, qu'une combinaiſon de principe charbonneux & d'oxigène
qui en fait les trois quarts; telle eſt la raiſon
pour laquelle le charbon ſe conſume peu-à-
peu, & ne laiſſe qu'une cendre plus ou moins
blanche, en partie ſaline & en partie terreuſe.
Les différens charbons varient par leur inflammabilité, & c'eſt même là la diſtinction des
charbons la plus utile pour les arts ; les uns
brûlent facilement avec flamme, & ſe con-
ſument très - vîte ; les autres ne s'allument
qu'avec difficulté, ne brûlent que lentement,
& ne ſe réduiſent en cendres qu'après avoir
été tenus rouges pendant long - tems. Il en
eſt même quelques - uns, tels que ceux des
huiles, qui ne brûlent qu'avec la plus grande
difficulté. Ce caractère paroît dépendre de
l'adhérence du principe charbonneux aux ſels
fixes des végétaux.

Le charbon expoſé à l'air en attire l'humidité, vraiſemblablement parce qu'il eſt très-
poreux, & peut-être auſſi en raiſon des ſels
qu'il contient quoique ces ſels n'y ſoient point
à nud. Humecté, il donne du gaz hydrogène
qui provient de la décompoſition de l'eau,
parce qu'en faiſant paſſer ce fluide à travers
un tube de terre rempli de charbon rouge de

feu, ces deux corps se convertissent en gaz hydrogène & en acide carbonique aériforme. Il ne reste ensuite qu'un peu de cendre. Rouelle a reconnu que l'alkali fixe dissout une quantité assez considérable de charbon par la fusion.

L'acide sulfurique chauffé fortement avec du charbon en poudre, est décomposé par ce corps combustible qui a plus d'affinité avec l'oxigène que n'en a le soufre.

L'acide nitrique est décomposé & beaucoup plus rapidement par le charbon. M. Priestley avoit observé qu'il se produit beaucoup de gaz nitreux dans ce mélange. Macquer a vu que l'acide nitrique fait une effervescence très-sensible avec ce corps, à l'aide d'un certain degré de chaleur. M. Proust a réussi à enflammer le charbon avec un acide du nitre qui pesoit une once quatre gros vingt-trois grains, dans une bouteille qui tenoit une once d'eau distillée. Le résultat de ses expériences est assez important, pour que je croye devoir rapporter ici celles qu'il a décrites lui - même dans ses observations sur des pyrophores sans alun, &c. insérées dans le Journal de Médecine, juillet 1778.

« Un charbon d'extrait de carthame réduit » en poudre & récemment calciné, détona

» très-

» très-vivement avec l'acide nitreux, & la ra-
» pidité de l'embrasement éleva la poudre
» comme une gerbe d'artifice très-jolie ; je
» calcinai de la poudre très-fine de charbon
» ordinaire, la détonation réussit très-bien.

» J'introduisis environ un gros de poudre
» de charbon dans une cornue de verre très-
» sèche ; j'y versai ensuite environ un gros
» d'acide nitreux : celui-ci n'eut pas plutôt
» gagné le fond de la cornue, que la déto-
» nation se fit avec la plus grande rapidité ;
» il sortit du bec de la cornue, pendant que
» je la tenois à la main, un jet de flamme de
» plus de quatre pouces de long, qui entraîna
» avec lui de la poudre & des vapeurs très-
» foncées d'acide nitreux. Ces vapeurs se con-
» densèrent en une liqueur verte & peu fu-
» mante ; c'étoit de l'acide nitreux affoibli par
» l'eau qui entroit dans la composition de
» celui qui détona le premier. Je reversai
» de nouvel acide nitreux sur le charbon qui
» restoit dans la cornue ; je l'enflammai de
» même jusqu'à ce que j'en eusse épuisé toute
» la quantité.

» J'ai répété cette expérience avec du noir
» de fumée calciné ; elle se comporta de la
» même manière : on ne retrouve dans la cor-
» nue qu'une très-petite portion de cendre,

Tome IV.

» quelquefois à demi-vitrifiée & adhérente au
» fond de la cornue.

» Tous les charbons généralement se char-
» gent d'une affez grande quantité d'humidité ;
» il m'a paru que du charbon calciné &
» gardé du foir au lendemain, n'étoit plus pro-
» pre à ces détonations, parce qu'il s'étoit fen-
» fiblement humecté dans cet efpace de tems.
» Mais ce qu'il y a de plus fingulier, c'eft que ces
» expériences font capricieufes & ne réuffiffent
» pas toujours, quoiqu'avec le même charbon,
» le même acide & les mêmes proportions.
» Voici un tour de main qui m'a femblé en
» affurer le fuccès, c'eft que fi l'on verfe l'acide
» fur le milieu de la poudre, elle ne s'enflamme
» pas ; fi, au contraire, on laiffe couler l'acide
» fur le bord du creufet ou de la capfule, &
» qu'il fe rende au fond, la détonation part de
» ce point, la poudre fe fouleve & s'embrafe
» par l'acide nitreux ; lorfque l'acide nitreux
» vient à manquer, la détonation ceffe d'elle-
» même, & le charbon qui l'environne refte
» noir ».

On ne connoît pas l'action des autres acides
fur le charbon.

Ce corps décompofe à l'aide de la chaleur
tous les fels fulfuriques, & il forme des fulfures
de différentes bafes.

Il fait détoner le nitre qui le brûle à l'aide de l'air vital qu'il fournit par l'action du feu. On fait pour la chimie & la pharmacie une préparation, qu'on appelle *nitre fixé par le charbon*. On mêle deux parties de nitre & une partie de charbon en poudre ; on projette ce mélange dans un creuset rougi au feu ; il s'excite une détonation vive. Lorsqu'elle est cessée, il reste une masse blanche qui attire l'humidité de l'air, & qui n'est que de l'alkali fixe du nitre & du charbon uni à l'acide carbonique ; en lessivant cette matière, l'eau dissout l'alkali fixe, & il ne reste plus qu'une substance regardée comme terreuse.

Le sulfure de potasse dissout le charbon avec beaucoup de facilité par la voie sèche & par la voie humide ; c'est même la substance qui s'y combine le plus facilement. Cette découverte est due à Rouelle.

Les métaux ne s'unissent point au charbon, mais leurs oxides passent à l'état métallique, lorsqu'on les chauffe plus ou moins fortement avec ce corps. Nous avons vu à l'article des métaux, que ce phénomène dépend de la grande attraction de l'oxigène pour le carbone.

On a peu examiné l'action des substances végétales sur le charbon. On fait seulement que lorsqu'on mêle ce dernier avec des huiles graſſes, on peut les rendre par ce moyen inflammables par l'acide nitreux ; ce qui confirme la belle théorie de Rouelle ſur l'inflammation des huiles par cet acide.

Tout ce que nous avons expoſé ſur les propriétés connues du charbon, tend à prouver que ce corps eſt un compoſé d'une matière combuſtible, de ſubſtances ſalines & de terres.

La matière combuſtible particulière qui fait plus des trois quarts du charbon, ou le carbone proprement dit n'eſt encore que peu connu ; il paroît ſeulement que c'eſt un des corps qui a le plus d'attraction pour l'oxigène, qui peut l'enlever à preſque tous les autres, & que dans pluſieurs circonſtances il a beaucoup de rapport avec le carbure de fer natif.

On connoît aſſez tous les uſages du charbon dans les arts ; il eſt auſſi fort utile dans les opérations de chimie.

CHAPITRE XXI.

Des Sels fixes & des Terres des végétaux.

Lorsque l'on a brûlé un charbon végétal, il reste une matière grise, noirâtre ou blanche, suivant la nature de ce charbon ; cette matière nommée *cendre*, est fort composée ; lorsqu'elle est bien faite, elle ne contient que différentes substances salines & terreuses, mêlées avec du fer & un peu de manganèse ; lorsque le charbon étoit peu combustible, la cendre qui en provient contient encore quelquefois un peu de matière inflammable. M. Lavoisier, en examinant les cendres de bois employées par les salpêtriers, y a trouvé des matières extractives & résino-extractives. On a donné le nom de sels fixes des plantes aux substances salines que l'on retire par la lessive de leurs cendres. On se sert de l'incinération des végétaux, pour obtenir trois espèces de sels qu'il est nécessaire de connoître.

1°. La potasse que l'on prépare dans le nord, en brûlant le bois, qui y est fort abondant. Ce sel est fort impur ; il contient souvent des matières combuſtibles, qui en altèrent la blancheur; beaucoup de ſels neutres, tels que des ſulfates de potaſſe, de ſoude & de chaux, des muriates de potaſſe & de ſoude, un peu de carbonate de ſoude, de l'oxide de fer & des ſubſtances terreuſes. Pour purifier ce ſel, & en extraire la potaſſe pure, on le fait diſſoudre dans la plus petite quantité poſſible d'eau froide. Ce fluide ſe charge de l'alkali, & de quelques ſels neutres, & on le ſépare par le filtre, de la terre, du charbon, du fer & du ſulfate de chaux que contient ſouvent la potaſſe. On évapore cette diſſolution juſqu'à pellicule, & on y laiſſe ſe former par le repos & le refroidiſſement les criſtaux des divers ſels neutres qu'elle contient; lorſqu'après pluſieurs filtrations, évaporations & criſtalliſations, cette leſſive ne donne plus de ſels neutres, on l'évapore à ſiccité, & on la calcine. Ce ſel eſt alors du carbonate de potaſſe, mêlé de potaſſe cauſtique; il contient cependant toujours quelques ſels neutres, & un peu de matières terreuſes, qu'on peut encore en ſéparer en laiſſant repoſer une diſſolution bien chargée de cette potaſſe purifiée, & en ſéparant par le filtre le dépôt qui s'y forme. On peut alors l'employer avec ſûreté aux expériences de chimie les plus délicates.

2°. La foude du commerce, eft le réfidu de la combuftion des plantes qui croiffent fur le bord de la mer. On la prépare à Alicante en Efpagne, dans le Languedoc, à Cherbourg, &c. Elle fe fait en brûlant différentes fortes de plantes ; à Alicante on emploie les kalis, à Cherbourg on fe fert des algues & des fucus fous le nom commun de *varech* ; la première plante contient beaucoup plus de foude que la feconde, qui n'en donne prefque point. On brûle ces diverfes plantes bien sèches au-deffus d'une foffe. A Cherbourg, lorfque la combuftion eft avancée, & que les cendres font très-chaudes, on les agite & on les pêtrit fortement avec de gros bâtons. Par ce mouvement, cette fubftance, qui eft affez chaude pour éprouver une forte de demi-vitrification, fe met en morceaux durs & folides, qu'on envoie dans le commerce fous les noms de *foude en pierre*, *falicore*, *falicote*, *la marie*, *alun-catin*. Les noms qui la diftinguent le plus, & qui annoncent fon état, font ceux du pays d'où on la tire, ou de la plante qui la fournit. La foude d'Alicante, appelée auffi *foude de barille*, eft la meilleure pour la chimie & tous les arts où l'on a befoin de beaucoup d'alkali fixe.

La foude de Cherbourg ou de *varech*, eft

celle qui contient le moins d'alkali & qu'on doit rejeter en chimie, quoique pour la verrerie, on l'emploie avec beaucoup de fuccès, parce que la fritte vitreufe qu'elle préfente remplit les vues des verriers, & facilite la vitrification.

La foude du commerce, confidérée chimiquement, eft un compofé de foude cauftique, de carbonate de foude, de carbonate de potaffe en petite dofe, de fulfates de potaffe & de foude, de muriates de foude, de charbon, de fer à l'état pruffiate ou *bleu de Pruffe*, fuivant l'obfervation de Henckel, & de terre en partie libre, en partie combinée avec l'alkali fixe, comme dans celle de Cherbourg. Pour féparer ces fubftances, & obtenir dé carbonate de foude pur, on la leffive avec de l'eau diftillée froide; on filtre cette leffive pour féparer la terre, le fer & les matières charbonneufes; enfuite on l'évapore, comme nous l'avons dit pour la potaffe. On purifie cet alkali plus facilement que celui de la potaffe, parce que comme il criftallife plus facilement, il fe fépare mieux de la portion de foude cauftique; cependant il entraîne dans fa criftallifation quelques-uns des fels neutres & du bleu de Pruffe qu'il contient, & il faut les en féparer par plufieurs diffolutions & criftallifations fucceffives.

3°. On prépare en pharmacie des sels fixes, qui ont été fort recommandés par Takenius, & qui portent encore son nom. Le procédé de ce chimiste consiste à mettre dans une marmite de fonte la plante dont on veut retirer le sel; on fait chauffer ce vaisseau jusqu'à ce que son fond soit bien rouge; la plante, qu'on remue continuellement, exhale beaucoup de fumée; elle s'enflamme, alors on couvre la marmite avec un couvercle qui laisse dissiper la fumée en suffoquant la flamme. Par ce moyen, la plante se consume peu-à-peu; lorsqu'elle est réduite en une espèce de cendre noirâtre, on la lessive avec l'eau bouillante, & en évaporant cette lessive à siccité, on obtient un sel jaunâtre ou brun. Ce sel est souvent alkalin; mais il est fort impur; il contient beaucoup de matière extractive qui le colore, & qui se trouve mêlée avec tous les sels neutres que la plante contenoit; il est dans une forte d'état savoneux, ce qui le fait employer en médecine avec quelque succès; mais il ne faut pas croire qu'il ait les mêmes vertus que la plante d'où on l'a extrait, puisque la combustion en a altéré nécessairement les principes. Il seroit important d'examiner par l'analyse chimique les différens sels fixes des plantes, préparés à la manière de Takenius, pour découvrir les subſtances ſalines & extractives qu'ils contiennent, & pour pouvoir déterminer leurs vertus & la doſe à laquelle chacun d'eux doit être adminiſtré.

4°. Lorſqu'on a enlevé par la leſſive des cendres des végétaux, tout ce qu'elles contenoient de matières ſalines, il ne reſte plus qu'une ſubſtance pulvérulente, plus ou moins blanche ou colorée, inſipide, inſoluble dans l'eau, & qu'on a regardée juſqu'à préſent comme formée par des terres.

On peut en retirer du fer par le barreau aimanté. Ce métal étoit tout formé dans le végétal, ainſi que le manganèſe qu'on y a trouvé il y a quelque tems. Pluſieurs naturaliſtes ont penſé que c'eſt au fer que ſont dues les couleurs des plantes. M. Baumé, qui, dans ſon mémoire ſur les argiles, a fait mention du réſidu terreux des végétaux, aſſure qu'il forme avec l'acide ſulfurique de l'alun & du ſulfate de chaux un peu différent de celui qui eſt produit par la terre calcaire pure. M. Baumé croit, d'après cela, que la terre des végétaux eſt formée d'argile, & d'une terre voiſine des terres calcaires, quoiqu'elle diffère ſenſiblement, ſuivant lui de ces dernières, en ce qu'elle ne forme point de chaux vive par l'action du feu. Il penfe que l'argile eſt formée dans ces êtres par les colliſions qu'y éprouve la terre ſilicée, & par l'action des acides auxquels elle ſe combine ; que l'argile, une fois formée, paſſe à l'état de terre calcaire, par les nouvelles élaborations qu'elle ſubit dans les filières des végétaux.

Qu'il nous ſoit permis d'obſerver que les découvertes faites en Suède ſur la nature ſaline des os des animaux, qui ſont pour ces êtres ce que paroît être le tiſſu fibreux des plantes pour les végétaux, ſemblent annoncer que le réſidu de ces derniers n'eſt rien moins qu'une terre. Peut-être qu'une analyſe exacte, telle qu'on n'en a point encore faite ſur cet objet, apprendroit que ce qu'on a pris pour une matière terreuſe, n'eſt que du phoſphate calcaire. Au moins eſt-il permis de le ſoupçonner, d'après les travaux de Margraf, de M. Berthollet, qui ont retiré du phoſphore de la graine de ſinapi, du gluten & de pluſieurs autres matières végétales, & ceux de M. Haſſenfratz qui a extrait de l'acide phoſphorique, de beaucoup de plantes des marais.

CHAPITRE XXII.

Des Fermentations en général, & de la Fermentation spiritueuse en particulier.

APRÈS avoir considéré les végétaux tels que la nature nous les présente, il faut connoître les changemens & les altérations qu'ils sont susceptibles d'éprouver dans différentes circonstances : ces altérations, qui dépendent entièrement de leur nature, sont toujours dues à un phénomène que l'on appelle *fermentation*.

La fermentation est un mouvement spontané, qui s'excite dans un végétal, & qui en change totalement les propriétés. Ce mouvement est propre aux fluides des corps organiques, & il n'y a que les substances élaborées par le principe de la vie végétale ou animale qui en soient susceptibles. Les chimistes n'ont pas assez insisté sur cette importante vérité, dont l'application aux phénomènes des êtres organisés, est singulièrement utile au médecin.

Il y a plusieurs circonstances nécessaires à toute espèce de fermentation. Telles sont :

1°. Un certain degré de fluidité ; en effet, des

fubftances sèches n'éprouvent aucune efpèce de fermentation.

2°. Une chaleur plus ou moins forte. Les degrés de chaleur varient pour chaque efpèce de fermentation ; mais le froid les arrête toutes.

Les chimiftes ont diftingué, d'après Boerhaave, trois efpèces de fermentations ; la fpiritueufe, qui fournit de l'alcohol ; la fermentation acéteufe, qui donne le vinaigre ou l'acide acéteux ; la fermentation putride ou la putréfaction, qui produit de l'ammoniaque. Il faut obferver qu'il y a plufieurs mouvemens fermentatifs, qui femblent ne point appartenir à ces trois efpèces ; telles font peut-être la fermentation panaire, celle des mucilages fades, celle qui développe des parties colorantes, &c. On a cru que les fermentations fe fuivoient toujours dans l'ordre que nous venons d'énoncer ; mais il y a des corps qui deviennent acides fans avoir paffé auparavant à la fermentation fpiritueufe ; & il en eft d'autres qui fe pourriffent fans éprouver les deux premières fermentations. Obfervons encore que le mouvement inteftin de la maturation paroît conftituer une efpèce de fermentation primitive qui développe la matière fucrée.

La fermentation fpiritueufe eft celle qui

fournit de l'alcohol. Pour bien connoître cette fermentation, nous considérerons, 1°. les conditions nécessaires à sa production ; 2°. les phénomènes qui l'accompagnent ; 3°. les diverses matières qui en font susceptibles ; 4°. la cause de ce mouvement intestin ; 5°. le produit qu'elle fournit.

L'expérience a appris aux chimistes, que toutes les matières végétales ne font pas susceptibles de passer à la fermentation spiritueuse, & qu'il est nécessaire, pour qu'elle ait lieu, qu'on réunisse plusieurs circonstances particulières : ce font ces différens objets que nous confidérons comme conditions nécessaires à la fermentation spiritueuse.

Ces conditions font :

1°. Un mucilage sucré. Il n'y a que cette matière qui foit fufceptible de paffer à la fermentation spiritueuse.

2°. Une fluidité un peu vifqueufe. Un fuc trop fluide ne fermente pas plus qu'un fuc trop épais.

3°. Une chaleur de dix à quinze degrés au thermomètre de Réaumur.

4°. Une grande maffe, dans laquelle il puiffe s'exciter un mouvement rapide.

Lorfque les quatre conditions que nous venons d'indiquer font réunies, alors la fer-

mentation fpiritueufe s'établit, & on la reconnoît à des phenomènes conftans qui la caractérifent. Voici ce que l'obfervation a appris fur
cet objet.

1°. Il s'excite dans la liqueur un mouvement
qui va en augmentant jufqu'à ce que la fermentation foit bien établie.

2°. Le volume du mêlange eft bientôt augmenté, & cette augmentation fuit la progreffion
du mouvement.

3°. La tranfparence de la liqueur eft trou-
blée par des filamens opaques qui font agités
& portés dans tous les points de ce fluide.

4°. Il fe produit une chaleur qui va jufqu'à
dix-huit degrés fuivant M. l'abbé Rozier.

5°. Les parties folides mêlées à la liqueur
s'élèvent & la furnagent à caufe du fluide élaftique qui s'y développe.

6°. Il fe dégage une grande quantité de gaz
acide carbonique. Ce gaz forme au-deffus des
cuves une couche que l'on diftingue facilement
de l'air. C'eft dans cette couche que M. Prieftley & M. le duc de Chaulnes ont fait leurs
belles expériences. Les bougies s'y éteignent,
les animaux y meurent; la chaux diffoute dans
l'eau y eft précipitée en craie; les alkalis cauftiques criftallifent parfaitement. C'eft cet acide
contenu fur les cuves en fermentation qui

exposé à un danger si grand les hommes qui y travaillent.

7°. Le dégagement de ce gaz est accompagné de la formation d'un grand nombre de bulles, qui ne sont dues qu'à la cosité de la liqueur que l'acide carbonique est obligé de traverser.

Tous ces phénomènes s'appaisent à mesure que la liqueur, de douce & sucrée qu'elle étoit, devient vive, piquante & susceptible d'enivrer.

Le besoin a suggéré aux hommes de préparer des liqueurs fermentées avec un grand nombre de substances végétales différentes les unes des autres; mais l'expérience a convaincu qu'il n'y a que les matières sucrées qui sont susceptibles d'en former. Parmi ces dernières, celles dont on fait le plus d'usage, & qu'il est par conséquent nécessaire d'examiner, sont les suivantes.

1°. Le suc de raisin produit le vin proprement dit, la meilleure de toutes les liqueurs fermentées. Pour bien connoître l'art du vigneron, dont l'objet est très-important pour les besoins de la vie, il faut examiner, 1°. la nature du terrein où croît la vigne. On sait qu'un sol sec & aride est en général très-bon pour cette plante, & qu'une terre grasse &

forte

forte ne lui convient pas. 2°. Le travail &
la culture de ce végétal ; on le taille, on en
courbe les branches pour arrêter le cours de
la sève : on a soin que la vigne soit exposée
au soleil, & sur-tout à la réverbération de
ses rayons par la terre, &c. on ne lui fournit
point d'engrais, &c. 3°. L'histoire de la végétation de la vigne, de son exposition, de
sa floraison, de la formation du raisin, de sa
maturité ; 4°. celle des accidens auxquels elle
est exposée, tels que la gelée, la pluie abondante, l'humidité ; 5°. le tems de la vendan-
ge, qui doit être sec & chaud. Ces connoissances préliminaires une fois acquises, on
doit considérer l'art de faire le vin, qui consiste à mettre les raisins égrappés dans une
cuve, à les exposer à une chaleur de quinze
à seize degrés, à les écraser, à les fouler,
à les agiter ; alors la fermentation s'y excite,
& tous les phénomènes ont lieu. Le suc de
raisin, ou le moût, ne doit être, ni trop
fluide, ni trop épais ; dans le premier cas,
on l'épaissit par la cuisson ; dans le second,
on le délaye avec de l'eau. Lorsque le vin est
fait, on le soutire & on le met dans des
tonneaux qu'on ne bouche pas. Il éprouve
une seconde fermentation insensible qui en
combine plus intimement les principes ; il s'en

précipite une lie fine & un fel connu fous le nom de *tartre*, que nous avons examiné dans un des premiers chapitres de ce volume. Pour conferver le vin, on le foufre ou on le mute, en faifant brûler dans le tonneau où il eft contenu, des linges imprégnés de foufre.

Il eft encore important de connoître les différens vins. La France en produit un grand nombre d'excellens. Ceux de Bourgogne font les meilleurs de tous pour l'ufage journalier. Leurs principes font parfaitement combinés, & il n'y en a aucun qui domine. Les vins de l'Orléannois ont des qualités affez femblables à ceux de Bourgogne, lorfque le tems a diffipé un peu de leur verdeur, & a enchaîné l'efprit ou l'àlcohol qui y eft excédent. Les vins rouges de Champagne font très-bons & très-délicats. Le vin blanc non mouffeux de ce pays vaut beaucoup mieux que le vin mouffeux, dont le goût piquant & aigrelet, ainfi que la propriété de mouffer, dépendent de l'acide carbonique qui y a pour ainfi dire été renfermé lorfqu'on l'a mis en bouteille avant que la fermentation fût achevée. Les vins de Languedoc & de Guyenne font foncés en couleur, très-toniques & très-ftomachiques, fur-tout quand ils font vieux.

Les vins d'Anjou font blancs, fort fpiritueux, & ils enivrent très-promptement. Quant aux vins étrangers, ceux d'Allemagne, connus fous le nom de vins de Rhin & de la Mofelle, font blancs, très-fpiritueux; leur faveur eft fraîche & piquante; ils enivrent très-promptement. Quelques vins d'Italie, tels que ceux d'Orviette, de Vicence, le Lacrima Chrifti, &c. font bien fermentés, & imitent affez les bons vins de France: ceux d'Efpagne & de Grèce font en général cuits, doux, peu fermentés, & très-mal fains. Il faut cependant en excepter ceux de Rota & d'Alicante, qui paffent, avec raifon, pour des ftomachiques & des cordiaux très-utiles.

2°. Les pommes & les poires donnent le cidre & le poiré; ces efpèces de vins font affez bons, & on peut en tirer de bonne eau-de vie, comme l'a démontré M. d'Arcet.

3°. Les cerifes fourniffent un affez bon vin, dont on retire une eau-de-vie nommée, par les Allemands *kirchenwaffer*.

4°. Les abricots, les pêches, les prunes, en donnent de moins bon.

5°. Le fucre, diffous dans l'eau, fermente facilement; on tire de cette efpèce de vin, fait avec le fuc brut de la canne, une eau-de vie nommée *taffia, rhum, guil dive*, &c.

6°. Les femences des graminées, & fpécia-lement l'orge, fourniffent une efpèce de vin appelé *bierre*. L'art du braffeur confifte dans les procédés fuivans. On fait tremper l'orge pendant trente ou quarante heures dans l'eau pour le ramollir ; on laiffe germer cet orge mis en tas ; on le sèche à la touraille ou fourneau terminé par une trémie fur laquelle on l'étend ; on le crible enfuite pour en fé-parer les germes appelés *touraillons* ; on le moud en une farine nommé *malt* ; on délaye cette farine dans la cuve *matière* avec de l'eau chaude qui diffout le mucilage ; on nomme cette eau, *premier métier* ; on la reverfe de nouveau fur le malt, après l'avoir fait chauffer, & elle forme le fecond métier ; on la fait cuire & on la met à fermenter avec du hou-blon & de la levûre, dans une cuve nommée *guilloire* ; quand la fermentation eft appaifée, on l'agite ou on bat la guilloire ; on tire la bierre dans des tonneaux ; la fermentation fecondaire en élève une écume nommée *levûre*, qui fert à exciter la fermentation de la décoction d'orge dans la cuve guilloire. La germination déve-loppe dans l'orge une matière fucrée, à la-quelle il doit la propriété de former du vin ; on en pourroit faire de même avec la plupart des autres femences graminées.

Tous ces faits démontrent que la matière sucrée est le seul principe des végétaux, qui soit susceptible de passer à la fermentation spiritueuse, & que l'eau est nécessaire pour la production de ce mouvement intestin. M. Lavoisier pense que ce fluide est décomposé dans cette opération; l'oxigène se porte sur la matière charboneuse du sucre, & forme l'acide carbonique qui se dégage pendant cette fermentation, tandis que l'hydrogène s'unit à l'huile du corps sucré, & forme une substance combustible très-légère, très-divisée, qui contient beaucoup moins de carbone que le sucre entier, qui est beaucoup plus légère, beaucoup plus inflammable que lui, & qui constitue l'alcohol.

Le produit de toutes ces substances fermentées, est une liqueur particulière plus ou moins colorée, d'une odeur aromatique, d'une saveur piquante & chaude, qui ranime le jeu des fibres affoiblies, lorsqu'on la prend à petite dose, & qui enivre lorsqu'on en boit trop; c'est ce que tout le monde connoît sous le nom de vin.

Le vin de raisin que nous prendrons pour exemple, est un composé d'une grande quantité d'eau, d'un arome particulier à chaque vin, d'alcohol, d'un sel essentiel nommé *tar-*

tre, & d'une matière extracto‑réfineufe co‑lorante, à laquelle les vins rouges doivent leur couleur.

Avant d'indiquer les moyens de féparer ces principes, il faut connoître les propriétés du vin entier non altéré, & fes ufages. Le vin eft fufceptible de diffoudre beaucoup de corps, en raifon de l'eau, de l'alcohol & du fel effentiel acide dont il eft formé. Il s'unit aux extraits, aux réfines, à certains métaux, &c. C'eft fur ces propriétés que font fondées les préparations des vins médicinaux. Tels font, 1°. le vin émétique qui fe prépare en faifant macérer dans deux livres de bon vin blanc quatre onces de *fafran des métaux* ; on filtre la liqueur, ou bien on l'emploie trouble comme un très‑fort irritant dans l'apoplexie, dans la paralyfie, &c. 2°. Le vin chalybé fait par la digeftion d'une once de limaille de fer avec deux livres de vin blanc ; c'eft un excellent tonique & apéritif. 3°. Les vins végétaux qui fe préparent, *a* ou avec le vin rouge, dans lequel on fait macérer des plantes aftringentes, aromatiques ; *b* ou avec le vin blanc qu'on emploie ordinairement pour les plantes anti‑fcorbutiques ; *c* ou avec le vin d'Efpagne ; le vin fcillitique fe fait avec cette efpèce de vin, ainfi que le laudanum liquide de

Sydenham. L'on prépare ce dernier en faisant digérer pendant plusieurs jours deux onces d'opium coupé par tranches, une once de safran, un gros de canelle & de clous de girofle concassé, dans une livre de vin d'Espagne. Ce médicament est un très-bon calmant à la dose de quelques gouttes, sur tout lorsqu'on craint que l'opium n'affoiblisse le malade, ou n'arrête quelqu'évacuation utile.

Pour décomposer le vin & en séparer les différens principes, on se sert ordinairement de l'action du feu. On distille cette liqueur dans un alambic de cuivre étamé, auquel on adapte un récipient; on obtient, dès que le vin bout, un fluide blanc légèrement opaque & laiteux, d'une saveur piquante & chaude, d'une odeur forte & suave ; on continue à recevoir ce fluide jusqu'à ce que les vapeurs qui s'en élèvent cessent de s'enflammer à l'approche d'une lumière. Ce produit est ce qu'on appelle eau-de-vie, c'est un composé d'eau, d'alcohol & d'une petite quantité d'huile qui lui ôte sa transparence pendant qu'elle distille, & qui la colore en jaune par la suite. On ne doit point attribuer la couleur des vieilles eaux-de-vie du commerce à cette espèce d'huile seule qui passe avec elle dans la distillation, mais bien à la matière extractive du bois qu'elle à diſſoute dans les tonneaux qui ont ſervi à la contenir. L'eau-de-vie eſt la liqueur d'où on extrait l'alcohol, comme nous le verrons plus bas. Après avoir fourni l'eau-de-vie, le vin eſt d'une couleur foncée, d'un goût acide & auſtère ; il eſt trouble, & on y obſerve une grande quantité de criſtaux ſalins qui ne ſont que du tartre. Ce fluide eſt alors tout-à-fait décompoſé, & on ne peut plus lui donner ſes premières propriétés, en combinant le produit ſpiritueux qu'on en a obtenu avec le réſidu qu'il a fourni. Cette analyſe eſt donc compliquée. Si on évapore le réſidu du vin d'où on a retiré l'eau-de vie, il prend la forme & la conſiſtance d'un extrait. On peut en ſéparer la partie colorante avec l'alcohol, qui ne touche point au tartre. Cette eſpèce de teinture n'eſt point précipitée par l'eau ; en l'évaporant à ſiccité, le réſidu s'enflamme facilement, & eſt diſſoluble dans l'eau ; c'eſt une véritable ſubſtance réſino-extractive que l'alcohol formé par la fermentation a enlevée de la pellicule des raiſins. On voit d'après cette analyſe, que le vin eſt véritablement compoſé d'eau, d'alcohol, de tartre, d'une matière colorante & d'un arome qui ſe perd ou ſe modifie par l'action du feu. Nous connoiſſons la nature & les propriétés de la plupart de ces fubftances, il ne nous refte plus qu'à examiner celles de l'alcohol.

Avant de parler de ce produit, nous devons dire un mot d'une fubftance qui fe précipite du vin pendant la fermentation, & qu'on appelle lie. C'eft un compofé de pepins, de pelures de raifins, de tartre groffier & de fulfate de potaffe. On en retire de l'eau-de-vie en la diftillant à feu nud. Si on la traite à la cornue, elle donne du phlegme acide, de l'huile, de l'ammoniaque, & fon charbon contient du carbonate & du fulfate de potaffe. L'incinération de la lie du vin, faite à l'air libre, fournit de la potaffe cauftique, mêlée de carbonate & de fulfate de potaffe, qui eft connue dans les arts fous le nom de *cendres gravelées*. Les détails dans lefquels nous allons entrer fur les propriétés de l'alcohol, completteront ce que nous venons de dire fur la lie.

CHAPITRE XXIII.

Du produit de la Fermentation spiritueuse ou de l'Alcohol.

L'EAU-DE-VIE que l'on retire en distillant le vin à feu nud, est un composé d'alcohol, d'eau, & d'une petite portion de matière huileuse. Pour séparer ces substances, & obtenir l'alcohol pur, on se sert de la distillation. Il y a plusieurs procédés pour distiller l'alcohol. M. Baumé conseille de distiller l'eau-de vie au bain-marie un assez grand nombre de fois, pour en tirer tout ce qu'elle contient de spiritueux. Il recommande de séparer le premier quart du produit de la première distillation, & de mettre éga'ement à part la première moitié du produit des distillations suivantes; on mêle ensemble tous ces premiers produits, & on les rectifie à une chaleur douce. La première moitié de liqueur qui passe dans cette rectification, est l'alcohol le plus pur & le plus fort; le reste est un alcohol moins fort, mais encore très-bon pour les usages ordinaires. Rouelle prescrivoit de retirer, par la distillation au bain-marie, la moitié de l'eau-de-vie employée; ce premier produit est de l'alcohol commun; en le rectifiant deux fois, & le réduifant environ à deux tiers, on obtient de l'alcohol plus fort, que l'on diftille de nouveau avec de l'eau, d'après le procédé de Kunckel; l'eau fépare l'alcohol de l'huile qui l'altéroit : on rectifie cet alcohol diftillé avec l'eau, & on eft fûr alors de l'avoir parfaitement pur. Le réfidu de l'eau-de-vie diftillée n'eft qu'une eau chargée de quelques parties colorantes, & furnagée par une efpèce d'huile particulière.

On conçoit que ce fluide peut, d'après les différens procédés que l'on emploie, avoir différens degrés de force & de pureté. On a cherché depuis long-tems des moyens de re-connoître fa pureté. On a cru d'abord que l'alcohol, qui s'enflamme facilement & qui ne laiffe aucun réfidu, étoit très-pur; mais on fait aujourd'hui que la chaleur, excitée par fa com-buftion, eft affez forte pour diffiper tout le phlegme qu'il pourroit contenir. On a propofé l'épreuve de la poudre; lorfque l'alcohol allumé dans une cuiller fur de la poudre à canon ne l'enflamme pas, il eft regardé comme mauvais; fi, au contraire, il y met le feu, on le juge très-bon. Mais cette épreuve eft fautive & trompeufe, car en mettant beaucoup du meil-leur alcohol fur peu de poudre, l'eau qu'il fournit dans fa combuftion, humecte la poudre,

& elle ne s'allumera pas, tandis qu'on pourra l'enflammer en faifant brûler à fa furface une très - petite quantité d'alcohol phlegmatique. Ce moyen n'eft donc pas plus fûr que le premier. Boerhaave a donné un très-bon procédé pour connoître la pureté de ce fluide ; il confifte à jeter dans l'alcohol de la potaffe bien sèche en poudre. Elle s'unit à l'eau furabondante de l'alcohol, & elle forme un fluide plus pefant & plus coloré que l'alcohol, & qui ne fe mêle point avec ce dernier qui le furnage. Enfin, M. Baumé, fondé fur ce que l'alcohol eft d'autant plus léger que l'eau, qu'il eft plus pur, a imaginé un aréomètre, à l'aide duquel on peut déterminer d'une manière exacte le degré de pureté de ce fluide & de toutes les liqueurs fpiritueufes. Cet inftrument plongé dans l'alcohol, s'y enfonce d'autant plus que ce fluide eft plus pur. Il s'eft affuré par des expériences bien faites, que l'alcohol le plus pur & le plus rectifié donne trente-neuf degrés à fon aréomètre, à dix degrés du thermomètre de Réaumur. On peut voir dans fes élémens de pharmacie, la manière de conftruire cet inftrument, ainfi que les réfultats que l'alcohol mêlé avec différentes quantités d'eau a donnés ; ce qui peut fervir à faire reconnoître par comparaifon celui qu'on examine au pèfe-liqueur.

L'alcohol pur, obtenu par le procédé que nous venons de décrire, est un fluide transparent, très-mobile, très-léger, qui pèse six gros quarante-huit grains, dans une bouteille qui tient une once d'eau distillée. Son odeur est pénétrante & agréable ; sa saveur est vive & chaude. Il est extrêmement volatil. Lorsqu'on le chauffe même légèrement dans des vaisseaux fermés, il s'élève & passe sans altération dans les récipiens ; il se concentre par ce moyen, & il se sépare du peu d'eau qu'il pourroit contenir. C'est pour cela que les premières portions sont les plus suaves, les plus volatiles & les plus pures. On croyoit autrefois que, dans la distillation de l'alcohol, il se dégageoit toujours une grande quantité d'air ; on sait aujourd'hui que c'est la partie spiritueuse qui se sépare de l'eau, & qui se volatilise dans l'état de gaz.

Lorsqu'on chauffe l'alcohol avec le contact de l'air, il s'allume bientôt & présente une flamme légère, blanche dans le milieu, & bleue sur ses bords, il brûle ainsi sans laisser aucun résidu, lorsqu'il est bien déphlegmé. Plusieurs chimistes ont essayé de savoir ce que donne l'alcohol en brûlant. Ils se sont assurés que sa flamme n'est accompagnée d'aucune suie ni d'aucune fumée, & qu'en recevant ce qui s'en

volatilife, on n'obtient que de l'eau pure, infipide, inodore & abfolument dans l'état d'eau
diftillée. Boerhaave penfoit d'après ce phénomène, que la flamme étoit dûe à l'eau, &
cette opinion eft confirmée par ce qu'on fait
aujourd'hui fur le gaz hydrogène obtenu de la
décompofition de l'eau, & par l'eau qu'on
obtient en brûlant ce même gaz avec l'air
vital. M. Lavoifier a découvert en brûlant de
l'alcohol dans une cheminée propre à en
recueillir les vapeurs, que l'on obtient plus
d'eau que l'on n'emploie de ce liquide ; ce
qui prouve que l'alcohol contient une grande
quantité de gaz hydrogène ; d'un autre côté,
M. Berthollet a remarqué que lorfqu'on fait
brûler un mêlange d'alcohol & d'eau, le fluide
réfidu précipite l'eau de chaux ; cette expérience annonce que l'alcohol contient un peu
de carbone qui, par fa combuftion ou fa
combinaifon avec l'oxigène, forme de l'acide
carbonique. Les chimiftes ont adopté différentes
opinions fur fa nature. Stahl, Boerhaave, & plufieurs autres ont regardé ce fluide comme compofé d'une huile très-tenue, d'un acide atténué,
& d'eau. C'eft donc, fuivant cette opinion,
une forte de favon acide. D'autres, à la tête
defquels on doit placer Cartheufer & Macquer,
penfent que l'alcohol eft formé de l'union

du phlogistique avec l'eau. On ne connoît pas encore bien la nature de cette liqueur.

L'alcohol exposé à l'air s'évapore à une température de dix degrés au-dessus de la glace, & il ne laisse aucune espèce de résidu, si ce n'est un peu d'eau, lorsqu'il n'est pas très-déphlegmé. Cette évaporation à l'air est d'autant plus rapide, que l'atmosphère est plus chaude; elle produit un froid plus ou moins vif, suivant sa rapidité; à 68 degrés de chaleur au dessus de o du thermomètre de Réaumur, l'alcohol est sous forme de fluide élastique.

L'alcohol s'unit à l'eau en toutes proportions, & il y est parfaitement dissoluble. Cette dissolution se fait avec chaleur, & elle forme des espèces d'eaux-de-vie d'autant plus fortes, que l'alcohol y est en plus grande quantité. L'affinité de combinaison entre ces deux fluides est si forte, que l'eau est capable de séparer de l'alcohol plusieurs corps qui lui sont unis, & que réciproquement l'alcohol décompose la plupart des dissolutions salines, & en précipite les sels. C'est d'après cette dernière propriété que Boulduc a proposé de se servir d'alcohol pour précipiter les sels contenus dans les eaux minérales, & pour les obtenir sans altération.

L'alcohol n'a point d'action sur les terres pures. On ne sait point s'il seroit altéré par la

baryte & la magnéfie. La chaux paroît fufceptible de lui faire éprouver quelque changement,
puifque, lorfqu'on diftille l'alcohol fur cette
fubftance falino-terreufe, ce fluide prend une
odeur particulière ; mais on n'a pas fuivi cette
altération.

Les alkalis fixes paroiffent décompofer réellement l'alcohol, comme le prouve la préparation connue en pharmacie fous le nom de
teinture âcre de tartre. Pour préparer ce médicament, on fait fondre de la potaffe dans un
creufet, on la pulvérife toute chaude, on la
met dans un matras ; on verfe de l'alcohol
très-déphlegmé trois ou quatre travers de doigt
au-deffus du fel ; on bouche le matras avec
un autre plus petit ; on les lute enfemble & on
fait digérer le tout au bain de fable, jufqu'à
ce que l'alcohol ait acquis une couleur rougeâtre. Il refte plus ou moins d'alkali au fond
du vaiffeau. En diftillant la teinture âcre de tartre, on obtient un alcohol d'une odeur fuave,
peu altéré, & la cornue offre une matière
femblable à un extrait favoneux, qui diftillée
à feu nud, donne de l'alcohol, de l'ammoniaque, & une huile empyreumatique légère ; il
refte après cette opération un peu de charbon,
dans lequel on retrouve de la potaffe. Cette
expérience femble démontrer que l'alcohol contient

tient une huile dont l'alkali fixe s'empare , & avec laquelle il forme un véritable favon, qui fe trouve diffous dans la portion d'alcohol non décom-pofé. Le *lilium* de *Paracelfe* ne differe de la teinture âcre de tartre , que parce que l'alkali fixe qu'on emploie pour le préparer , paroît avoir été mis dans l'état de caufticité par les oxides métalliques avec lefquels il a été chauffé. On fait fondre enfemble les *régules d'antimoine martial* , *jovial* , & de *vénus* à la dofe de quatre onces de chaque , on les réduit en poudre , on les fait détoner avec dix-huit onces de nitre & autant de tartre ; on pouffe à la fonte, on pulvérife ce mélange , on le met dans un matras, & on verfe par-deffus de l'alcohol bien déphlegmé , jufqu'à ce qu'il furnage de trois ou quatre travers de doigt. Ce mélange mis en digeftion fur un bain de fable , prend une belle couleur rouge , plus foncée que la teinture âcre de tartre, & elle préfente tous les mêmes phénomènes ; on peut faire cette dernière entièrement fem-blable au lilium de Paracelfe , en faifant digérer l'alcohol fur l'alkali fixe cauftique , au lieu de fe fervir de fel fixe de tartre , que l'action du feu ne prive pas entièrement d'acide carbonique , à moins qu'on ne le tienne rouge pendant long-tems. M. Berthollet s'eft affuré que ces tein-

tures ne font que des diffolutions de potaffe
cauftique dans l'alcohol, & qu'elles fourniffent un moyen utile d'obtenir cet alkali très-
pur, en le féparant par l'évaporation. L'alcohol
a la même action fur la foude pure. La teinture
âcre de tartre & le lilium font de très-bons
toniques & de puiffans fondans. On les emploie dans tous les cas où les forces des malades ne font point fuffifantes pour favorifer
les crifes, comme dans la fièvre maligne, les
petites véroles de mauvais caractère, &c.

On n'a point encore bien examiné l'action de
l'ammoniaque cauftique fur l'alcohol.

Tous les acides préfentent avec l'alcohol,
des phénomènes fort importans à obferver;
lorfqu'on verfe de l'acide fulfurique bien concentré fur partie égale d'alcohol rectifié, il fe
produit une chaleur & un fifflement remarquables; ces deux fubftances fe colorent, & il fe
dégage en même-tems une odeur fuave, com-
parable à celle du citron ou des pommes de
reinette. Si l'on place la cornue dans laquelle
on fait ordinairement ce mêlange, fur un bain
de fable échauffé, & qu'on y adapte deux
grands ballons, dont le premier plonge dans
une terrine pleine d'eau froide, on obtient,
1°. un alcohol d'une odeur fuave ; 2°. une
liqueur nommée *éther*, d'une odeur très-fuave,

d'une volatilité extrême, & dont la préfence eft annoncée par l'ébullition de la liqueur contenue dans la cornue, & par les groffes ftries qui fillonnent la voûte de ce vaiffeau. On a foin de rafraîchir le ballon qui le reçoit, avec des linges mouillés. 3°. Après l'éther, il paffe de l'acide fulfureux, dont la couleur blanche & l'odeur avertiffent qu'on doit déluter le ballon pour avoir l'éther féparé. 4°. Il fe volatilife en même-tems une huile légère, jaunâtre, qu'on appelle *huile douce de vin*. On doit modérer beaucoup le feu après que l'éther eft paffé, parce que la matière contenue dans la cornue eft noire, épaiffe, & fe bourfouffle confidérablement. 5°. Lorfque l'huile douce eft toute diftillée, il paffe encore de l'acide fulfureux, qui devient de plus en plus épais, & n'eft plus à la fin que de l'acide fulfurique noir & fale. 6°. En continuant cette opération par un feu doux, on parvient à deffécher entièrement le réfidu, & à lui donner la forme & la confiftance d'un bitume. On en retire une liqueur acide, & une fubftance sèche & jaunâtre comme du foufre, en expofant ce bitume à un feu très-fort. M. Baumé, qui a fait une grande fuite de travaux fur l'éther fulfurique, a examiné ce réfidu avec beaucoup de foin; il y a trouvé du fulfate de fer, du bleu de Pruffe, une fubftance faline & une terre particulière, dont il n'a point déterminé la nature : il affure même que le fublimé jaunâtre qu'il fournit, n'eft point du foufre, & qu'il refte blanc & pulvérulent, fans s'enflammer fur les charbons. Nous ajouterons à ces détails, que le réfidu de l'éther peut refournir de nouvel éther en y ajoutant, fuivant le procédé de M. Cadet, un tiers d'alcohol déphlegmé par la potaffe, & en diftillant ce mêlange. On peut réitérer plufieurs fois ces diftillations, & retirer ainfi d'un mêlange de fix livres d'acide fulfurique & d'alcohol, auquel on ajoute fucceffivement quinze livres de ce dernier fluide, plus de dix livres de bon éther.

L'opération que nous venons de déçrire, eft une des plus fingulières que la chimie fourniffe par les phénomènes qu'elle préfente, & en même tems une des plus importantes, par les lumières qu'elle peut répandre fur la compofition de l'alcohol. Il y a fur la formation de l'éther, deux opinions qu'il eft néceffaire de faire connoître. Macquer, qui, comme nous l'avons dit, regarde l'alcohol comme un compofé d'eau & de phlogiftique, penfe que l'acide fulfurique enlève l'eau de cette fubftance, & la rapproche de plus en plus des caractères de l'huile. Ainfi, fuivant cette opinion, il paffe d'abord de l'alcohol peu altéré, enfuite un

fluide qui tient le milieu entre l'alcohol &
l'huile, qui est l'éther, & enfin une véritable
huile ; parce que l'acide sulfurique agit avec
d'autant plus d'énergie sur les principes de l'alcohol, que la chaleur employée pour obtenir
l'éther est plus forte. Bucquet, frappé d'une
objection forte qu'il avoit faite à cette théorie,
sur ce qu'il étoit difficile de concevoir comment
l'acide sulfurique, chargé dès le commencement de son action sur l'alcohol, d'une certaine quantité d'eau qu'il avoit enlevée à ce
fluide, pouvoit, quoique phlegmatique, réagir
assez sur une autre portion du même alcohol
pour le mettre dans l'état huileux, a proposé
une autre opinion sur la production de l'éther ;
il regardoit l'alcohol comme un fluide composé d'huile, d'acide & d'eau ; il pensoit que
lorsqu'on mêloit l'acide sulfurique à l'alcohol,
il résultoit de ce mélange une sorte de fluide
bitumineux, qui fournissoit par la chaleur les
mêmes principes que tous les bitumes, c'est-à-
dire, une huile légère, très-odorante, très-
combustible, une espèce de naphte qui étoit
l'éther, & ensuite une huile moins volatile &
plus colorée que la première, qui étoit l'huile
douce du vin ; on verra en effet par les propriétés de l'éther, que nous allons examiner,
que ce fluide a tous les caractères d'une huile

Q iij

très-ténue, & telle que le naphte. Cette théorie n'explique point affez clairement ce qui fe paffe dans la préparation de l'éther; il paroît que l'oxigène eft enlevé à l'acide fulfurique par l'alcohol; qu'une partie de l'hydrogène, principe de ce dernier, forme de l'eau avec cet oxigène, & que l'alcohol, privé de cette portion d'hydrogène, forme l'éther. Mais tout ce qui fe paffe dans cette opération n'eft pas encore connu.

L'éther, obtenu par le procédé que nous avons décrit, n'eft pas très-pur; il eft uni à de l'alcohol & à de l'acide fulfureux. Pour le rectifier, on le diftille dans une cornue au bain de fable, avec de l'alkali fixe. Ce fel fe combine avec l'acide fulfureux, & l'éther paffe très-pur à la plus douce chaleur. Si l'on fépare la première moitié de ce produit, on obtient l'éther le plus pur & le plus rectifié.

L'éther eft un fluide plus léger que l'alcohol, d'une odeur forte, fuave & très-expanfible, d'une faveur chaude & piquante. Il eft fi volatil, qu'en le verfant ou en l'agitant, il fe diffipe en un inftant. Il produit dans fon évaporation un froid tel, qu'il peut faire geler l'eau, comme M. Baumé l'a démontré par fes belles expériences. Il fe réduit en une forte de gaz éthéré, qui brule avec rapidité. L'air qui tient de l'éther en diffolution, peut paffer à travers l'eau, fans ceffer d'être inflammable & odorant. L'éther s'allume très facilement, dès qu'on le chauffe à l'air libre ou qu'on en approche un corps enflammé ; l'étincelle électrique l'allume de même. Il répand une flamme blanche fort lumineufe, & il laiffe une trace noire comme charboneufe à la furface des corps que l'on expofe à fa flamme. M. Lavoifier a conftaté qu'il fe forme de l'acide carbonique pendant la combuftion de cette liqueur, & M. Schéele que le réfidu de l'éther brûlé fur un peu d'eau contient de l'acide fulfurique.

L'éther fe diffout dans dix parties d'eau, fuivant M. le comte de Lauraguais. On n'a point encore examiné en détail les phénomènes que l'éther préfenteroit avec toutes les fubftances falines ; on ne connoît bien que l'action de quelques acides. La chaux & les alkalis fixes ne paroiffent point fufceptibles de l'altérer. L'ammoniaque cauftique s'y mêle en toutes proportions, & elle forme une matière dont l'odeur mixte pourroit être très-utile dans les afphixies & les maladies fpafmodiques. L'acide fulfurique s'échauffe beaucoup avec l'éther, & il peut en convertir une bonne partie en huile douce du vin par la diftillation. L'acide nitreux fumant y excite une effervefcence confidérable ; &

Q iv

l'éther semble devenir plus consistant, plus coloré & plus huileux dans cette expérience. Mêlé avec la dissolution muriatique d'or, il retient une partie de ce métal, & semble agir alors comme les huiles volatiles qui retiennent également une portion d'oxide d'or. Il dissout les huiles volatiles & les résines comme l'alcohol ; & les médecins emploient souvent des teintures éthérées.

L'éther est regardé en médecine comme un tonique puissant, & comme un très-bon antispasmodique. On l'emploie dans les accès hystériques, dans les coliques spasmodiques. Il s'oppose promptement aux vices de la digestion, qui ont pour cause la foiblesse de l'estomac. On ne doit l'administrer qu'avec prudence, parce qu'on sait que son usage excessif est dangereux ; on s'en sert encore avec succès à l'extérieur, dans les douleurs de tête, dans les brûlures, &c. Hoffman, qui s'est beaucoup occupé des combinaisons de l'alcohol avec l'acide sulfurique, se servoit d'un médicament composé d'huile douce du vin dissoute dans l'alcohol, qu'il appeloit liqueur minérale anodyne. La faculté de médecine de Paris a ajouté l'éther à cette liqueur, & elle a prescrit dans son dispensaire de la préparer en mêlant deux onces de l'alcohol qui passe avant l'éther, deux onces d'éther, & douze gouttes d'huile douce de vin. Ce médicament s'emploie comme l'éther; mais il n'a pas à beaucoup près la même vertu.

L'acide nitrique agit d'une manière très rapide sur l'alcohol. Navier de Châlons est le premier qui ait donné un procédé facile & peu dispendieux pour préparer l'éther nitrique. On prend d'après ce chimiste, une bouteille de Sèves très-forte, on y verse douze onces d'alcohol bien pur & bien rectifié, & on la plonge dans l'eau froide, ou mieux encore dans la glace; on ajoute à plusieurs reprises, & en agitant chaque fois le mélange, huit onces d'acide nitrique concentré, on la bouche avec un bouchon de liège, qu'on assujettit avec de la peau, & qu'on ficèle bien. On laisse ce mélange en repos dans un endroit écarté, pour prévenir les acidens de la fracture de la bouteille, qui quelquefois a lieu. Au bout de quelques heures, il s'élève des bulles du fond de ce vaisseau, & il se rassemble à la surface de la liqueur, des gouttes qui forment peu-à-peu une couche de véritable éther. Ce dégagement a lieu pendant quatre à six jours. Dès qu'on n'apperçoit plus de mouvement dans la liqueur, on perce le bouchon avec un poinçon pour laisser échapper une certaine quantité de gaz, qui, sans cette précaution, sortiroit brusquement en débouchant la bouteille, & entraîneroit l'éther, qui feroit perdu. Lorfque le gaz eſt diffipé, on débouche la bouteille, on verfe la liqueur qu'elle contient dans un entonnoir, dont on bouche la tige avec le doigt, on fepare le réfidu d'avec l'éther qui le furnage, & on reçoit ce dernier dans un flacon à part.

M. Woulfe a donné un autre procédé pour préparer l'éther nitreux. Il confiſte à employer des vaiſſeaux très-grands, pour offrir beaucoup d'efpace à l'air qui fe dégage. On prend un ballon de verre blanc de huit à dix pintes, terminé par un col de fept à huit pieds de long; on le pofe fur un trépied affez élevé pour qu'on puiſſe placer deſſous un réchaud; on ajuſte au col de ce matras un chapiteau tubulé, au bec duquel on adapte un tuyau de verre de fept à huit pieds; ce dernier eſt reçu par fon extrêmité inférieure dans un ballon à deux pointes, percé en-deſſous d'une tubulure à laquelle on joint un flacon; on ajoute à la troifième tubulure de ce ballon les bouteilles qui conſtituent l'appareil de Woulfe que nous avons décrit plufieurs fois. Lorfque tous ces vaiſſeaux font bien lutés, on verfe dans le matras par la tubulure du chapiteau, une livre d'alcohol rectifié & autant d'acide nitreux fumant; on bouche enfuite le chapiteau avec un bouchon de criftal, qu'on enveloppe d'une peau ficelée. Dès que le mêlange eft fait, il s'échauffe beaucoup ; il s'en dégage des vapeurs qui parcourent rapidement le col du ballon ; & en chauffant ce dernier jufqu'à l'ébullition de la liqueur qu'il contient, il paffe de l'éther nitrique dans le ballon qui fert de récipient. Ce procédé, quoique fort ingénieux, a plufieurs inconvéniens. L'appareil eft long à établir, il eft très-cher & très-embarraffant ; en outre, il expofe à des dangers, parce que, malgré l'efpace donné aux vapeurs, elles fe dégagent fi rapidement, qu'il eft arrivé plufieurs fois que les vaiffeaux fe font brifés avec fracas.

M. Bogues a publié en 1773 une autre manière de faire l'éther nitrique. Il confeille de mêler dans une cornue de verre de huit pintes, une livre d'alcohol avec une livre d'acide nitrique affoibli au point de ne donner que vingt-quatre degrés au pèfe-liqueur de M. Baumé ; d'adapter à la cornue un ballon de douze pintes ; de donner paffage à l'air en ajuftant deux tuyaux de plume à la jonction des luts, & de diftiller à un feu très-doux, en n'enfonçant que très-peu la cornue dans le fable. Il a eu par ce moyen fix onces d'un éther nitrique affez pur. Il paroît, d'après ce qu'a dit M. l'abbé Rozier, que Mitouard employoit, dès 1770,

un procédé affez femblable à celui de M. Bogues. Ce chimifte mettoit quatre onces d'efprit
de nitre fumant avec douze onces d'alcohol,
en diftillation dans une cornue, qu'il ne faifoit
que pofer légèrement fur le fable, & il obtenoit, par ce moyen qui paroît le plus fimple
de tous, de l'éther nitrique femblable à celui
de M. Navier. Enfin, M. de la Planche, apothicaire de Paris, a imaginé fucceffivement deux
méthodes de préparer l'éther nitrique d'une
manière affez commode. La première confifte
à mettre du nitre dans une cornue de grès
tubulée, à laquelle on adapte un grand ballon
ou deux enfilés, à verfer par la tubulure
d'abord de l'acide fulfurique concentré, enfuite
de l'alcohol. L'acide fulfurique dégage l'efprit
de nitre qui réagit fur l'alcohol, & forme
prefque fur le champ de l'éther nitrique. Comme
on pouvoit foupçonner que l'éther préparé,
par ce moyen, étoit en partie fulfurique, il
a fubftitué à cette première méthode un
fecond procédé fort ingénieux. Il adapte à une
cornue de verre tubulée, dans laquelle il a
mis fix livres de nitre bien fec, une allonge
& un ballon qui communique par un tube
recourbé à une bouteille vide. Cette dernière
plonge à l'aide d'un fyphon dans une autre
bouteille qui contient trois livres d'alcohol le

plus parfait. Le tout bien luté & la cornue poſée ſur un bain de cendre, on jette ſur le nitre, par la tubulure de ce dernier vaiſſeau, trois livres d'acide ſulfurique concentré, on ferme la cornue avec un bouchon de criſtal ; on donne le feu juſqu'à l'ébullition, & on l'entretient dans cet état juſqu'à ce qu'il ne paſſe plus de vapeurs. Dans cette expérience l'acide ſulfurique dégage celui du nitre qui paſſe en partie dans le ballon & en partie dans le ſecond flacon. L'opération finie, le ballon contient de l'acide nitreux fumant, la cornue du ſulfate de potaſſe, & le ſecond flacon une liqueur éthérée. On diſtille cette dernière dans une cornue avec un ſimple ballon, & on ne prend que les deux tiers du produit. On diſtille ce produit avec un cinquième d'acide nitreux fumant, qu'on y verſe peu-à-peu à l'aide d'un entonnoir de verre à longue tige ; on n'obtient que les deux tiers ; enfin, on rectifie ce ſecond produit ſur de la potaſſe, on en retire d'abord quatre onces, puis les trois quarts du reſte. Les quatre onces ſont de l'éther nitrique très-pur ; les trois quarts du reſte ſont une liqueur minérale anodyne nitreuſe. Les réſidus des deux rectifications ſont de l'eſprit de nitre dulcifié.

L'éther nitrique, obtenu par tous ces différens procédés, eſt un fluide jaunâtre, auſſi volatil & aussi évaporable que l'éther sulfurique; son odeur est analogue à celle de ce dernier, quoiqu'elle soit plus forte & moins suave; sa saveur est chaude & plus désagréable que celle de l'éther sulfurique. Il contient un peu d'acide surabondant; il fait sauter le bouchon des flacons dans lesquels il est renfermé, parce qu'il s'en dégage continuellement une grande quantité de gaz; il répand en brûlant une flamme plus brillante & une fumée plus épaisse que l'éther sulfurique; il laisse aussi un charbon un peu plus abondant; enfin, il enlève comme l'éther sulfurique l'or de sa dissolution, & il s'en charge d'une certaine quantité.

Le résidu de l'éther nitrique est d'une couleur jaune citrique; son odeur est acide & aromatique; sa saveur est piquante & imite celle du vinaigre distillé. Si on le distille, il donne, suivant M. Baumé, une liqueur claire, d'une odeur plus suave que celle de l'éther nitrique, d'un goût acide agréable, qui rougit le sirop de violettes, s'unit à l'eau en toutes proportions, & fait effervescence avec le carbonate de potasse. Il reste ensuite dans la cornue une matière jaune ambrée, friable, semblable à du succin, qui attire l'humidité de l'air, & y devient poisseuse, qui se dissout dans l'eau sans la rendre mucilagineuse. Cette substance, que

M. Baumé appelle gummi - favoneufe, donne à la cornue quelques gouttes d'une liqueur acidulée, très-claire, d'une confiftance huileufe & d'une légère odeur empyreumatique. Il refte après la diftillation un charbon fpongieux, brillant, fans faveur, très-fixe au feu. Bucquet dit que fi on fait évaporer la liqueur qui refte après la formation de l'éther nitrique, elle prend la confiftance d'un mucilage, & qu'il s'y forme au bout d'un tems plus ou moins long des criftaux falins, affez femblables à des chenilles velues, auxquels on a donné le nom de criftaux d'Hiœrne, d'après celui du chimifte qui les a le premier décrits; on a découvert que ce réfidu eft de l'acide oxalique : ce qui prouve que le radical, qui forme cet acide, eft contenu dans l'alcohol.

L'acide muriatique n'a pas d'action fenfible fur l'alcohol; cet acide n'eft que dulcifié par le fimple mélange de cette liqueur, comme le font les deux autres mêlés en petite quantité avec l'alcohol. M. Baumé, dans fa differtation fur l'éther, dit avoir obtenu un peu d'éther muriatique, en faifant rencontrer l'acide muriatique & l'alcohol en vapeurs. Ludolf & Pott ont employé le muriate d'antimoine fublimé dans cette vue. M. le baron de Bornes a prefcrit de diffoudre de l'oxide de zinc dans l'acide muriatique, & de diftiller ce fel concentré par l'évaporation dans des vaiffeaux fermés, avec l'alcohol. Ce procédé donne affez facilement de l'éther muriatique. Mais perfonne n'a fuivi ce travail avec autant de foin que M. le marquis de Courtanvaux. On verfe dans une cornue de verre, fuivant le procédé de ce chimifte, une pinte d'alcohol avec deux livres & demie de muriate d'étain, ou *liqueur fumante de Libavius;* il s'excite une chaleur très-forte, & il s'élève une vapeur blanche fuffoquante qui difparoît dès qu'on agite le mêlange; il fe dégage une odeur agréable, & la liqueur prend une couleur citrine. On place la cornue fur un bain de fable chaud; on lute deux ballons, dont le dernier eft plongé dans de l'eau froide. Il paffe bientôt de l'alcohol déphlegmé, l'éther monte enfuite; on s'en apperçoit à fon odeur fuave & aux ftries qu'il forme fur la voûte de la cornue. Dès que cette odeur change & devient forte & fuffoquante, on change de récipient, & l'on continue de diftiller; on obtient une liqueur acide claire, furnagée de quelques gouttes d'huile douce à laquelle fuccède une matière jaune, d'une confiftance butyreufe, un vrai muriate d'étain, & enfin une liqueur brune, pefante, qui exhale des vapeurs blanches fort abondantes. Il refte dans la cornue une matière

grife

grife pulvérulente, qui eſt un oxide d'étain. On
verſe le produit éthéré dans une cornue ſur de
la potaſſe, il ſe fait une vive efferveſcence
& un précipité fort abondant, dû à l'étain
que l'acide enlève avec lui pendant la diſtillation. On ajoute un peu d'eau, & on diſtille
à une chaleur douce ; on obtient la moitié
environ de ce produit éthéré. Toutes les liqueurs
qui paſſent après l'éther muriatique ſont très-
chargées d'oxide d'étain; elles attirent l'humidité
de l'air, elles s'uniſſent à l'eau ſans rien précipiter. On ne ſavoit pas à quoi attribuer l'action
ſi rapide de l'acide muriatique contenu dans
la liqueur fumante ſur l'alcohol, tandis que
cet acide pur n'y agit en aucune manière; mais
il paroît, d'après la découverte de Schéele,
que cela eſt dû à ce que cet acide eſt alors dans
l'état d'acide muriatique oxigéné, & que c'eſt à
l'excès de l'oxigène qu'il contient, qu'il faut
attribuer la propriété qu'il a de convertir l'alcohol en éther. Telle eſt la théorie que j'avois
donnée le premier de cette opération en 1781,
& que les travaux de MM. Berthollet & Pelletier ont confirmée.

M. de la Planche l'apothicaire a propoſé pour
préparer l'éther muriatique de verſer dans une cornue tubulée, de l'acide ſulfurique & de l'alcohol,
ſur du muriate de ſoude décrépité. Le gaz acide

muriatique dégagé par l'acide fulfurique, rencontre dans le ballon l'alcohol en vapeurs, avec
lequel il fe combine. Il en réfulte un acide
éthéré que l'on rectifie fur de la potaffe fixe,
pour en obtenir l'éther pur. Il paroît que dans
ce procédé, l'acide muriatique enlève une portion d'oxigène à l'acide fulfurique.

L'éther muriatique eft très-tranfparent, très-
volatil ; il a à-peu-près la même odeur que
l'éther fulfurique ; il brûle comme lui, & donne
une fumée femblable à la fienne. Mais il en
diffère par deux propriétés ; l'une, c'eft d'exhaler,
en brûlant, une odeur auffi piquante & auffi
vive que l'acide fulfureux ; l'autre, c'eft d'avoir
une faveur ftiptique, femblable à celle de l'alun.
Ces deux phénomènes indiquent que cet éther
eft différent & peut être moins parfait que les
deux premiers ; fans doute qu'en continuant
l'examen de fes autres propriétés, on lui trouvera
encore des différences plus fingulières.

Après avoir rendu compte de l'action de
trois acides minéraux fur l'alcohol, nous devons
reprendre l'hiftoire de ce fluide. On n'a que
peu examiné l'action des autres acides fur l'alcohol. On fait feulement qu'il s'unit facilement
avec l'acide boracique, que ce fel communique à fa flamme une couleur verte, que l'alcohol abforbe plus que fon volume d'acide

carbonique gazeux. Quant aux fels neutres, Macquer a déterminé que les fels fulfuriques ne s'y diffolvent que difficilement, que les nitriques & les muriatiques s'y uniffent beaucoup mieux, & qu'en général il diffout d'autant plus ces fubftances, que leur acide y eft moins adhérent. L'alcohol bouilli fur les fulfates de potaffe & de foude, n'en a rien diffous. Les carbonates de potaffe & de foude ne s'y uniffent point : la plupart des fels ammoniacaux s'y combinent. Les fels terreux déliquefcens, tels que les nitrates & les muriates calcaires & magnéfiens, s'y diffolvent très-bien. Quelques fels métalliques y font auffi très-folubles, tels que le fulfate de fer à l'état d'eau-mère, le nitrate de cuivre, les muriates de fer & de cuivre, le muriate oxigéné de mercure, ou fublimé corrofif; tous les fels cuivreux donnent une très-belle couleur verte à fa flamme. M. de Morveau a donné depuis Macquer une table plus complette des degrés de folubilité des fels par l'alcohol ; cette table eft inférée dans le Journal de phyfique.

L'alcohol ne diffout pas le foufre en maffe ni en poudre, mais il s'y unit lorfque ces deux corps font en contact dans l'état de vapeurs, d'après la découverte de M. le comte de Lauraguais. Son procédé confifte à mettre du foufre en poudre dans une cucurbite de verre, à placer dans le même vaiſſeau & ſur les fleurs de ſoufre un bocal plein d'alcohol, & à chauffer la cucurbite au bain de ſable, en y adaptant un chapiteau & un récipient. Le ſoufre ſe volatiliſe en même-tems que l'alcohol; ces deux ſubſtances ſe combinent, & le fluide qui coule dans le récipient eſt un peu trouble & répand une odeur fétide. Il contient environ un grain de ſoufre par gros d'alcohol. J'ai découvert qu'on obtient la même combinaiſon en diſtillant les eaux ſulfureuſes, telles que celle d'Enghien avec de l'alcohol.

L'eſprit ardent n'a aucune action ſur les matières métalliques, ni ſur leurs oxides. Il diſſout en partie le ſuccin; il ne touche point aux bitumes noirs & charbonés; on obſerve que lorſqu'il a été diſtillé ſur un alkali fixe, il s'unit mieux au ſuccin; & que ce ſel, mêlé avec ce bitume, le rend beaucoup plus diſſoluble, en le mettant ſans doute dans un état ſavoneux.

Il eſt peu de matières végétales ſur leſquelles l'alcohol ne puiſſe avoir une action plus ou moins marquée; les extraits y perdent leur partie colorante & ſouvent toute leur ſubſtance, lorſqu'ils ſont de la nature des extracto-réſineux ou des réſino-extractifs; les ſucs ſucrés & ſavoneux s'y uniſſent. Margraf a retiré, par l'alcohol un sel essentiel sucré de la betterave, du chervis, du panais, &c. Mais les matières avec lesquelles il se combine le plus facilement sont les huiles volatiles, l'arome, le camphre, les baumes & les résines. On donne le nom impropre d'*eaux distillées spiritueuses* à l'alcohol chargé de l'arome des plantes. Pour obtenir ces fluides, on distille au bain-marie l'alcohol avec des plantes odorantes. Ce liquide s'empare du principe de l'odeur, & se volatilise avec lui; il entraîne même une certaine quantité d'huile volatile, ce qui fait qu'il blanchit avec l'eau distillée; mais on le sépare de ce principe étranger, en le rectifiant au bain-marie, à une chaleur très-douce; & on a soin de ne retirer que les trois quarts de l'alcohol qu'on a employé, afin d'être sûr de ne volatiliser avec lui que l'arome. Ces eaux distillées spiritueuses acquièrent une odeur plus agréable à mesure qu'elles vieillissent, & il paroît que le principe odorant se combine de plus en plus intimément l'alcohol.

L'arome a tant d'attraction pour l'alcohol, que ce dernier est capable de l'enlever aux huiles volatiles & à l'eau. En effet, en distillant de l'alcohol sur des huiles volatiles & sur l'eau chargée de l'odeur d'une plante, l'alcohol prend le principe odorant, & laisse l'huile & l'eau fans odeur. On obferve que l'alcohol diffout mieux les huiles volatiles pefantes & épaiffes, que celles qui font bien fluides & légères. L'eau peut défunir ce compofé ; elle en précipite l'huile fous la forme de globules blancs & opaques ; mais l'arome refte toujours uni à l'alcohol. Ce liquide diffout facilement le camphre à froid ; mais il le diffout en plus grande quantité, lorfqu'il eft aidé de la chaleur. Cette diffolution bien chargée comme de deux gros de camphre par once d'alcohol, mêlée avec de l'eau qu'on y ajoute peu-à-peu & par gouttes, fournit une végétation criftalline obfervée par M. Romieu ; c'eft un filet perpendiculaire fur lequel font implantées des aiguilles qui s'élèvent contre le filet, fous un angle de foixante degrés. Cette expérience ne réuffit que rarement, & elle demande beaucoup de tâtonnement pour la quantité d'eau, le refroidiffement, &c.

On donne le nom de teintures, d'élixirs, de baumes, de quinteffences, &c. aux compofés de fucs huileux ou réfineux & d'alcohol, quand celui ci eft affez chargé de ces fubftances pour avoir beaucoup de couleur, & pour précipiter abondamment par l'eau. Elles font comme les eaux diftillées fpiritueufes, ou fimples lorfqu'elles ne contiennent qu'une matière en diffolution, ou compofées lorfqu'elles en contiennent plufieurs à la fois. Ces médicamens se préparent en général en exposant le suc en poudre, ou la plante sèche dont on veut dissoudre l'huile volatile ou la résine, à l'action de l'alcohol que l'on aide par l'agitation & par la chaleur douce du soleil, ou d'un bain de sable. Lorsque l'on veut retirer les résines de plusieurs plantes ou substances végétales quelconques à la fois, on a soin de faire digérer d'abord la matière qui est la moins attaquable par l'alcohol, & d'exposer successivement à son action les substances qui y sont le plus dissolubles ; lorsque ce menstrue est autant chargé qu'il peut l'être, on le passe. Quelquefois on fait sur-le-champ une teinture composée, en mêlant plusieurs teintures simples ; telle est la manière de préparer l'*élixir de propriété*, en unissant les teintures de myrrhe, de safran & d'aloës. On peut séparer les résines & les baumes de l'alcohol en versant de l'eau sur les teintures, ou en les distillant ; mais dans ces deux cas, l'alcohol retient le principe odorant de ces substances. L'eau n'est pas capable de décomposer les teintures formées avec les extracto-résineux ou les résino-extractifs, comme celles de rhubarbe, de safran, d'opium, de gomme ammoniaque, &c. parce que ces matières sont également dissolubles dans ces deux menstrues.

R iv

L'alcohol & l'eau-de-vie ont des usages très-étendus & très-multipliés. On boit la dernière de ces liqueurs pour relever les forces abattues ; mais l'excès en est dangereux, parce qu'elle defsèche les fibres, & produit des tremblemens, des paralyfies, des obftructions, des hydropifies. On emploie l'alcohol pur ou uni au camphre à l'extérieur pour arrêter les progrès de la gangrène.

Les eaux diftillées fpiritueufes font adminiftrées en médecine comme toniques, cordiales, anti-fpafmodiques, ftomachiques, &c. On les donne étendues dans de l'eau, ou adoucies par des firops.

On fait avec ces eaux & le fucre, des boiffons connues fous le nom de *ratafiats* ou de liqueurs. Ces boiffons bien préparées & prifes à petite dofe, peuvent être utiles ; mais en général elles conviennent à peu de perfonnes, & elles peuvent être nuifibles à un très - grand nombre. L'excès de ces fortes de liqueurs comporte les plus grands dangers ; & au lieu de donner des forces & d'augmenter celles de l'eftomac, comme on le croit affez communément, elles produifent le plus fouvent un effet entièrement oppofé. Celles qui font les moins nuifibles, lorfqu'on en boit rarement & avec modération, doivent être préparées à froid avec une partie d'alcohol diftillé fur la fubftance aromatique dont on veut lui communiquer l'odeur, deux parties d'eau & une partie de fucre royal.

Les teintures ont à-peu-près les mêmes vertus que les eaux diftillées fpiritueufes ; mais leur action eft beaucoup plus énergique ; auffi ne les emploie-t-on qu'à une dofe beaucoup plus petite, on les donne dans du vin, dans des potions, ou même dans des liqueurs aqueufes. Le précipité qu'elles forment dans ce dernier cas eft également fufpendu dans le mélange, & d'ailleurs la partie odorante refte en diffolution dans l'alcohol.

Enfin, l'alcohol uni à la réfine copal, à l'huile d'afpic ou de grande lavande, à celle de térébenthine, forme des vernis que l'on nomme *fiecatifs*, parce qu'en appliquant une couche de ce compofé fur les corps que l'on veut vernir, l'alcohol fe volatilife promptement, & laiffé fur ces corps une lame réfineufe tranfparente. Les huiles volatiles qu'on y mêle empêchent ces vernis de fe deffécher trop promptement, & elles en préviennent la fragilité par l'onctuofité qu'elles leur communiquent.

CHAPITRE XXIV.

De la Fermentation acéteuse, & des Acides acéteux & acétique.

BEAUCOUP de fubftances végétales font fufceptibles de paffer à la fermentation acide. Telles font les gommes, les fécules amylacées diffoutes dans l'eau bouillante ; mais cette propriété eft fur-tout très - remarquable dans les liqueurs fermentées & fpiritueufes. Tous ces fluides expofés à la chaleur & en contact avec l'air, paffent à la fermentation acide, & donnent ce que l'on appelle du vinaigre. C'eft fpécialement le vin de raifin que l'on emploie pour préparer cette liqueur, quoiqu'il foit poffible de faire de très-bon vinaigre avec le cidre, le poiré, &c.

Il y a trois conditions néceffaires à la fermentation acéteufe ; 1°. une chaleur de vingt à vingt-cinq degrés au thermomètre de Réaumur ; 2°. un corps vifqueux & en même-tems acide, tels qu'un mucilage & le tartre ; 3°. le contact de l'air. On ne peut attribuer le changement des vins qui paffent à l'état de vinaigre, qu'au mouvement inteftin excité dans ces fluides par la préfence d'une certaine quantité de corps muqueux, non altéré & capable de fubir une nouvelle fermentation. La préfence d'une matière acide, telle que le tartre, y eft néceffaire pour déterminer la fermentation acide. Enfin, le contaƈt de l'air y eft indifpenfable, & il paroît qu'il y en a une portion d'abforbée pendant cette fermentation , comme l'a prouvé M. l'abbé Rozier.

Tous les vins font également propres à former du vinaigre. On y emploie préférablement les mauvais, parce qu'ils font moins chers ; mais les expériences de Beccher & de Cartheufer démontrent que les vins généreux & chargés d'alcohol donnent en général les meilleurs vinaigres.

Boerhaave a décrit dans fes élémens de chimie un très-bon procédé pour faire du vinaigre. On prend deux tonneaux, on établit à quelque diftance de leur fond une claye d'ofier, fur laquelle on étend des branches de vigne & des rafles ; on y verfe du vin, de forte que l'un des tonneaux foit plein & l'autre à moitié vide. La fermentation commence dans ce dernier ; lorfqu'elle eft bien établie, on remplit ce tonneau avec le vin contenu dans le premier. Par ce moyen, la fermentation fe ralentit dans le tonneau rempli, & elle s'établit bien dans celui qui eft à moitié vide ; lorfqu'elle eft parvenue à un degré affez confidérable, on remplit ce dernier tonneau avec la liqueur de celui qui a fermenté le premier ; de forte que la fermentation recommence dans le premier, & fe ralentit dans le fecond. On continue à remplir & à vider ainfi alternativement les deux tonneaux jufqu'à ce que le vinaigre foit entièrement formé, ce qui va ordinairement de douze à quinze jours.

En obfervant ce qui fe paffe dans cette fermentation, on voit qu'il y a beaucoup de bouillonnement & de fifflement ; la liqueur s'échauffe & fe trouble, elle offre une grande quantité de filamens & de bulles qui la parcourent en tous fens ; elle exhale une odeur vive, acide, nullement dangereufe ; elle abforbe une grande quantité d'air : on eft obligé d'arrêter la fermentation de douze en douze heures : peu-à-peu ces phénomènes s'appaifent, la chaleur tombe, le mouvement fe ralentit, la liqueur devient claire ; elle laiffe dépofer un fédiment en floccons rougeâtres, glaireux, qui s'attachent aux parois des tonneaux. Des expériences multipliées ont appris que plus la maffe de vin eft petite, plus elle a le contact de l'air, & plus vîte elle paffe à l'état de vinaigre. On a foin de tirer le vinaigre à clair lorfqu'il eft fait, afin de le féparer de deffus fa lie, qui, fans cette

précaution, le feroit bientôt paſſer à la fermentation putride. Le vinaigre ne dépoſe point
de tartre par le repos comme le vin ; ce ſel
s'eſt diſſous & combiné avec l'alcohol & l'eau
pendant la fermentation ; il eſt même vraiſem-
blable que c'eſt la préſence de ce ſel qui influe
ſur le développement des propriétés du vinaigre.
Ce fluide a plus ou moins de couleur, ſuivant
le vin employé pour ſa préparation ; mais en
général les vinaigres les moins colorés le ſont
beaucoup plus que les vins blancs, parce qu'ils
tiennent en diſſolution la matière colorante du
tartre, qui a été encore développée par la production de l'acide.

Le vinaigre préparé, comme nous venons de
le dire, eſt très-fluide, d'une odeur acide &
ſpiritueuſe, d'une ſaveur aigre plus ou moins
forte ; il rougit les couleurs bleues végétales.
Expoſé à une chaleur douce dans des vaiſſeaux
mal bouchés, il s'altère, perd ſa partie ſpiritueuſe, dépoſe une grande quantité de floccons
& de filamens muqueux, & prend une odeur
& une ſaveur putrides. Pour le conſerver il faut
le faire bouillir pendant quelques inſtans, comme
l'a indiqué M. Schéele.

En diſtillant du vinaigre à feu nud dans une
cucurbite de grès recouverte d'un chapiteau,
ou dans une cornue de verre placée ſur un bain

de fable, il paffe d'abord un phlegme d'une odeur vive & agréable, mais très-peu acide ; il lui fuccède bientôt une liqueur acide très-blanche, très - odorante ; c'eft le vinaigre diftillé ; celui qui diftille enfuite a moins d'odeur & plus d'acidité, il devient d'autant plus acide, que la diftillation avance davantage. On peut fracturer tous ces produits , & obtenir des vinaigres diftillés différens les uns des autres par l'acidité & par l'odeur : on fe contente de retirer par ce procédé, environ les deux tiers de liqueur qui conftitue le vinaigre le plus pur. La portion qui paffe enfuite eft plus acide, mais elle a une odeur empyreumatique qu'on peut faire diffiper en l'expofant à l'air ; elle prend auffi un peu de couleur. Cette opération indique que l'acide acéteux eft plus pefant que l'eau. Le vinaigre réfidu eft épais, d'une couleur rouge foncée & fale ; il dépofe une certaine quantité de tartre ; il eft d'une acidité confidérable. Si on l'évapore à feu ouvert, il prend la forme d'un extrait ; & fi, lorfqu'il eft fec, on le diftille à la cornue, il fournit un phlegme rougeâtre, acide, une huile d'abord légère & colorée, enfuite pefante, & un peu d'ammoniaque ; le charbon qu'il laiffe contient beaucoup d'alkali fixe.

On peut concentrer le vinaigre en l'expofant à la gelée. On décante la portion qui eft reftée liquide, & qui a pris beaucoup d'acidité ; la partie gelée n'eſt preſque que de l'eau ; on n'a que peu de vinaigre par cette opération.

L'acide du vinaigre, féparé du tartre & de ſa partie colorante par la diſtillation, eſt ſuſceptible de s'unir à un grand nombre de corps.

Il ne ſe combine qu'imparfaitement avec l'alumine, & forme avec elle des petits criſtaux aiguillés, dont les propriétés ſont peu connues ; c'eſt l'acétite d'alumine.

Il s'unit facilement avec la magnéſie, & il donne un ſel très-ſoluble dans l'eau, qui ne peut point criſtalliſer, mais qui fournit par l'évaporation une maſſe viſqueuſe, déliqueſcente. L'acétite de magnéſie eſt décompoſé par le feu, par les acides minéraux, par la baryte, la chaux & les trois alkalis. Il eſt très-ſoluble dans l'alcohol.

L'acide acéteux ſe combine avec la chaux, & il décompoſe la craie dont il dégage l'acide ſous la forme de fluide élaſtique. Le ſel qu'il forme avec la chaux eſt ſuſceptible de criſtalliſer en priſmes très - fins aiguillés & comme ſatinés. L'acétite calcaire eſt amer & aigre ; il s'effleurit à l'air. Il eſt décompoſé par le feu, par les alkalis fixes qui en féparent la terre, & par les acides minéraux qui en dégagent l'acide.

La combinaifon de l'acide acéteux avec la potaffe porte dans les pharmacies le nom impropre de *terre foliée de tartre* & doit être défigné par celui d'acétite de potaffe. Pour préparer ce fel on verfe fur du carbonate de potaffe préparé par l'incinération du tartre, du vinaigre diftillé bien pur, on agite le mêlange, & on met du vinaigre jufqu'à ce que la faturation foit parfaite, & le fel bien diffous : on doit même mettre un excès de cet acide : on filtre la liqueur, on l'évapore à un feu très-doux dans un vaiffeau de porcelaine ou d'argent pur; lorfqu'elle devient épaiffe, on continue l'évaporation fur un bain-marie jufqu'à ce qu'elle foit bien sèche. Par ce moyen, on obtient un fel bien blanc. Si on le chauffe trop, il fe colore en gris ou en brun, parce qu'une portion du vinaigre fe brûle. Quelques chimiftes affurent qu'on peut obtenir de l'acétite de potaffe fous une forme régulière, en laiffant refroidir la diffolution évaporée jufqu'à forte pellicule.

L'acétite de potaffe a une faveur piquante, acide & urineufe. Il fe décompofe par l'action du feu, & donne à la cornue un phlegme acide, une huile empyreumatique, de l'ammoniaque, & une grande quantité d'un gaz très-odorant, formé d'acide carbonique & de gaz hydrogène.

hydrogène. Le charbon réfidu contient beaucoup de potaffe à nud. Ce fel attire fortement l'humidité de l'air; il eft très-diffoluble dans l'eau. L'acide fulfurique le décompofe; pour opérer cette décompofition, on verfe une partie de cet acide concentré fur deux parties d'acétite de potaffe introduit dans une cornue de verre tubulée, à laquelle eft adapté un récipient; il fe dégage fur le champ avec une vive effervefcence un fluide vaporeux d'une odeur pénétrante qui fe condenfe dans le récipient en acide acétique ou *vinaigre radical*. Ce vinaigre eft très-concentré, d'une acidité très-forte; mais il n'eft pas pur, & il eft toujours mêlé d'une certaine quantité d'acide fulfureux, reconnoiffable par fon odeur. L'acidule tartareux décompofe auffi l'acétite de potaffe parce qu'il a plus d'affinité que l'acide acéteux avec la bafe alkaline de ce fel.

Le vinaigre s'unit parfaitement avec la foude & forme un fel improprement nommé *terre foliée criftallifable*; nous le défignons par le nom d'acétite de foude. Ce fel ne differe de l'acétite de potaffe que parce qu'il eft fufceptible de criftallifer en prifmes ftriés affez femblables au fulfate de foude, & parce qu'il n'attire pas l'humidité de l'air. Pour l'obtenir bien criftallifé, il faut faire évaporer fa diffo-

Tome IV.   S

lution jusqu'à pellicule, & la mettre ensuite dans un lieu frais. L'acétite de soude est décomposable par le feu & par les acides minéraux, comme l'acétite de potasse. Nous ajouterons à ces détails que lorsqu'on donne un bon coup de feu en distillant les sels acéteux calcaire & alkalin, les résidus de ces sels font autant de pyrophores, & brûlent lorsqu'on les expose à l'air. M. Proust, à qui font dues ces découvertes, pense qu'il suffit pour produire un pyrophore, qu'un résidu charboneux soit divisé par une terre ou par un oxide métallique.

L'acide du vinaigre forme avec l'ammoniaque une liqueur qu'on a nommée *esprit de Mendererus*, & qui est l'acétite ammoniacal. On ne peut évaporer ce sel qu'en en perdant la plus grande partie à cause de sa volatilité : cependant on en obtient par une évaporation lente, des cristaux aiguillés dont la saveur est chaude & piquante, & qui attirent très-promptement l'humidité de l'air. L'acétite ammoniacal est décomposé par l'action du feu, par la chaux & les alkalis qui en dégagent l'ammoniaque, & par les acides minéraux qui en séparent l'acide acéteux.

Le vinaigre agit sur presque toutes les substances métalliques, & présente des phénomènes fort importans dans ces combinaisons.

Il ne paroît pas qu'il diffolve immédiatement l'oxide d'arfenic ; mais cette dernière fubftance, diftillée avec parties égales d'acétite de potaffe, a donné à M. Cadet & à Meffieurs les Chimiftes de l'académie de Dijon, une liqueur rouge, fumante, d'une odeur très-infecte, très-tenace & d'une nature très-finguliere. M. Cadet avoit déjà obfervé que cette liqueur étoit capable d'enflammer le lut gras. MM. les Académiciens de Dijon voulant examiner une matière jaunâtre d'une confiftance huileufe, raffemblée au fond du flacon qui contenoit la liqueur fumante arfenico-acéteufe, décantèrent une portion de cette liqueur furnageante, & verfèrent le refte fur un filtre de papier. A peine eut il paffé quelques gouttes, qu'il s'éleva tout-à-coup une fumée infecte très épaiffe, qui formoit une colonne depuis le vafe jufqu'au plafond ; il s'excita fur les bords de la matière une efpèce de bouillonnement, & il en partit une belle flamme rofe qui dura quelques inftans. On peut voir dans le troifième volume des *Elémens de Chimie de Dijon*, le détail des belles expériences que ces favans académiciens ont faites fur cet objet. Ils comparent la liqueur dont nous venons de parler à un phofphore liquide ; nous croyons que c'eft une efpèce de pyrophore, comme ceux dont nous parlerons plus bas. Le réſidu de la diſtillation de l'acétite de potaſſe avec l'oxide d'arſenic, eſt formé en grande partie par la potaſſe.

Le vinaigre diſſout le cobalt en oxide, & il forme une diſſolution d'un roſe pâle.

Il n'a aucune action ſur le biſmuth ni ſur ſon oxide, mais il diſſout celui de manganèſe.

Il diſſout directement le nickel, ſuivant M. Arwidſſon; cette diſſolution donne des criſtaux verds, figurés en ſpatule.

Cet acide n'agit point ſur l'antimoine, mais il paroît diſſoudre l'oxide vitreux de ce demi-métal, puiſqu'Angelus Sala faiſoit une préparation émétique avec ces deux ſubſtances.

Le zinc ſe diſſout très-bien dans le vinaigre diſtillé, ainſi que ſon oxide. M. Monnet a obtenu de cette diſſolution évaporée, des criſtaux en lames plates. L'acétite de zinc fulmine ſur les charbons, & répand une petite flamme bleuâtre. Il donne à la diſtillation une liqueur inflammable, un fluide huileux jaunâtre, qui devient bientôt d'un vert foncé, & un ſublimé blanc, qui brûle à la lumière d'une bougie avec une belle flamme bleue. Le réſidu eſt à l'état d'un pyrophore peu combuſtible.

L'acide du vinaigre ne diſſout pas le mercure dans l'état métallique. Cependant on parvient à faire cette combinaiſon en diviſant for-

tement le métal à l'aide des moussoirs, comme
le faisoit Keyser. On unit facilement le mercure dans l'état d'oxide avec le vinaigre. Il suffit
de faire bouillir cet acide sur l'oxide de mercure rouge nommé *précipité per se*, sur le *tur-
bith*, ou sur le mercure précipité de la dissolution nitrique par la potasse. La liqueur devient
blanche, & s'éclaircit lorsqu'elle est bouillante;
on la filtre; elle précipite par le refroidissement des cristaux argentés en paillettes, semblables à l'acide boracique. On a donné à cet
acétite de mercure le nom de *terre foliée mercurielle*. On le prépare sur-le-champ, en versant une dissolution nitrique de mercure dans
une dissolution d'acétite de potasse; l'acide
nitrique s'unit à l'alkali fixe de ce dernier sel,
avec lequel il forme du nitre qui reste en dissolution dans la liqueur; & l'oxide de mercure,
combiné avec l'acide du vinaigre, se précipite
sous la forme de paillettes brillantes. On filtre
le mélange; l'acétite mercuriel reste sur le
filtre. Ce sel se décompose par l'action du
feu; son résidu donne une espèce de pyrophore. Il est facilement altéré par les vapeurs
combustibles.

L'étain n'est que peu altéré par le vinaigre.
Cet acide n'en dissout qu'une petite quantité,
& cette dissolution évaporée a donné à

M. Monnet un enduit jaunâtre, semblable à une gomme, & d'une odeur fétide.

Le plomb est un des métaux sur lesquels l'acide du vinaigre a le plus d'action. Cet acide le dissout avec la plus grande facilité. En exposant des lames de ce métal à la vapeur du vinaigre chaud, elles se couvrent d'une poudre blanche, qu'on appelle *céruse*, & qui n'est qu'un pur oxide de plomb. Cet oxide broyé avec un tiers de craie, forme le blanc de plomb employé dans la peinture. Pour saturer le vinaigre du plomb qu'il peut dissoudre, on verse cet acide sur de la céruse dans un matras ; on met ce mélange en digestion sur un bain de sable ; on filtre la liqueur après plusieurs heures de digestion, on la fait évaporer jusqu'à pellicule ; elle fournit par le refroidissement & par le repos, des cristaux blancs, formant ou des aiguilles informes, si la liqueur a été trop rapprochée, ou des parallélipipèdes applatis, terminés par deux surfaces disposées en biseau, lorsque l'évaporation a été bien faite. On nomme cet acétite de plomb *sel* ou *sucre de saturne*, à cause de sa saveur sucrée ; cette saveur est en même tems stiptique. On prépare un sel semblable avec la litharge & le vinaigre ; on fait bouillir jusqu'à saturation, parties égales de ces deux substances ; on évapore jusqu'à con-

fiftance le fyrop clair, on a alors *l'extrait de
faturne* de M. Goulard, connu long-tems avant
lui fous le nom de vinaigre de *faturne*. L'acétite
de plomb eft décompofé par la chaleur; il
fournit une liqueur acide, rouffe, très-fétide
fort différente du vinaigre radical, ou acide
acétique pur dont nous parlerons tout à l'heure.
Le réfidu eft un très-bon pyrophore. Ce fel
eft décompofé par l'eau diftillée, par la chaux,
les alkalis & les acides minéraux. *L'extrait de
faturne* étendu d'eau, & mêlé d'un peu d'eau-
de-vie, forme *l'eau végéto-minérale*.

Le vinaigre diffout le fer avec activité; l'effervefcence qui a lieu dans cette diffolution eft
due au dégagement du gaz hydrogène fourni
par l'eau qui paroît être décompofée. La liqueur
prend une couleur rouge ou brune; elle ne
donne par l'évaporation qu'un magma gélatineux, mêlé de quelques criftaux bruns allongés.
L'acétite de fer a une faveur ftiptique & dou-
ceâtre; il eft décompofé par le feu, & laiffe
échapper fon acide; il attire l'humidité de l'air,
il fe décompofe dans l'eau diftillée. Lorfqu'on
le chauffe jufqu'à ce qu'il ne répande plus
d'odeur de vinaigre, il laiffe un oxide jaunâtre
attirable à l'aimant. La diffolution acéteufe de
fer donne une encre très-noire avec la noix de
galle, & elle pourroit être employée avec fuc-

cès dans la teinture ; les pruſſiates alkalins en précipitent un bleu de Pruſſe très-éclatant. Les oxides de fer noir, jaune & brun, le carbonate de fer natif, ou la *mine de fer ſpathique*, donnent avec le vinaigre des diſſolutions d'un très-beau rouge.

Le cuivre ſe diſſout avec beaucoup de facilité dans l'acide acéteux. Cette diſſolution, aidée par la chaleur, prend peu-à-peu une couleur verte ; mais elle s'opère plus facilement avec ce métal déjà altéré & oxidé par le vinaigre. Le cuivre, ainſi oxidé, eſt le vert-de-gris. On le prépare aux environs de Montpellier, en mettant des lames de ce métal dans des vaſes de terre avec des raffes de raiſin, qu'on a d'abord arroſées & fait fermenter avec de la vinaſſe. La ſurface de ces lames ſe couvre bientôt d'une rouille verte, qu'on augmente encore en les mettant en tas, & en les arroſant avec de la vinaſſe ; alors on ratiſſe le cuivre, & on enferme le vert-de-gris dans des ſacs de peau, qu'on envoie dans le commerce. M. Montet, apothicaire de Montpellier, a très-bien décrit cette manipulation dans deux mémoires imprimés parmi ceux de l'académie des ſciences en 1750 & 1753. Le vert-de-gris ſe diſſout avec promptitude dans le vinaigre. Cette diſſolution, qui eſt d'une belle couleur verte, fournit par l'évaporation & le refroidissement des cristaux verts en pyramides, quadrangulaires, tronqués, auxquels on donne le nom de *verdet* ou de *cristaux de vénus*. Ceux qu'on prépare dans le commerce, & qui portent le nom de *verdet distillé*, parce qu'on les prépare avec le vinaigre distillé, font fous la forme d'une belle pyramide ; les cristaux de ce fel offrent cet arrangement, parce qu'ils fe font déposés sur un bâton fendu en quatre, dont les branches ont été écartées par un morceau de liège.

Le verdet ou acétite de cuivre a une faveur très-forte, & c'eft un poifon violent. Il fe décompofe par l'action du feu. Il s'effleurit à l'air, & fe couvre d'une pouffière dont la couleur verte eft beaucoup plus pâle que celle qui diftingue ce fel non-altéré. Il fe diffout complètement dans l'eau fans fe décompofer. L'eau de chaux & les alkalis précipitent cette diffolution.

Lorfqu'on diftille ce fel réduit en poudre dans une cornue de verre ou de terre avec un récipient, on obtient un fluide d'abord blanc & peu acide, mais qui acquiert bientôt une acidité confidérable, & telle qu'il égale la concentration des acides minéraux. On change de récipient pour avoir à part le phlegme & l'acide. On a donné à ce dernier les noms de *vinaigre radical* ou *vinaigre de vénus.* Cet acide se colore en vert par une certaine quantité d'oxide de cuivre qu'il entraîne dans sa distillation. Lorsqu'il ne passe plus rien, & que la cornue est rouge, le résidu qu'elle contient est sous la forme d'une poussière brune de la couleur du cuivre, & qui donne souvent aux parois du vaisseau le brillant de ce métal. Le résidu est fortement pyrophorique, comme l'ont observé MM. le duc d'Ayen & Proust. On rectifie le *vinaigre de vénus*, en le distillant à une chaleur douce ; alors il est parfaitement blanc, pourvu qu'on ne pousse pas trop le feu vers la fin de l'opération, & qu'on ne desseche pas trop la portion d'oxide de cuivre qui reste dans la cornue. La réduction du cuivre observée dans cette expérience, éclaire sur la nature du *vinaigre radical.* Cet acide paroît être au vinaigre ordinaire, ce qu'est l'acide muriatique oxigéné à l'acide muriatique pur, ou plutôt ce que l'acide sulfurique, est à l'acide sulfureux, & ce que l'acide nitrique est à l'acide nitreux. Dans cette opération l'acide acéteux s'unit à l'oxigène de l'oxide de cuivre, qui passe en même-tems à l'état métallique. Les effets produits par le *vinaigre radical* très-différens de ceux qui sont occasionnés par le vinaigre ordinaire paroissent donc dus à l'excès d'oxigène dont cet acide s'eſt emparé. C'eſt pour cela que, ſuivant les règles de nomenclature que nous avons déjà expoſées ailleurs, nous nommons ce ſel *acide acétique*.

L'acide acétique ou le vinaigre radical ainſi rectifié, eſt d'une odeur ſi vive & ſi pénétrante, qu'il eſt impoſſible de la ſoutenir quelque tems ; il a une telle cauſticité, qu'appliqué ſur la peau, il la ronge & la cautériſe ; il eſt extrêmement volatil & inflammable ; chauffé avec le contact de l'air, il s'enflamme, & brûle d'autant plus rapidement, qu'il eſt plus rectifié. Cette expérience a porté les chimiſtes à croire que le vinaigre contient de l'alcohol, & ſemble être une ſorte d'éther naturel. Cette idée s'accorde avec l'odeur pénétrante & agréable que répandent les premières portions de cet acide diſtillé.

L'acide acétique s'évapore en entier à l'air ; il s'unit à l'eau avec beaucoup de chaleur ; il forme avec les terres, les alkalis & les métaux des ſels différens de ceux du vinaigre ordinaire ; nous les nommons *acétates* de potaſſe, de ſoude, de zinc, de mercure, &c. M. de Laſſonne a fait voir que le ſel ammoniacal, formé par le vinaigre radical ou acide acétique, eſt différent de l'acétite ammoniacal ou eſprit de Mendererus ; quoique nous n'ayons point encore une connoissance suffisante de tous les acétates, leur forme, leur saveur, leur dissolubilité, annoncent assez qu'ils sont réellement différens des acétites.

Le marquis de Courtanvaux a démontré qu'il n'y avoit que la dernière portion d'acide acétique, obtenue dans la distillation de l'acétate de cuivre ou *verdet*, qui fût inflammable, & qu'elle jouissoit aussi de la propriété de se congeler par le froid. Cette dernière portion rectifiée se cristallisa dans le récipient en grandes lames & en aiguilles, & elle ne devint fluide qu'à treize ou quatorze degrés au-dessus du terme de la glace. Cette propriété est analogue à celle de l'acide muriatique oxigéné.

L'acide acétique décompose l'alcohol & forme de l'éther avec autant de facilité que les acides minéraux, comme l'a découvert M. le comte de Lauraguais. Il suffit pour cela de verser dans une cornue du vinaigre radical sur partie égale d'alcohol. Il s'excite une chaleur considérable. On met la cornue sur un bain de sable chaud, on y adapte deux récipiens, dont le dernier plonge dans l'eau froide ou dans la glace pilée ; on fait bouillir promptement le mélange. Il passe d'abord un alcohol déphlegmé, ensuite l'éther, & enfin un acide qui devient d'autant plus fort, que la distillation avancé davantage ; il reste dans la cornue une masse brune assez semblable à une résine. On a soin de changer de récipient, dès que l'odeur éthérée devient âcre & piquante, & on recueille l'acide à part. On rectifie l'éther acétique à une chaleur douce avec de la potasse ; il s'en perd beaucoup dans cette opération. C'est à l'excès d'oxigène du vinaigre radical, qu'est due la formation de cet éther. Schéele dit n'avoir pas pu réussir à préparer l'éther acétique par le vinaigre radical uni à l'alcohol, & ne l'avoir obtenu qu'en ajoutant un acide minéral. M. Pœrner avoit déjà fait la même remarque sur la difficulté d'obtenir l'éther acétique, par le procédé de M. de Lauraguais. Cependant beaucoup de chimistes françois ont exécuté ce procédé, & je puis assurer l'avoir répété moi-même avec succès.

M. de la Planche l'apoticaire prépare l'éther acétique en versant sur de l'acétite de plomb introduit dans une cornue, de l'acide sulfurique concentré & de l'alcohol. La théorie & la pratique de cette opération sont absolument les mêmes que celles des éthers nitrique & muriatique préparés par un procédé analogue.

L'éther acétique a une odeur agréable comme tous les autres, mais elle est toujours mêlée de celle du vinaigre, quoiqu'il ne soit point acide.

Il eſt très-volatil & très-inflammable ; il brûle avec une flamme vive , & laiſſe une trace charboneuſe après ſa combuſtion.

Il reſte aux chimiſtes un grand nombre de recherches à faire ſur l'acide acétique. Ce que nous avons expoſé ici ſur ſes propriétés, ſuffit pour annoncer, 1°. qu'il diffère ſingulièrement de l'acide acéteux ou vinaigre ordinaire ; 2°. que cette différence dépend de l'oxigène plus abondant dans l'acide acétique , que dans l'acide acéteux , excès d'oxigène que ce dernier a enlevé à l'oxide de cuivre. Reprenons actuellement l'examen de quelques autres propriétés du vinaigre ordinaire.

L'acide acéteux , aidé de la chaleur, diſſout l'or précipité de l'acide muriatique oxigéné par l'alkali fixe. Cette diſſolution acéteuſe d'or, précipitée par l'ammoniaque , donne de l'*or fulminant*, comme l'a démontré Bergman. Il en eſt du platine & de l'argent comme de l'or ; le vinaigre n'a aucune action ſur ces métaux tant qu'ils ſont dans l'état métallique, mais il les diſſout lorſqu'on les lui préſente dans l'état d'oxides.

Le vinaigre eſt ſuſceptible de ſe combiner avec pluſieurs des principes immédiats des végétaux ; il diſſout les extraits, les mucilages, les ſels eſſentiels. Il s'unit à l'arome ; on l'a regardé comme le diſſolvant propre des gommes réfines. Il a même, à la longue ou par la voie de la diftillation, une action marquée fur les huiles graffes, qu'il met dans une forte d'état favoneux; au refte, on n'a point encore examiné d'une manière exacte la combinaifon du vinaigre avec les fubftances végétales.

On fe fert de cet acide pour extraire quelques-uns de ces principes, & fur-tout celui de l'odeur de ces corps, & on prépare pour la médecine des vinaigres de différentes natures, fimples ou compofés. Les vinaigres fcillitique, colchique, &c. donnent un exemple des premiers; le vinaigre thériacal & celui des quatre-voleurs appartiennent aux feconds. Ces médicamens fe préparent par macération & par digeftion continuée pendant quelques jours. Comme cet acide eft volatil, on le diftille fur des plantes aromatiques, dont il fe charge du principe odorant; tel eft le vinaigre de lavande diftillé qu'on emploie pour la toilette. Ces liqueurs font en général moins agréables que les eaux diftillées fpiritueufes.

Le vinaigre eft fort employé comme affaifonnement. On s'en fert beaucoup en médecine, il eft rafraîchiffant & anti-feptique; on en fait avec le fucre un firop qu'on donne avec beaucoup de fuccès dans les fièvres ardentes, putrides, &c. appliqué à l'extérieur, cet acide

est astringent & résolutif. Toutes ses combinaisons sont également d'usage comme de très-
bons médicamens.

L'acétite de potasse & l'acétite de soude,
connus sous les noms de *terre foliée de tartre*, & de *sel acéteux minéral*, sont de puissans fondans & apéritifs, on les administre
à la dose d'un demi - gros & même d'un
gros.

L'esprit de Mendererus ou l'acétite ammoniacal, donné à la dose de quelques gouttes
dans des boissons appropriées, est apéritif,
diurétique, cordial, anti-septique, &c. Il réussit
souvent dans la leucophlegmatie ou enflure des
parties extérieures du corps.

L'acétite de mercure ou la *terre foliée mercurielle* est un très-bon anti-vénérien ; elle faisoit
la base des dragées de Keyser.

L'extrait de saturne, le *vinaigre de saturne*,
l'*eau végéto-minérale* s'emploient à l'extérieur
comme desficcatifs. Ces médicamens étant
violemment répercussifs, doivent être admi-
nistrés avec beaucoup de prudence, sur-
tout lorsqu'on les applique sur des parties où
la peau est découverte & ulcérée. Boerhaave
a vu plusieurs filles attaquées de la pulmo-
nie, après l'usage extérieur des préparations de
plomb.

La

La *céruse* entre dans les onguens & les emplâtres defficcatifs, & le *vert de gris* dans plufieurs collyres & dans quelques onguens.

L'acide acétique ou *vinaigre radical* eft employé comme un irritant & un ftimulant très-actif. On le fait refpirer aux perfonnes qui tombent en foibleffe. Pour pouvoir s'en fervir commodément, on verfe une certaine quantité de cet acide fur du fulfate de potaffe en poudre groffière, que l'on a mis dans un flacon bien bouché; ce médicament eft connu de tout le monde fous le nom de *fel de vinaigre.*

On n'a point encore mis en ufage l'éther acétique, & l'on ne fait pas s'il a quelques vertus différentes de celles des autres liqueurs éthérées.

CHAPITRE XXV.

De la Fermentation putride des Végétaux.

Toutes les fubftances végétales qui ont éprouvé la fermentation fpiritueufe & la fermentation acide, font encore fufceptibles d'un nouveau mouvement inteftin qui les dénature ; c'eft ce mouvement qu'on appelle fermentation putride. Sthal & plufieurs autres chimiftes ont cru que cette efpèce de fermentation n'eft qu'une fuite des deux premières, ou plutôt que ces trois phénomènes ne dépendent que d'un feul & unique mouvement, qui tend à détruire le tiffu des folides, & à dénaturer les fluides ; & en effet, on obferve que fi on abandonne certaines fubftances végétales à elles-mêmes, elles éprouvent les trois fermentations fucceffivement & fans interruption : par exemple, toutes les matières fucrées étendues d'une certaine quantité d'eau, & expofées à un degré de chaleur de douze à vingt degrés, donnent d'abord du vin, enfuite du vinaigre, & enfin leur caractère acide fe perd bientôt ; elles s'altèrent, fe pourriffent, perdent tous leurs principes volatils, & finiffent par n'être plus qu'une fubftance sèche, infipide & terreufe. Cependant il faut obferver qu'un grand nombre de fubftances végétales n'éprouvent pas, au moins d'une manière fenfible, ces trois efpèces de fermentations dans l'ordre énoncé. Les mucilages fades, les gommes diffoutes dans l'eau, paffent à l'aigre fans devenir manifeftement fpiritueux ; la matière glutineufe femble paffer tout de fuite à la putréfaction, fans avoir éprouvé l'acefcence. Il paroît donc que quoique dans plufieurs principes des végétaux ces trois fermentations fe fuivent & fe

fuccèdent, il en eſt cependant un grand nombre d'autres qui ſont ſuſceptibles d'éprouver
les deux dernières ſans la première, ou même
de ſe pourrir ſans avoir donné préliminaire-
ment des ſignes d'acidité. Ces dernières par-
ticipent de la nature des ſubſtances animales;
auſſi donnent-elles de l'ammoniaque par l'action du feu, & du gaz azotique par l'acide du
nitre. C'eſt en raiſon de ce caractère que ces
ſubſtancés végéto - animales ſe pourriſſent ſi
facilement.

Le mouvement inteſtin qui change la nature
des matières végétales, & qui les réduit en leurs
élémens, exige pour avoir lieu, des conditions
particulières qu'il eſt important de connoître.
L'humidité ou la préſence de l'eau eſt une des
plus néceſſaires ; les végétaux ſecs & ſolides,
tels que le bois, ne s'altèrent en aucune manière tant qu'ils ſont dans cet état ; mais ſi on
les humecte & ſi on en écarte les fibres , alors
le mouvement inteſtin s'y établit bientôt ; l'eau
paroît donc être une des cauſes de la putréfaction ; & nous verrons dans le règne animal que
c'eſt la décompoſition de ce liquide qui ſemble
donner naiſſance à ce mouvement inteſtin ; la
chaleur n'y eſt pas moins néceſſaire ; le froid
ou la température de la glace s'oppoſe non-
ſeulement à cette deſtruction ſpontanée, mais

T ij

il en retarde même les progrès, & il la fait, pour ainsi dire, rétrograder dans les substances qui ont commencé à l'éprouver. Le degré de chaleur nécessaire à la putréfaction est beaucoup moindre que celui qui entretient les fermentations spiritueuse & acide, puisque ce phénomène s'établit à la température de cinq degrés; mais une chaleur plus considérable la favorise, à moins qu'elle ne soit assez forte pour volatiliser toute l'humidité, & pour dessécher entièrement la substance qui se pourrit. L'accès de l'air est encore une condition qui favorise singulièrement la putréfaction, puisque les substances végétales se conservent très-bien dans le vide. Cependant cette conservation a des bornes, & le contact de l'air ne paroît pas être aussi indispensable pour la fermentation putride, que les deux conditions dont nous avons parlé.

La putréfaction des végétaux a ses phénomènes particuliers. Les fluides végétaux qui se pourrissent, se troublent, perdent leur couleur, déposent différens sédimens; il s'élève des bulles à leur surface, il s'y forme des moisissures dans le commencement. Les matières végétales simplement humectées & qui sont molles, éprouvent les mêmes phénomènes. Le mouvement qui s'excite alors n'est jamais si considérable que celui qu'on obferve dans la fermentation fpiritueufe & dans l'acéteufe. Le volume de la matière qui fe pourrit ne paroît pas s'augmenter, ni fa chaleur s'accroître; mais le phénomène le plus important, c'eft le changement de l'odeur & la volatilifation d'un principe âcre, piquant, urineux, en un mot de l'ammoniaque; c'eft d'après cela qu'on a appelé la putréfaction fermentation alkaline, & qu'on a regardé l'ammoniaque comme fon produit. L'odeur piquante s'exhale peu-à-peu, il lui fuccède une odeur fade nauféeufe, qu'il eft difficile de définir. Alors la décompofition eft à fon comble, la maffe végétale pourrie eft très-molle, comme une bouillie, elle s'affaiffe, elle éprouve un grand nombre de modifications fucceffives dans le principe odorant qu'elle exhale; enfin, elle fe defsèche, fon odeur défagréable fe diffipe peu-à-peu, & elle ne laiffe qu'un réfidu noirâtre comme charbonneux, que l'on connoît fous le nom de terreau, *humus vegetabilis*, & dans lequel on ne peut plus trouver que quelques fubftances falines & terreufes. Tel eft l'ordre des phénomènes que l'on obferve dans la décompofition fpontanée des végétaux qui fe pourriffent; mais cette décompofition pouffée jufqu'à ce que ces corps foient réduits à leur fquelette terreux ou falin, eft très-longue à fe faire,

& l'on doit même ajouter qu'elle n'a encore été obſervée convenablement par perſonne. Ce reproche fait aux phyſiciens & aux chimiſtes ſur les matières animales, eſt bien plus frappant & plus mérité pour les ſubſtances végétales. Aucun ſavant n'a encore entrepris d'obſerver la putréfaction complète de ces dernières, quoique beaucoup aient commencé à décrire les phénomènes qui ont lieu dans celle des matières animales. Auſſi croyons-nous devoir terminer ici l'hiſtoire de l'analyſe ſpontanée & naturelle des végétaux, en ajoutant ſeulement, 1°. que le peu que nous avons expoſé ſuffit pour faire voir que la putréfaction végétale atténue, volatiliſe & détruit toutes les humeurs de ces êtres, & les réduit à l'état terreux; 2°. que l'on ne fait encore rien de poſitif ſur les phénomènes & ſur les limites de cette eſpèce de putréfaction, qu'il faut bien diſtinguer de celle des matières animales; 3°. enfin, que comme cette fermentation eſt beaucoup plus marquée, & a été mieux obſervée dans les humeurs & dans les ſolides des animaux, les détails plus étendus que nous donnerons dans l'examen de ces dernières ſubſtances, compléteront l'eſquiſſe que nous venons de tracer, & termineront l'hiſtoire des faits connus ſur la putréfaction.

QUATRIEME PARTIE.

REGNE ANIMAL.

CHAPITRE PREMIER.

De l'analyse chimique des Substances animales en général. (1)

L'ANALYSE des substances animales est la partie de la chimie la plus difficile & la moins avancée ; les chimistes anciens se sont contentés de distiller à feu nud ces matières, & l'on sait aujourd'hui que cette opération altère & dénature entièrement les corps aussi composés que

______

(1) Dans la seconde édition de cet ouvrage, le règne animal commençoit par une exposition succinte de la nature des animaux, de leurs différences, des méthodes d'histoire naturelle nécessaires pour les distinguer, & de la physique animale. La disposition nouvelle des volumes, le peu de rapport de cet objet pour ainsi dire descriptif avec la chimie animale, nous a engagés à séparer cette partie, & à la reporter dans le cinquième volume.

T iv

le font les fubftances folides ou fluides des animaux : on n'a encore foumis à l'analyfe que
quelques unes des humeurs de l'homme, & celles
de certains quadrupèdes.

Beaucoup de raifons fe font oppofées à l'avancement de cette branche de chimie; la difficulté
& le défagrément de ces travaux, le peu de reffour-
ces que la fcience offroit il y a quelques années
pour traiter les matières animales fans leur faire
éprouver de grandes altérations, l'impoffibilité
de trouver la fynthèfe même la plus éloignée de
la nature, pour reproduire ces matières, & fur-
tout le peu d'intérêt que la plupart des chimiftes
non médecins ont eu jufqu'à préfent pour les
connoiffances que cette analyfe peut fournir,
font les principaux motifs qui ont arrêté les
progrès de la fcience fur cet objet. Cependant
les recherches de quelques modernes, fur-tout
de MM. Rouelle, Macquer, Bucquet, Poulletier
de la Salle, Bertholet, Prouft, Schéele &
Bergman, ont ouvert une carrière nouvelle, &
annoncent que l'art de guérir pourra retirer de
grands avantages de ce genre de travail.

Le corps des principaux animaux, tels que
l'homme & les quadrupèdes dont nous nous
occupons en particulier, eft formé de fluides
& de folides. On diftingue les humeurs des
animaux en trois claffes, relativement à leur

uſage. La première claſſe renferme les humeurs récrémentitielles, deſtinées à nourrir quelques organes ; la ſeconde comprend les humeurs excrémentitielles qui ſont rejettées hors du corps par quelques émonctoires, comme inutiles, & même comme ſuſceptibles de nuire ſi elles étoient retenues trop long-tems. Dans la troiſième, on range les humeurs qui tiennent des deux précédentes, & dont une partie eſt récrémentitielle & l'autre excrémentitielle. Les premières ſont, le ſang, la lymphe, la gelée ou gélatine, la partie fibreuſe ou glutineuſe, la graiſſe, la moëlle, la matière de la perſpiration intérieure & le ſuc oſſeux. Les ſecondes comprennent le fluide de la tranſpiration, celui de la ſueur, le mucus des narines, le cérumen des oreilles, la chaſſie des yeux ; l'urine & les excrémens. Les dernières ſont la ſalive, les larmes, la bile, le ſuc pancréatique, le ſuc gaſtrique & inteſtinal, le lait & la liqueur ſéminale. Nous ne pouvons pas examiner tous ces fluides dans l'ordre que nous venons d'expoſer ; 1°. parce qu'on n'en connoît encore que très-peu, 2°. parce qu'il eſt indiſpenſable de traiter d'abord, de ceux dont l'analyſe eſt la plus avancée.

Les ſolides des animaux, qui forment le parenchyme de leurs différens organes, peuvent être divisés en trois classes ; je range dans la première les parties molles & blanches, comme les lames du tissu cellulaire, les membranes, les viscères membraneux, les aponévroses, les ligamens, les tendons, la peau. Les parties molles & rouges forment une seconde classe fort distincte de la première, tels sont en particulier les muscles, & une partie des organes qui contiennent des fibres musculaires, comme l'estomac, les intestins, la vessie, la matrice, &c. Enfin, la troisième classe comprend les solides osseux.

L'analyse animale est aujourd'hui fort différente de ce qu'elle étoit il y a quelques années. On n'a plus recours à la décomposition par le feu ; on traite les matières animales par les réactifs, & en particulier par les acides, par les alkalis, par l'alcohol, &c. On sépare par le repos, par la décantation, par les filtrations, par l'expression les différens fluides mêlés les uns avec les autres, ou contenus dans les mailles & dans les vésicules des différens tissus. On examine l'action de ces substances sur les matières colorantes ; on observe les changemens divers qu'elles éprouvent à des températures différentes. On évapore avec soin les liqueurs animales, & l'on en retire sans altération les différens sels qu'elles contiennent.

C'eſt en employant ces moyens d'analyſe que les chimiſtes modernes ont fait pluſieurs découvertes importantes ſur les ſubſtances animales. Schéele y a trouvé quelques acides différens de tous ceux qui étoient connus. M. Berthollet a démontré la préſence de l'acide phoſphorique à nud dans l'urine & dans la ſueur ; il a auſſi trouvé dans les matières animales une quantité remarquable d'azote. Cette dernière découverte eſt un des points les plus importans de l'analyſe animale; la préſence de l'azote dans ces ſubſtances & ſur-tout dans les parties fibreuſes, explique la différence de nature qui exiſte entre ces ſubſtances & les matières végétales. Il ſuffit pour en retirer ce corps en fluide élaſtique, ou en gaz azotique, de traiter la chair des muſcles avec l'acide nitrique; il ſe dégage en quantité aſſez conſidérable même ſans le ſecours d'une chaleur étrangère ; ce gaz paſſe avant le gaz nitreux, & l'on doit interrompre l'opération & changer de cloches lorſque ce dernier commence à ſe dégager.

M. Berthollet explique, par cette découverte, la formation de l'ammoniaque, que donnent les ſubſtances animales par l'action du feu, la production & le dégagement de ce ſel par la putréfaction, le rapport qui exiſte entre ces ſubſtances & celles des matières végétales qui ſont susceptibles de se pourrir, & qui fourniſſent comme elles de l'ammoniaque par la diſtillation. Il paroît en effet que cet alkali ſe forme dans l'un & l'autre cas par la combinaiſon de l'hydrogène avec l'azote. Je crois ne pouvoir mieux faire que de donner ici ce que M. Berthollet a expoſé ſur la nature générale des ſubſtances animales dans un mémoire lu à une ſéance publique de la faculté de médecine & inſéré dans le Journal de Phyſique, tome 28, page 272. Je laiſſerai l'auteur parler.

« Les corps organiſés ſont principalement » compoſés de deux ſubſtances qui ont des carac- » tères diſtinctifs très-marqués; les unes donnent » de l'acide lorſqu'on les décompoſe par l'ac- » tion du feu, & les autres de l'*alkali volatil*; » les unes ſont propres à former de l'*eſprit ardent* » par la fermentation, les autres ſe putréfient » immédiatement & donnent encore de l'*alkali* » *volatil*; les unes laiſſent, par la calcination, un » charbon qui ſe brûle facilement; les autres » ſe réduiſent en un charbon, dont la combuſtion » eſt difficile; enfin les unes forment la plus » grande partie des ſubſtances végétales, & les » autres la plus grande partie des ſubſtances » animales, & delà vient qu'on les diſtingue » par ces deux dénominations.

» M. Bergman avoit formé par le moyen du

» fucre & de l'acide *nitreux*, un acide qu'il
» nomma *acide faccharin*, & qui a des propriétés
» remarquables; j'appliquai aux fubftances ani-
» males cette efpèce d'analyfe par l'acide *ni-*
» *treux*, & je trouvai que toutes donnoient une
» quantité plus ou moins grande d'acide *fac-*
» *charin*, mais toujours accompagné d'une huile
» particulière; j'obfervai qu'on ne retiroit point
» de fel ammoniacal, mais qu'il reftoit un réfidu
» qu'on ne retrouvoit pas dans les fubftances
» végétales. Je conclus de ces premières expé-
» riences, *Mémoires de l'Académie 1780*, que les
» fubftances animales contenoient une fubftance
» analogue au fucre, qui étoit unie à une huile que
» je regardois comme propre aux fubftances ani-
» males. Mes expériences m'apprenoient encore
» que l'*alkali volatil* n'exiftoit pas dans les fubf-
» tances animales, mais qu'il étoit dû à une
» combinaifon qui fe formoit, ou par l'action
» de la chaleur, ou par l'influence de la putré-
» faction ; & enfin le réfidu, fur lequel je ne
» m'expliquai point dans ce mémoire, contient
» de l'acide phofphorique en excès combiné
» avec la terre calcaire.

» J'examinai enfuite l'action que les chaux &
» les fels métalliques exercent fur les fubftances
» animales, & je prouvai que cette action à
» laquelle eft due leur caufticité, eft une fuite

» des affinités chimiques des *chaux* métalliques
» qui tendent à se revivifier avec plus ou moins
» de force ; de sorte que celles qui se revivifient
» très-facilement, telles que les *chaux* d'argent
» & de mercure, ont beaucoup de causticité
» & forment des sels très-caustiques. Il résulte
» delà, en appliquant les découvertes modernes
» des physiciens à la théorie que j'avois donnée,
» que c'est l'air combiné dans les *chaux* métal-
» liques & privé du principe de l'élasticité, qui
» tend à s'unir avec un principe des substances
» animales, & ce principe me paroît être l'huile
» qu'elles contiennent ; mais la causticité des
» alkalis ne pouvoit être attribuée à la même
» cause, elle devoit être l'effet d'une autre
» affinité. J'ai prouvé dans les mémoires de
» l'académie de 1782, que l'alkali caustique
» dissolvoit les substances animales, sans désunir
» leurs principes ; j'ai fait connoître les pro-
» priétés de cette combinaison, & je m'en suis
» servi pour unir ensuite la substance animale
» avec les différentes *chaux* métalliques ; il en
» est résulté plusieurs combinaisons qui étoient
» inconnues aux chimistes ; mais l'alkali causti-
» que traité de même avec les substances végéta-
» les n'a point formé de combinaisons avec elles.

   » En suivant mes recherches je suis parvenu
» à déterminer les principes de l'*alkali volatil* :

» j'ai fait voir que l'*alkali volatil* étoit une com-
» binaison de *gaz inflammable* détonant, ou
» pour le défigner d'une manière plus exacte,
» de gaz inflammable de l'eau , & de l'*air phlo-*
» *giſtiqué* ou *mofete* , de forte que le gaz
» inflammable fait à-peu-près le ſixième en
» poids ou les deux tiers en volume de l'*alkali*
« *volatil*. J'ai enſuite déterminé comment l'*alkali*
« *volatil* peut être produit par la putréfaction
» ou par l'action du feu. Toutes les ſubſtances
» qui ont le caractère de ſubſtances animales,
» contiennent de la *mofete* , qu'on peut en
» ſéparer abondamment par le moyen de l'acide
» *nitreux :* il faut donc, lorſqu'on diſtille ces
» ſubſtances , que leur *mofete* paſſe dans quel-
» que combinaiſon, ou qu'on la retrouve dans les
» produits aëriformes; or, on ne la retrouve point
» dans ces derniers , ainſi que je m'en ſuis aſſuré
» en faiſant détoner le *gaz inflammable* qu'on
» obtient par ce moyen , dans l'eudiomètre de
» M. Volta , & en le comparant avec le gaz
» inflammable, qu'on obtient par la diſtillation
» du charbon & celle des ſubſtances végétales,
» & il n'y a dans les autres produits de la diſtil-
» lation, que l'*alkali volatil* qui ait pu la recevoir
» dans ſa compoſition ; lors donc qu'il ſe forme
» de l'*alkali volatil* , la *mofete* des ſubſtances
» animales ſe combine avec le *gaz inflammable*

» qui fe fépare de l'huile, ou plus probablement
» avec celui qui provient de la décompofition
» de l'eau , dont l'air vi al fe combine en même
» tems avec du charbon pour former de l'*air*
» *fixe*. Dans la putréfaction le *gaz inflammable*
» fe combine avec la *mofete* , au lieu que
» dans la fermentation fpiritueufe , ce même
» gaz fe combine avec une huile végétale &
» du fucre pour former l'*efprit-de-vin* , dans
» lequel j'ai retrouvé & féparé ces fubftances
» par le moyen de l'*acide marin déphlogiftiqué.*

» Il réfulte de ces différentes obfervations,
» que les fubftances animales font beaucoup
» plus compofées , que les fubftances purement
» végétales ; elles contiennent une matière ana-
» logue au fucre, une huile particulière , de
» l'acide phofphorique combiné avec un peu
» de terre calcaire , de la *mofete* & très-
» probablement de l'*air fixe*. C'eft l'acide phof-
» phorique qui fe retrouve dans les charbons
» des fubftances animales , combiné avec une
» portion de véritable charbon , d'huile & de
» terre, qui me paroît former la différence qu'on
» remarque entre les charbons des fubftances
» animales & ceux des fubftances végétales ».

Telle eft la manière claire & lumineufe dont
M. Berthollet conçoit & exprime la nature
générale des fubftances animales ; lorfqu'on

compare

compare ces réſultats précis aux idées vagues que l'on avoit préſentées juſqu'ici ſur la différence des matières animales & végétales, on eſt frappé des progrès que la chimie a faits depuis quelques années, par les recherches des chimiſtes ſuédois & françois. Il y a tout lieu d'eſpérer que des travaux ſuivis ſur les matières animales, d'après le plan tracé par les plus célèbres chimiſtes, depuis Margraf & Rouelle juſqu'au moment actuel, donneront beaucoup de connoiſſances précieuſes ſur ces ſubſtances, ſur leur formation, leurs altérations & leur deſtruction, & feront ſpécialement très-utiles à l'art de guérir. L'application des découvertes déjà faites que nous préſenterons dans les chapitres ſuivans, mettra cette aſſertion au nombre des vérités démontrées.

CHAPITRE II.

Du Sang.

PARMI les humeurs récrémentitielles, la plus importante, la plus compoſée, la plus impénétrable, c'eſt le ſang. Nous le traitons le premier parce que, ſuivant la doctrine des plus grands médecins, il eſt la ſource & le foyer de tous les autres fluides animaux. Pluſieurs médecins,

& en particulier M. Bordeu, le regardoient comme une espèce de chair coulante, & comme un composé de toutes les humeurs animales; ce sentiment n'est cependant pas encore entièrement démontré, quoiqu'il soit très-vraisemblable.

Le sang est un fluide d'une belle couleur rouge, d'une consistance onctueuse & grasse, comme savoneuse, d'une saveur fade & un peu salée, qui est contenu dans le cœur, les artères & les veines. Ce fluide differe beaucoup, suivant les régions qu'il parcourt; & il n'est pas le même, par exemple, dans les artères & dans les veines, dans la poitrine & dans la région du foie, dans les muscles & dans les glandes, &c. C'est un fait sur lequel les chimistes n'ont pas assez insisté dans leurs recherches.

En considérant le sang dans tout le règne animal, on observe qu'il varie singulièrement dans les différens animaux, par la couleur, la consistance, l'odeur, & sur-tout la température. Cette dernière propriété est la plus importante & paroît dépendre de la circulation & de la respiration. L'homme, les quadrupèdes & les oiseaux, ont un sang plus chaud que le milieu qu'ils habitent; on les appelle, à cause de cela, animaux à sang chaud. Chez les poissons & les reptiles, il est d'une température à-peu-près égale à celle du milieu dans lequel ils vivent: on les nomme

animaux à fang froid, à caufe de cette propriété;
il eft vraifemblable qu'il en feroit de même des
autres propriétés de ce fluide, & fur-tout des
qualités ou caractères chimiques, fi l'on con-
noiffoit le fang de tous les animaux.

Le fang de l'homme, dont nous nous occupons fpécialement, differe fuivant l'âge, le fexe,
le tempérament & l'état de fanté de chaque
individu; dans l'enfance, chez les femmes &
chez les pituiteux, il eft plus pâle & moins
confiftant; dans les hommes robuftes & bien
portans, il eft épais, d'un rouge foncé, prefque
noir, & d'une faveur beaucoup plus falée.

Avant de paffer à l'analyfe du fang, il faut
connoître fes propriétés phyfiques, fa couleur,
fa chaleur, fa faveur, fon odeur, fa confiftance
particulière que nous avons déjà indiquées. Le
microfcope y découvre un grand nombre de
globules, qui, lorfqu'ils viennent à fe brifer en
paffant, fuivant Leuwenhoek & Boerhaave, par
des filières plus petites, perdent leur couleur
rouge, deviennent jaunes & enfin blancs; de
forte que, fuivant le médecin de Leyde, un
globule rouge eft un affemblage de plufieurs
globules blancs plus petits, & ne doit fa couleur qu'à l'aggrégation. Le fang offre encore
une propriété phyfique fingulière. Tant qu'il eft
chaud & en mouvement, il refte conftamment

fluide & rouge ; lorſqu'il ſe refroidit & qu'il eſt en repos, il ſe prend en une maſſe ſolide qui peu-à-peu ſe ſépare d'elle-même en deux parties, l'une rouge qui ſurnage, dont la couleur ſe fonce, & qui reſte concrète juſqu'à ce qu'elle s'altère ; on la nomme le caillot ; l'autre qui occupe le fond du vaſe, eſt d'un jaune verdâtre, collante, on l'appelle ſérum ou lymphe. Cette coagulation & cette ſéparation ſpontanée des deux parties du ſang, ſe fait dans les derniers inſtans de la vie de l'animal ; & elle donne naiſſance à ces matières concrètes que l'on trouve après la mort, dans le cœur & dans les gros vaiſſeaux, & qui ont été fauſſement regardées comme des polypes.

Le ſang expoſé à une chaleur douce, long-tems continuée, paſſe à la fermentation putride. Si on le diſtille au bain-marie, il donne un phlegme d'une odeur fade, qui n'eſt ni acide, ni alkalin, mais qui paſſe facilement à la putréfaction, à l'aide d'une ſubſtance animale qui y eſt diſſoute. Le ſang chauffé plus fortement ſe coagule & ſe deſsèche peu-à-peu, comme l'a découvert de Haen ; il perd les ſept huitièmes de ſon poids, & il fait efferveſcence avec les acides. Il peut ſe durcir aſſez par un feu bien ménagé pour former une eſpèce de ſubſtance cornée. Si on expoſe à l'air du ſang deſséché, il attire légèrement l'humidité, & il s'y forme au bout de quelques mois une efflorescence saline, que Rouelle a reconnue pour du carbonate de foude. Diftillé à feu nud, il donne un phlegme falin ou tenant en diffolution un fel ammoniacal furchargé d'ammoniaque. La nature de l'acide empyreumatique contenu dans le fel ammoniacal, apperçu d'abord par Wieuffens, & qui a excité tant de difputes parmi les phyfiologiftes, n'a point encore été convenablement examinée. Il paffe après ce phlegme une huile légère, puis une huile colorée & pefante, & du carbonate ammoniacal fali par l'huile épaiffe ; il refte dans la cornue un charbon fpongieux très-difficile à incinérer, dans lequel on trouve du muriate de foude, du carbonate de foude, de l'oxide de fer, & une matière en apparence terreufe qui paroît être du phofphate calcaire.

Le fang entier uni aux alkalis, devient plus fluide par le repos. Les acides le coagulent fur le champ, & en altèrent la couleur ; on retire alors en le filtrant, en évaporant la liqueur, paffée par le filtre, en la defféchant à un feu doux, & en leffivant cette matière defféchée, les fels neutres que la foude forme avec chaque acide, que l'on peut employer indiftinctement. L'alcohol coagule le fang.

V iij

Les expériences faites fur le fang entier, ne font point connoître la nature des fubftances dont ce fluide eft compofé ; mais la décompofition fpontanée du fang & la féparation de fes deux parties, le caillot & le férum, nous offrent un moyen d'acquérir ces connoiffances, en examinant chacune de ces matières en particulier. Il n'y a que quelques années que l'analyfe chimique du fang étoit bornée à ce que nous venons d'expofer ; MM. Menghini, Rouelle le jeune & Bucquet, ont examiné cette humeur d'une manière toute différente ; ces deux derniers chimiftes fur-tout ont fait fur cet objet des travaux, qui prouvent combien l'analyfe des matières animales eft fufceptible d'être perfectionnée en marchant fur leurs traces. C'eft d'après les recherches de ces favans, que nous allons confidérer les propriétés de chacune des fubftances qui compofent le fang.

Le férum eft bien éloigné d'être de l'eau pure, c'eft une matière particulière, très-importante à confidérer, & à laquelle nous donnons le nom de fluide albumineux. Ce fluide eft d'un blanc jaunâtre, qui tire un peu fur le vert ; fa faveur eft fade & falée ; fa confiftance eft onctueufe & collante. Expofé au feu, il fe coagule & fe durcit long-tems avant de bouillir ; il verdit le firop de violettes. Diftillé au bain-marie, il donne un phlegme d'une faveur douce & fade, qui n'eft ni acide, ni alkalin, mais qui fe pourrit promptement; privé de ce phlegme, il eft féc, dur & tranfparent comme de la corne; il ne peut plus fe diffoudre dans l'eau; diftillé à la cornue, il fournit un phlegme alkalin, beaucoup de carbonate ammoniacal & une huile épaiffe très-fétide. Tous ces produits ont en général une odeur fétide particulière. Le charbon du férum diftillé à feu nud, remplit prefqu'entièrement la cornue. Il eft fi difficile à incinérer, qu'il faut le tenir embrafé pendant plufieurs heures, & lui faire préfenter une grande furface à l'air avant de le réduire en cendre. Cette dernière eft d'un gris noirâtre, elle contient du muriate & du carbonate de foude, du phofphate calcaire.

Le férum, expofé quelque tems à une température chaude dans un vaiffeau ouvert, paffe facilement à la putréfaction, & donne alors beaucoup de carbonate ammoniacal accompagné d'une huile dont l'odeur eft infupportable. Il fe pourrit fi rapidement, que Bucquet n'a pas pu s'affurer s'il paffoit à l'acide avant de devenir alkalin. Cette liqueur s'unit à l'eau en toutes proportions, elle perd alors fa confiftance, fa faveur & fa couleur verdâtre; il faut agiter ce mélange, afin d'en favorifer la com-

binaifon, parce que la denfité différente de ces
deux fluides met un obftacle à leur union. Le
férum, verfé dans l'eau bouillante, fe coagule
en grande partie, & fur-le champ. Une portion
de ce fluide forme avec l'eau une efpèce de
liqueur blanche opaque & laiteufe, qui a,
fuivant Bucquet, tous les caractères du lait;
c'eft-à-dire, qui fe raréfie & monte comme ce
fluide par la chaleur, qui fe coagule par les
mêmes agents, par les acides, par l'alcohol.

Les alkalis unis au férum, le rendent plus
fluide en y opérant une forte de diffolution.
Les acides l'altèrent d'une manière oppofée; ils
lui donnent de la confiftance, & ils le coagulent.
En filtrant ce mélange & en faifant évaporer le
fluide obtenu par cette filtration, on obtient le
fel neutre que l'acide employé doit former avec
la foude; ce qui prouve que ce dernier fel exifte
à nud & pourvu de toutes fes propriétés dans
le férum. Le coagulum formé dans cette liqueur
par l'addition d'un acide, fe diffout très-promptement dans l'ammoniaque, qui eft le véritable
diffolvant de la partie albumineufe; mais il ne
fe diffout pas du tout dans l'eau pure: les
acides précipitent cette matière unie à l'ammoniaque. Le coagulum diftillé à feu nud, donne
les mêmes produits que le férum defféché, &
fon charbon contient beaucoup de carbonate

de foude ; ce qui prouve, fuivant Bucquet , qu'il y a une portion de ce fel combiné intimément dans le férum , que l'acide employé pour le coaguler ne fature point.

Le férum épaiffi donne du gaz azotique par l'action de l'acide nitrique, à l'aide d'une légère chaleur ; en augmentant le feu, il fe dégage du gaz nitreux du mêlange , le réfidu fournit de l'acide oxalique , & on en retire auffi une petite quantité d'acide malique.

Le férum ne décompofe point les fels neutres calcaires & alumineux ; mais il décompofe très-bien les fels métalliques. Il eft coagulable par l'alcohol ; ce coagulum differe beaucoup de celui qui eft formé par les acides , par fa diffolubilité dans l'eau , fuivant la découverte de Bucquet. Ce liquide paroît donc être d'après ces recherches , un mucilage animal , compofé d'eau, de bafes huileufes acidifiables, de muriate & de carbonate de foude , de phofphate calcaire ; c'eft à ce dernier que paroît être dû le précipité rofé que j'ai obtenu en verfant de la diffolution nitrique de mercure dans le férum. Quoique le liquide foit très-peu coloré , le mêlange de l'acide nitrique & fur-tout du nitrate de mercure y développe une couleur rofe ou gris de lin, que j'ai eu occafion d'obferver dans beaucoup d'autres liqueurs ani-

males. La propriété la plus fingulière de ce mucilage, & qui mérite de fixer l'attention des
médecins, eft celle de devenir concret par l'action du feu & des acides. Schéele croit que
ce phénomène eft dû à la combinaifon de la
chaleur.

Le caillot du fang, expofé à la chaleur du
bain-marie, donne une eau fade ; il fe defsèche
& devient caffant. Il fournit à la cornue un
phlegme alkalin, une huile épaiffe d'une odeur
fétide & empyreumatique, & beaucoup de carbonate ammoniacal. Son réfidu eft un charbon
fpongieux, d'un afpect brillant & métallique,
difficile à incinérer, & qui, traité avec l'acide
fulfurique, donne des fulfates de foude & de
fer ; il laiffe après ces opérations un mêlange
de phofphate calcaire & de matière charboneufe. Le caillot fe pourrit affez promptement
à un air chaud. Lorfqu'on le lave avec de
l'eau, ce fluide le fépare en deux matières très-
diftinctes. L'une qu'il diffout, lui donne une
couleur rouge. Cette diffolution, traitée par
différens menftrues, préfente tous les caractères
du férum ; mais elle contient une beaucoup
plus grande quantité de fer. Ce métal s'en
retire par l'incinération, & en lavant le charbon
incinéré pour en féparer les matières falines. Le
réfidu de cette leffive eft dans l'état d'oxide de

fer d'une affez belle couleur brune ; il eft ordinairement attirable à l'aimant. C'eft à ce métal que l'on a attribué la couleur du fang. Le fer a été tiré de ce fluide en affez grande quantité par MM. Menghini, Rouelle & Bucquet.

Le caillot, après avoir été lavé & épuifé de tout ce qu'il contenoit du férum rouge, eft dans l'état d'une matière blanche fibreufe, qui nous refte à examiner.

La partie fibreufe du fang eft blanche & fans couleur, lorfqu'elle a été bien lavée ; elle n'a qu'une faveur fade. On en retire en la diftillant au bain-marie, un phlegme infipide d'une odeur fade, & fufceptible de fe pourrir. La chaleur la plus douce durcit fingulièrement la matière fibreufe. Lorfqu'on l'expofe brufquement à un feu vif, elle fe retire comme du parchemin ; diftillée à la cornue, elle donne un phlegme ammoniacal, une huile pefante, épaiffe & très fétide, beaucoup de carbonate ammoniacal, fali par une portion d'huile. Son charbon eft peu volumineux, compacte, pefant, moins difficile à incinérer que celui du férum. Sa cendre eft très - blanche ; elle ne contient ni matière faline, emportée fans doute par le lavage du caillot, ni fer ; c'eft une efpèce de réfidu dont l'afpect eft terreux, & qui paroît être du phofphate calcaire.

La partie fibreufe fe pourrit très-vîte, & avec beaucoup de facilité. Lorfqu'elle eft expofée à un air chaud & humide, elle fe gonfle, & donne alors beaucoup d'ammoniaque Elle n'eft pas foluble dans l'eau ; lorfqu'on la fait bouillir avec ce fluide, elle fe durcit & prend une couleur grife. Les alkalis ne la diffolvent pas ; mais les acides même les plus foibles s'y combinent. L'acide nitrique en dégage beaucoup de gaz azotique, ainfi que l'a annoncé M. Berthollet ; enfuite il la diffout avec effervefcence & dégagement de gaz nitreux ; lorfque tout ce gaz eft dégagé, on obferve dans le réfidu des floccons huileux & falins qui nagent dans une liqueur jaunâtre ; en évaporant cette liqueur on en obtient des criftaux d'acide oxalique, & il fe dépofe une affez grande quantité de floccons formés d'une huile particulière & de phofphate calcaire. Il paroît qu'il y a deux huiles dans la partie fibreufe, l'une qui avec l'oxigène conftitue l'acide oxalique, l'autre qui forme avec le même principe l'acide malique.

La matière fibreufe fe diffout auffi dans l'acide muriatique qui lui fait prendre la forme d'une efpèce de gelée verte. L'acide du vinaigre la diffout à l'aide de la chaleur ; l'eau, & fur tout les alkalis précipitent la partie fibreufe unie aux acides. Cette matière animale eft décompoſée dans ces combinaiſons ; & lorſqu'on la ſépare des acides par un moyen quelconque, elle ne préſente plus les mêmes propriétés. Les ſels neutres & les autres matières minérales n'ont aucune action ſur elle. Elle s'unit à la matière albumineuſe, ſur-tout à celle qui eſt colorée, pour former le caillot. Ce dernier eſt ſoluble en entier dans les acides comme la partie fibreuſe, ſans doute à cauſe de la combinaiſon de cette matière avec le ſérum rouge On voit d'après cela que la partie fibreuſe differe beaucoup de la matière albumineuſe. C'eſt une ſubſtance plus animaliſée que cette dernière, une ſorte de gluten animal qui a beaucoup de rapport avec celui de la farine, & qui ſur-tout a la propriété bien remarquable de devenir concret par le refroidiſſement & le repos. On ne peut douter que cette matière, qui n'a point encore été aſſez diſtinguée par les phyſiologiſtes & les pathologiſtes, ne joue un rôle particulier dans l'économie animale. J'ai annoncé depuis long-tems qu'elle ſe dépoſe dans les muſcles, qu'elle fait la baſe fibreuſe de ces organes & qu'elle conſtitue la matière irritable par excellence. J'ai cru qu'il étoit important de faire plus d'attention à cette ſubſtance qu'on ne l'a fait juſqu'actuellement, & de la conſidérer comme capable de cauſer par ſon abondance

ou fa déviation, des maladies particulières ;
& j'ai configné les preuves de ces confidérations utiles à la médecine, dans un mémoire
inféré dans le volume de la fociété royale de
médecine pour 1783, &c. Il paroît que c'eft
dans fa fubftance fibreufe qu'exifte l'acide particulier que fournit le fang à la diftillation, &
que M. Chauffier en a retiré par l'action de l'alcohol. C'eft pour cela que j'ai propofé de
l'appeler *acide cruorique*, fi on parvient à le
faire connoître comme un acide animal parti-
ticulier.

Malgré ces belles recherches fur le fang,
il s'en faut de beaucoup que toutes les propriétés chimiques de cette humeur foient connues. On ne fait point encore quelle différence
intime il y a entre le férum & la partie fibreufe ;
on n'a point examiné le fang dans tous fes
états, & fur-tout dans différentes maladies où
ce fluide éprouve des altérations confidérables ;
par exemple, dans les fortes inflammations,
dans la chlorofe, le fcorbut, &c. Les médecins
ne connoiffent ces altérations que par des
caractères extérieurs, & il eft fort à defirer que
des analyfes exactes éclairent la pratique fur
leur nature.

Rouelle a examiné le fang de quelques quadrupèdes, tels que le bœuf, le cheval, le veau,

le mouton, le porc, l'âne & la chèvre. Il en
a retiré les mêmes produits que de celui de
l'homme, mais en différentes proportions.

CHAPITRE III.

Du Lait.

LE lait eſt une humeur récrémentitielle deſti-
née à nourrir les jeunes animaux dans le premier tems de leur vie. Il eſt d'un blanc mat,
d'une ſaveur douce ſucrée, d'une odeur légèrement aromatique. Après la femme, les quadrupèdes & les cétacés ſont les ſeuls animaux
qui aient du lait. Tous les autres animaux n'ont
point les organes deſtinés à la ſécrétion de cette
humeur. On a toujours cru que le lait ſe ſéparoit
immédiatement, par les glandes mammaires, du
ſang que des artères aſſez nombreuſes y verſent ;
mais on n'a point démontré juſqu'ici dans le
ſang, les principes que l'on trouve dans le lait,
& l'anatomie moderne a appris que les mam-
melles ſont garnies d'une grande quantité de
vaiſſeaux lymphatiques & abſorbans plongés
dans un tiſſu graiſſeux ; la liqueur qu'ils contiennent eſt peut-être un des principaux matériaux
du lait.

Le lait differe beaucoup dans les diverfes efpèces d'animaux ; dans la femme, il eft très-fucré ; celui de vache eft doux, & fes principes font bien liés ; ceux de la chèvre & de l'âneffe ont une vertu particulière ; ils font fouvent légèrement aftringens. Au refte, les propriétés variables du lait dépendent ordinairement des alimens dont les animaux fe nourriffent.

Le lait de vache qu'on prend pour exemple dans l'analyfe, parce qu'on fe le procure facilement, eft un compofé de trois fubftances différentes, du férum ou petit lait, qui eft fluide & tranfparent, du beurre & du fromage, qui tous les deux ont plus de confiftance. Ces trois parties font mêlées & fufpendues, de forte qu'elles forment une efpèce d'émulfion animale.

Le lait diftillé à la chaleur du bain-marie, donne un phlegme fans faveur, d'une odeur fade & fufceptible de fe putréfier. A une chaleur un peu plus forte, il fe coagule comme le fang, fuivant l'obfervation de Bucquet. En l'agitant & en le féchant peu-à-peu, il forme une forte d'extrait fucré que l'on appelle *franchipane*. Cet extrait diffous dans l'eau conftitue le petit lait d'Hoffman. Diftillé à feu nud, cet extrait fournit de l'acide, de l'huile fluide, de

l'huile

l'huile concrète & du carbonate ammoniacal. Son charbon contient un peu de potasse, du muriate de potasse & du phosphate calcaire.

Le lait, exposé à une température chaude, est susceptible de passer à la fermentation spiritueuse, & de former une espèce de vin, mais il faut qu'il soit en grande masse. Les Tartares préparent une liqueur spiritueuse avec le lait de jument. Le lait passe promptement à l'acide, & alors il se coagule. La partie caséeuse se prend en masse, le sérum s'en sépare.

Les acides produisent sur-le-champ le même effet sur le lait; ils le coagulent; les alkalis, & sur-tout l'ammoniaque redissolvent ce *coagulum*. Boerhaave assure qu'en faisant bouillir du lait avec de l'*huile de tartre*, ce fluide devient jaune, ensuite rouge & de la couleur du sang. Il pense même que c'est une combinaison semblable, qui fait passer le lait à l'état de véritable sang dans le corps humain. Les sels neutres, le sucre, & la gomme coagulent aussi le lait à l'aide de la chaleur, suivant l'observation de Schéele.

Pour préparer le petit lait, on fait chauffer le lait entier, en y ajoutant douze à quinze grains de présure par pinte. Cette substance, formée par le mélange du lait aigri dans l'estomac des veaux, & du suc gastrique, est un ferment qui

coagule la partie caséeuse. Lorsque cette coagulation est faite, on passe le lait par une éta-
mine. Le *gallium*, la fleur de chardon & d'ar-
tichaud agissent comme la présure sur le lait.
La membrane interne de l'estomac du veau &
des oiseaux, séchée & mise en poudre, produit
le même effet sur le lait, ce qui prouve que
c'est au suc gastrique desséché & contenu dans
les pores de cette membrane qu'est due la coagulation de cette liqueur.

Le sérum ou le petit lait, préparé de cette
manière, est trouble ; on le clarifie dans les
pharmacies à l'aide du blanc d'œuf & du
tartre. Lorsqu'on veut avoir le sérum ou petit
lait bien pur, pour en examiner la nature, il
ne faut point y mêler de tartrite acidule de
potasse.

Le sérum du lait a une saveur douce. Lorsqu'il est préparé avec du lait frais, il contient
un sel essentiel sucré, mais il prend facilement
un goût aigre par la fermentation qui s'y établit.
Ce mouvement est produit par l'altération d'un
principe muqueux contenu dans le lait ; c'est
le développement de cet acide, qui sépare le
petit lait des autres matières qui constituent le
lait entier. Il est donc nécessaire d'examiner
la nature de l'acide qui se forme dans le lait
aigri & qui constitue le petit lait fermenté.

Tout le monde sait que le lait livré à lui-même, à une température de 16 à 20 degrés, éprouve en quelques jours une fermentation qui y développe un acide, & qui en sépare le beurre & le fromage. L'acide qui se forme par cette fermentation & qui est aussi fort qu'il peut l'être au bout de douze à quinze jours a été examiné par Schéele ; nous l'appelons *acide lactique.* Voici le procédé que Schéele a suivi pour obtenir cet acide pur, après avoir tenté inutilement de le séparer par la distillation du petit lait aigri ; cette opération ne lui ayant donné qu'un peu de vinaigre, il a fait évaporer le petit lait aigri au huitième, après l'avoir filtré pour en séparer toute la matière caséeuse ; il en a précipité la terre animale par l'eau de chaux ; il l'a délayée avec trois fois son poids d'eau, & il en a séparé la chaux par l'acide oxalique ; pour s'assurer qu'il n'y restoit point de ce dernier acide, il l'a essayée par l'eau de chaux, ensuite il a évaporé la liqueur en consistance de miel, & il en a précipité le sucre de lait & quelques autres substances étrangères en y mêlant de l'alcohol, qui dissout facilement l'acide lactique ; enfin il a distillé cette dissolution, & l'alcohol ayant été volatilisé, l'acide lactique est resté pur dans la

cornue. Schéele a reconnu les propriétés suivantes à cet acide.

Evaporé même en consistance très-forte, il
ne donne point de cristaux ; il attire l'humidité
de l'air ; il fournit à la distillation un acide empyreumatique, semblable à l'acide pyro-tartareux, un peu d'huile, & un mélange de gaz
acide carbonique & de gaz hydrogène carboné.

Uni aux trois alkalis, à la baryte & à la chaux
l'acide lactique forme des sels déliquescens. Sa
combinaison avec la magnésie se cristallise, mais
elle attire aussi l'humidité de l'air. La plupart
de ces sels ou lactates alkalins & terreux sont
solubles dans l'alcohol. L'acide lactique n'attaque en aucune manière le cobalt, le bis-
muth, l'antimoine, le mercure, l'argent & l'or,
même par la chaleur de l'ébullition. Il dissout
le zinc & le fer, en produisant du gaz hydrogène ; le premier de ces sels ou le lactate de
zinc, cristallise ; le second ou lactate de fer,
forme une masse brune déliquescente.

L'acide lactique oxide & dissout le cuivre &
le plomb. La dissolution de ce dernier métal
laisse déposer un peu de sulfate de plomb,
ce qui indique la présence d'un peu d'acide
sulfurique dans cet acide animal. Enfin il dé-

compofe l'acétite de potaffe ; cette dernière propriété, ainfi que la plupart de celles que nous venons de faire connoître, annoncent que l'acide lactique differe du vinaigre. Schéele ajoute à ces détails qu'on peut obtenir un vrai vinaigre du lait, en mêlant fix cuillerées d'alcohol à trois pintes de lait, & en laiffant fermenter ce mêlange dans un vafe bien bouché; il faut donner de tems en tems iffue au gaz qui fe dégage de cette fermentation ; au bout d'un mois le lait eft changé en bon vinaigre; on peut le paffer à travers un linge & le conferver dans des bouteilles. Le célèbre chimifte fuédois ajoute encore que du lait mis dans une bouteille, dont on plonge le goulot dans un vafe plein de la même liqueur, éprouve à une chaleur un peu plus forte, que celle de l'été, une fermentation qui donne lieu au dégagement d'une grande quantité de fluide élaftique. Ce fluide déplace le lait, & en vuide prefque entièrement la bouteille au bout de deux jours; l'acide qui eft produit dans cette fermentation, qui a lieu fans le contact de l'air, paroît devoir fon oxigène ou la bafe acidifiante de l'air, à la décompofition de l'eau.

Le férum du lait doux & non aigri féparé par la préfure, tient en diffolution une certaine quantité d'une fubftance faline, connue fous le nom de fel ou fucre de lait. Quoique Kempfer affure que les Bracmanes ont connu le procédé pour préparer ce fel, il paroît que Fabricius Bartholet ou Bartholdi médecin italien, eft le premier qui en ait fait mention en 1619. Etmuller, Tefti, Werlofchnigg, Wallifnieri, Fickius & Cartheufer, en ont fucceffivement parlé & ont décrit les moyens de l'obtenir. MM. Vulgamoz & Lichtenftein ont très-bien détaillé l'art de retirer cette fubftance faline, que l'on prépare en grand dans plufieurs endroits de la Suiffe. On évapore le petit lait, obtenu du lait écrêmé & coagulé par la préfure, jufqu'en confiftance de miel, on le met dans des moules, & on le fait fécher au foleil, c'eft le fucre de lait en tablettes ; on les fait diffoudre dans l'eau, on les clarifie avec le blanc d'œuf, on évapore en confiftance de firop, & on laiffe criftallifer la liqueur au frais ; il s'y forme des criftaux blancs, en parallélipipèdes rhomboïdaux ; l'eau-mère en dépofe de jaunes & de bruns, qu'on purifie par des diffolutions fucceffives. M. Lichtenftein a examiné & analyfé les différens fucres de lait qui fe vendent à divers prix en Suiffe, & il a fur-tout diftingué, 1°. *le fucre de lait doux* & blanc qui eft retiré du petit lait doux & purifié ; 2°. *le fucre de lait acefcent*, qu'on obtient du petit lait aigri ; 3°. le fucre de lait *rendu impur par des parties graffes*, qui fe fépare, fuivant lui, par première criftallifation ; 4°. le fucre de lait *mêlé d'huile & de fel commun* qui criftallife le dernier ; 5°. le fucre de lait *mêlé de parties graffes, de fel commun & de fel ammoniac* ; il eft gluant & humide ; il donne de l'ammoniaque par l'alkali fixe ; 6°. enfin, le fucre de lait mêlé de toutes les fubftances précédentes, *& de plus de partie extractive & de matière caféeufe* ; ce dernier eft de la confiftance du miel, il fe rancit, il eft âcre & malfaifant.

Le fucre de lait bien pur a une faveur légèrement fucrée, fade & comme terreufe ; il s'en perd toujours par des diffolutions fucceffives. Il fe diffout dans trois ou quatre parties d'eau chaude ; il donne à la diftillation les mêmes produits que le fucre, fuivant MM. Rouelle, Vulgamoz & Schéele. Le premier de ces chimiftes a retiré d'une livre de ce fel brûlé 24 à 30 grains de cendre dont 3 quarts étoient du muriate de potaffe, & le quart du carbonate de potaffe. Sur un charbon allumé, le fucre de lait fe fond, fe bourfouffle, exhale une odeur de caramel, & brûle comme le fucre. Ces propriétés devoient faire préfumer que ce fel donneroit comme le fucre de l'acide oxalique par l'acide nitrique ; Schéele a confirmé ce foupçon par fes expériences ; mais il a obfervé qu'il falloit beaucoup plus d'efprit de nitre pour l'obtenir ; que 4 onces de fucre de lait donnoient 5 gros d'acide oxalique ; & il a découvert en étendant dans l'eau le réfidu du fucre de lait traité par l'acide nitrique, & en le filtrant pour faire évaporer & criftallifer l'acide oxalique, qu'il reftoit fur le filtre une poudre blanche, dans laquelle il a trouvé les caractères d'un acide particulier, & différent du premier. Nous le défignons par le nom d'*acide faccolactique*. Voici les propriétés que Schéele y a reconnues.

Cet acide eft fous la forme d'une poudre blanche & grenue ; deux gros de ce fel bien pur chauffés dans une cornue de verre fe font fondus, bourfoufflés & noircis ; il s'eft fublimé un fel brun d'une odeur mixte de benjoin & de fuccin, pefant 35 grains ; ce fublimé étoit acide, diffoluble dans l'alcohol, plus difficilement dans l'eau, & brûloit fur les charbons. Il y avoit dans le récipient une liqueur brune fans caractère huileux ; il eft refté onze grains de charbon dans la cornue. Il s'eft dégagé de l'acide carbonique & du gaz hydrogène pendant cette diftillation. L'acide faccholactique eft très peu foluble dans l'eau, puifqu'une once d'eau bouillante n'en diffout que fix grains, dont un quart fe précipite par le refroidiffement. M. de Morveau dit que cet acide fait effervefcence avec la diffolution chaude de carbonate de potaffe ; le faccho-lacte de potaffe criftallifé par le refroidiffement fut diffous dans huit fois fon poids d'eau chaude, & criftallifa de nouveau par le refroidiffement de la liqueur. Le faccho-lacte de foude eft criftallifable, & il n'exige que cinq parties d'eau pour fa diffolution. Cet acide fe combine également avec l'ammoniaque ; le fel neutre qui en réfulte perd fa bafe volatile par la chaleur. L'acide faccholactique forme avec la baryte, l'alumine, la magnéfie & la chaux des fels prefque infolubles. Il n'agit que très-foiblement fur les métaux, & il forme avec leurs oxides des fels peu folubles. Il précipite les nitrates de mercure, de plomb & d'argent, ainfi que le muriate de plomb.

Schéele crut d'abord en faifant cette découverte, que la poudre blanche dépofée par l'acide oxalique obtenu du fucre de lait par l'acide nitrique, n'étoit qu'une portion d'oxalate calcaire formé par la chaux, qui pouvoit être contenu dans ce fel animal ; mais il fut bientôt détrompé en verfant un peu d'acide oxalique pur dans une diffolution de fucre de lait ; ce mélange ne donne aucun précipité ; cependant M. Hermftadt, qui a donné dans le journal de M. Crell deux mémoires fur le fucre de lait, dans le fecond defquels il s'occupe particulièrement de cet acide terreux, croit malgré les expériences de Schéele, que c'eft un compofé d'acide oxalique, de chaux & d'une matière graffe ; mais M. de Morveau en examinant avec fon exactitude ordinaire les expériences de ce chimifte, & en les comparant aux recherches de Schéele, fait voir dans le nouveau Dictionnaire Encyclopédique, que M. Hermftatd n'a pas rempli la tâche qu'il s'étoit propofée, & que d'après fes réfultats mêmes, la découverte du chimifte fuédois eft plutôt confirmée que détruite. M. de Morveau a fait lui-même plufieurs expériences ingénieufes qui établiffent cette affertion. Ajoutons à ces détails que les acides oxalique & faccholactique n'exiftent point tout formés dans le fucre de lait, & que ce fel n'en contient que les bafes qui enlèvent l'oxigène ou principe acidifiant à l'acide nitrique. Obfervons encore que peut-être par de nouvelles expériences, on pourra démontrer quelque jour que l'acide faccholactique n'eft qu'une modification de quelqu'autre acide végétal, car tout prouve que les principes du petit lait appartiennent aux végétaux dont les animaux fe nourriffent.

Le baron de Haller a donné les proportions

suivantes du sucre dans le lait des différens animaux.

Quatre onces de lait de brebis ont fourni de sucre de lait. . . . . 35 à 37 grains.

De chèvre. 47 49
De vache. 53 54
De femme. 58 67
De jument. 69 70
D'ânesse 80 82

Rouelle a observé que le petit lait de vache, d'où on a retiré le sucre de lait se prend en une espèce de gelée par le refroidissement, & il y admet conséquemment de la matière gélatineuse.

Le fromage ou la matière caséeuse du lait se prend en masse, & se sépare des autres parties de ce liquide par l'action du feu, par la fermentation acide que cette liqueur est susceptible d'éprouver, & par le mélange des acides. Cette matière bien lavée est blanche, solide & comme de l'albumen cuit ; l'action d'un feu doux la durcit. La distillation au bain - marie en extrait un phlegme insipide & qui se pourrit.

La fromage desséché, distillé à la cornue, donne un phlegme alkalin, une huile pesante & beaucoup de carbonate ammoniacal. Son charbon est dense, très-difficile à incinérer, &

il ne fournit point d'alkali fixe. En traitant ce charbon avec l'acide nitrique, on y trouve de la chaux & de l'acide phofphorique.

Le fromage fe pourrit à une température chaude; il fe gonfle, répand une odeur infecte, prend une demi-fluidité, fe couvre d'une écume due au dégagement d'un gaz très - odorant & très-méphitique qui s'échappe difficilement de cette matière vifqueufe.

Le fromage eft indiffoluble dans l'eau froide; l'eau chaude le durcit. Schéele a obfervé que lorfqu'il a été précipité par un acide étranger, l'eau bouillante peut en diffoudre une partie.

Les alkalis le diffolvent, & fur-tout l'ammoniaque qui, verfée à la dofe de quelques gouttes dans du lait coagulé par un acide, fait bientôt difparoître le *coagulum*.

Les acides concentrés diffolvent auffi le fromage; l'acide nitrique en dégage du gaz azotique; les acides végétaux ne le diffolvent point fenfiblement. Sa diffolution dans les acides minéraux, eft précipitée par les alkalis qui le rediffolvent, fi l'on en met une trop grande quantité.

Les fels neutres, & fpécialement le muriate de foude, retardent fa putréfaction. L'alcohol le coagule.

Il paroît, d'après tous ces détails, que le fromage eſt une ſubſtance ſemblable à l'albumen du ſang.

Le beurre ſe ſépare en partie du lait par le repos; il ſe raſſemble à ſa ſurface; mais comme il eſt mêlé avec beaucoup de ſérum & de matière caſéeuſe, on le dégage de ces ſubſtances par un mouvement rapide; c'eſt ce qui conſtitue l'art de faire ou de battre le beurre. Le ſérum qui ſurnage le beurre battu, retient une portion de cette ſubſtance huileuſe, il eſt jaune, aigre & gras; on le nomme lait de beurre. Ce que l'on appelle la crême, eſt un mêlange de fromage & de beurre, que l'on enlève de deſſus le lait. Elle eſt beaucoup plus difficile à digérer que le lait entier. Cette ſubſtance eſt ſuſceptible de mouſſer par une grande agitation. Dans cet état elle conſtitue la *crême fouettée.*

Le beurre pur eſt concret & mou, d'un jaune plus ou moins doré, d'une ſaveur douce, agréable. Il ſe fond à une douce chaleur, & devient ſolide par le refroidiſſement. Diſtillé au bain-marie, il donne un phlegme preſqu'inſipide. A la cornue, il fournit un acide d'une odeur très-piquante & très-forte; d'abord une huile fluide, enſuite une huile concrète, colorée, de la même odeur piquante que l'acide. En rectifiant ces produits, on rend l'huile fluide & aussi volatile que les huiles essentielles. Le charbon qui reste est peu abondant. L'acide obtenu du beurre par la distillation, paroît être de la même nature que celui qu'on retire de la graisse, & dont nous parlerons plus bas sous le nom d'acide sébacique. On peut aussi le retirer dans l'état de sels neutres par la chaux, la potasse & la soude.

Le beurre devient aisément acide & rance à une température chaude. Son acide est alors développé, & il a une saveur désagréable. L'eau & l'alcohol le rapprochent de son premier état en dissolvant l'acide. L'alkali fixe dissout le beurre, & forme avec lui un véritable savon.

On voit d'après ces détails, que le beurre est une substance huileuse, de la nature des huiles fixes végétales concrètes.

Le beurre frais est doux, tempérant & re-lâchant. Mais il s'aigrit facilement, & convient en général à peu d'estomacs; le beurre roux, dont l'acide est développé, est un des alimens les plus mal-sains & les plus difficiles à digérer.

Le lait est un aliment agréable & utile dans un grand nombre de cas. C'est même un des médicamens les plus précieux que la médecine possède. Il adoucit les humeurs âcres dans les maladies de la peau & des articulations, telles

que les dartres, la goutte, &c. Il cicatrise quelques ulcères d'une bonne nature. On peut le
charger des parties aromatiques des plantes; &
c'est alors un médicament excellent dans la
phthisie pulmonaire. Tous les estomacs ne digè-
rent pas le lait. Les personnes qui ont des aigres
ou trop d'acide dans les premières voies, en
font ordinairement incommodées. Il demande
en général beaucoup de prudence dans son
administration. On se sert souvent avec succès
d'un lait rendu médicamenteux par les diverses
substances qu'on fait prendre à l'animal qui le
fournit, &c.

Le lait des différens animaux a quelques vertus particulières. Celui de femme est doux,
très-sucré, & il convient beaucoup dans le ma-
rasme. Le lait d'ânesse s'emploie avec succès
dans la phthisie pulmonaire, la goutte; il relâche ordinairement. Le lait de jument se
rapproche de celui d'ânesse. Le lait de chèvre est
séreux, & légèrement astringent. Celui de vache
est le plus épais, le plus gras, le plus nourris-
sant; il est aussi le plus difficile à digérer, &
on est souvent obligé de le couper avec de l'eau,
ou avec quelqu'infusion aromatique, sur-tout
s'il ne passe pas facilement, ou s'il cause le dé-
voiement.

Le lait s'emploie aussi à l'extérieur, comme

adouciſſant & émollient. Il calme promptement les douleurs, il mûrit les dépôts & les abcès, & il en accélère la ſuppuration. On l'applique chaud & renfermé dans une veſſie ſur les parties douloureuſes.

CHAPITRE IV.

De la Graiſſe.

LA graiſſe eſt une matière huileuſe concrète, renfermée dans le tiſſu cellulaire des animaux; elle eſt blanche ou jaunâtre, d'une odeur & d'une ſaveur ordinairement fades ; elle diffère dans tous les animaux par ſa ſolidité, ſa couleur, ſa ſaveur, &c. L'âge même multiplie encore ces différences ; dans l'enfant elle eſt blanche, inſipide & peu ſolide ; dans l'adulte elle eſt ferme & jaunâtre ; dans le vieillard ſa couleur eſt plus foncée, ſa conſiſtance eſt très-variée, & ſa ſaveur eſt en général plus forte.

Celle de l'homme & des quadrupèdes eſt conſiſtante, blanche ou jaune ; celle des oiſeaux eſt plus fine, plus douce, plus onctueuſe, & en général moins ſolide ; dans les cétacés & les poiſſons, elle eſt preſque fluide, & ſouvent placée dans des réſervoirs particuliers, comme dans

la

la cavité du crâne & des vertèbres. On la retrouve dans les serpens, les insectes & les vers ;
mais chez ces animaux elle n'accompagne que
les viscères du bas-ventre sur lesquels elle est
placée par pelotons ; on ne l'y rencontre
qu'en petite quantité sur les muscles & sous
la peau.

On a observé que la graisse des animaux frugivores & herbivores est ferme & solide, tandis que celle des animaux carnivores est plus
ou moins fluide. Il faut cependant remarquer
à ce sujet que la graisse est toujours moins solide
& moins concrète dans un animal vivant & chaud,
qu'elle ne le paroît dans un animal mort, refroidi
& soumis à la dissection.

La graisse varie encore suivant les différens
lieux du corps de l'animal qui la recèlent ; elle
est solide aux environs des reins & sous la peau ;
elle l'est moins entre les fibres musculaires ou
dans le voisinage des viscères mobiles, tels que
le cœur, l'estomac, les intestins ; elle est plus
abondante en hiver qu'en été ; elle paroît servir
à entretenir la chaleur dans les régions où elle
est placée, comme beaucoup de faits recueillis
par les physiologistes le démontrent ; elle paroît
même contribuer à la nourriture des animaux,
ainsi qu'on l'observe dans les ours , les marmot-
tes , les loirs, & en général dans tous les ani-

maux forcés à une longue abstinence, chez lesquels la graisse se fond & se détruit peu-à-peu.

Pour se servir de la graisse en pharmacie, ou pour examiner ses propriétés chimiques, il faut la couper par morceaux, en séparer les membranes & les vaisseaux qui la parcourent ; ensuite on la lave avec beaucoup d'eau, on la fait fondre dans un vaisseau de terre neuf, en y ajoutant un peu d'eau ; lorsque ce fluide est dissipé & qu'il n'existe plus de bouillonnement, on la coule dans un vaisseau de faïence, où elle se fige.

La graisse n'a point encore été examinée dans toutes ses propriétés chimiques. On ne connoît encore que l'action du feu, de l'air & de quelques réactifs sur cette substance. C'est cependant une des matières animales les plus nécessaires à bien connoître, pour pouvoir juger de ses usages sur lesquels on ne sait encore rien de certain, & sur-tout des altérations qu'elle est susceptible d'éprouver dans les corps vivans.

La graisse de quelque animal que ce soit exposée à un feu doux, se liquéfie, & elle se congèle par le refroidissement. Si on la chauffe fortement & avec le contact de l'air, elle répand une fumée d'une odeur piquante, qui excite les larmes & la toux, & elle s'enflamme lorsqu'elle est assez chaude pour se volatiliser ; elle ne donne qu'un charbon très-peu abondant. Si on distille la graisse au bain-marie, on en retire une eau vapide, d'une légère odeur animale qui n'est ni acide ni alkaline, mais qui acquiert bientôt une odeur putride, & qui dépose des filamens comme mucilagineux. Ce phénomène qui a lieu dans l'eau obtenue par la distillation au bain-marie de toutes les substances animales, prouve que ce fluide entraîne avec lui quelque principe muqueux qui est la cause de son altération. La graisse distillée à la cornue donne un phlegme d'abord aqueux, ensuite fortement acide ; une huile en partie liquide & en partie concrète ; il reste une très-petite quantité de charbon fort difficile à incinérer, dans lequel M. Crell a trouvé un peu de phosphate calcaire. Ces produits ont une odeur acide, vive & pénétrante, aussi forte que celle de l'acide sulfureux ; l'acide est d'une nature particulière, il a été examiné avec soin par M. Crell ; mais comme il est très-difficile de l'obtenir par la distillation, ce célèbre chimiste s'est servi d'un procédé beaucoup plus sûr & plus prompt. Nous en parlerons plus bas. L'huile concrète peut être rectifiée par plusieurs distillations, au point d'être très-fluide, très-volatile, très-pénétrante ; en un mot, de présenter tous les caractères d'une véritable huile effentielle ou volatile. Vingt-huit onces de graiffe humaine ont fourni à M. Crell, vingt onces cinq gros quarante grains d'huile fluide, trois onces trois gros trente grains d'acide fébacique, trois onces un gros quarante grains de charbon brillant, & affez voifin de l'état de plombagine ou carbure de fer, fuivant la remarque de M. de Morveau. Il y a eu cinq gros dix grains de perte dans cette analyfe. Il faut l'attribuer à l'eau en vapeur & aux fluides élaftiques, parce que M. Crell ne s'eft point fervi des appareils pneumato-chimiques.

La graiffe expofée à l'air chaud, s'y altère très-promptement ; de douce & inodore qu'elle eft lorfqu'elle eft fraîche, elle devient forte & piquante, elle fe rancit ; il paroît que cette altération eft une véritable fermentation qui développe l'acide & le met à nud. Quoique cet acide développé paroiffe être de la nature de l'acide fébacique, je ne crois pas que la partie huileufe de la graiffe foit la feule caufe de ce changement. Le mucilage animal particulier, que l'analyfe ultérieure nous fera découvrir, entre pour quelque chofe dans cette altération. La graiffe rance peut être corrigée par deux moyens ; l'eau feule eft capable d'enlever l'acide qu'elle contient, comme l'a fait obferver M. Pœrner ; l'alcohol préfente auffi la même propriété, suivant M. de Machy. Cela prouve que l'acide de la graisse rance met cette matière dans une sorte d'état savoneux, & la rend ainsi soluble par l'eau & par l'alcohol. Ces deux fluides pourront donc être employés avec succès pour rétablir une graisse altérée par la rancidité.

Lorsqu'on lave la graisse avec une grande quantité d'eau distillée, ce fluide dissout une matière gélatineuse qu'on peut y démontrer par l'évaporation ; mais la graisse retient toujours une certaine portion de cette matière qui lui est intimement combinée, & d'où dépend sa propriété fermentescible. Au reste, on n'a point encore déterminé exactement l'action de l'eau sur cette substance animale.

MM. Crell & les chimistes de Dijon nous ont fait connoître l'action des matières alkalines sur la graisse. On savoit depuis long-tems que les alkalis purs formoient une espèce de savon avec les graisses. M. Crell en traitant ce savon avec une dissolution d'alun, ou sulfate d'alumine, en a séparé l'huile, & a obtenu le sébate de potasse en évaporant la liqueur. Il a distillé ce sel avec de l'acide sulfurique concentré, qui en a dégagé l'acide sébacique. Pour enlever à cet acide la portion d'acide sulfurique qui peut lui être uni, M. Crell conseille de le rediſtiller ſur un quart de ſébate de potaſſe qu'il faut réſerver pour cet uſage ; on s'aſſure qu'il ne contient plus d'acide ſulfurique, en l'eſſayant par l'acétite de plomb ; ſi le précipité qu'il forme eſt ſoluble en entier dans le vinaigre, il ne contient point d'acide ſulfurique. MM. les chimiſtes de l'académie de Dijon emploient un procédé plus ſimple pour obtenir l'acide ſébacique. On fond le ſuif, on y jette de la chaux vive ; lorſque le mêlange eſt refroidi, on le fait bouillir à grande eau ; on filtre, on évapore la leſſive, & on a du ſébate calcaire brun & âcre. Pour le purifier on le calcine dans un creuſet, on le diſſout, on filtre, on mêle à la diſſolution aſſez d'eau chargée d'a-cide carbonique pour ſéparer par précipitation, la chaux ſurabondante ; on évapore ; on a un ſel blanc que l'on diſtille avec l'acide ſulfurique pour en dégager l'acide ſébacique.

Cet acide exiſte dans le beurre de cacao, le blanc de baleine, & vraiſemblablement dans toutes les huiles fixes végétales. Voici quelles ſont les propriétés qui le caractériſent. Il eſt liquide, blanc, d'une odeur très-vive ; il exhale des fumées blanches ; il ſe décompoſe par le feu, jaunit & donne de l'acide carbonique. Il rougit fortement les couleurs bleues ; il s'unit en toutes proportions à l'eau ; il forme avec la chaux un fel criftallifable, avec la potaffe & la foude des fels qui criftallifent en aiguilles, & qui font fixes au feu ; il paroît agir fur les pierres filicées, fur le verre, comme l'acide fyrupeux. Il diffout l'or lorfqu'on l'unit avec l'acide nitrique ; il attaque le mercure & l'argent ; il précipite le nitrate & l'acétite de plomb ; il décompofe le tartrite de potaffe, en précipitant l'acidule tartareux ou la crême de tartre, il décompofe auffi les acétites alkalins. Chauffé fortement avec les fels fulfuriques, il en fépare l'acide dans l'état fulfureux ; il précipite les nitrates de mercure & d'argent. Plufieurs de ces propriétés avoient fait penfer à M. Crell que l'acide fébacique pourroit bien n'être qu'une modification de l'acide muriatique ; mais M. de Morveau obferve que comme il décompofe le muriate corrofif de mercure, ce caractère feul fuffit pour l'en diftinguer.

Les acides minéraux concentrés altèrent & brûlent la graiffe. L'acide fulfurique la brunit, le nitrique la jaunit & lui donne une couleur de citron.

Le foufre s'unit très-facilement à la graiffe, & il forme avec elle une combinaifon qui n'a point encore été bien examinée.

La graiffe eft fufceptible de diffoudre certains métaux ; elle s'allie avec le mercure dans la préparation connue sous le nom de pommade mercurielle. Pour opérer cette union, il suffit de triturer ce métal avec de l'axonge ou graisse de porc pendant long-tems; le mercure se divise, s'atténue & s'unit si intimement à la graisse, qu'il lui communique une couleur d'ardoise, & qu'il ne paroît plus sous la forme métallique. Cependant cette union n'est en partie qu'une division extrême, ou au moins il n'y a qu'une portion de mercure diffous par l'acide fébacique, puifqu'à l'aide d'une loupe on apperçoit toujours des globules de mercure dans l'onguent le mieux préparé.

Le plomb, le cuivre & le fer font les trois métaux les plus altérables par la graisse. Les oxides de ces métaux s'y combinent de même très-facilement; aussi est-ce pour cela qu'il est dangereux de laisser féjourner des alimens préparés avec de la graisse dans des vaisseaux de cuivre, & même dans ceux de terre dont la couverte contient du verre de plomb. Dans les combinaisons de la graisse avec les oxides des métaux, on observe que ceux-ci passent facilement à l'état métallique, lorsqu'elles font aidées par la chaleur; ce phénomène est dû au gaz hydrogène dégagé de la graisse, qui s'unit à l'oxigène de ces oxides.

La plupart des matières végétales font susceptibles de s'unir à la graisse ; les extraits & les mucilages lui donnent une sorte de solubilité dans l'eau, ou au moins favorisent sa suspension dans ce fluide. Elle se combine en toutes proportions avec les huiles, & elle leur communique une partie de sa consistance.

Telles sont les propriétés chimiques connues de la graisse, elles nous apprennent que cette substance est très-analogue au beurre, c'est-à-dire, que c'est une espèce d'huile fixe concrète par une quantité notable d'acide, & par l'oxigène.

Quant à ses usages dans l'économie animale, outre la chaleur qu'elle entretient dans les parties qu'elle environne, outre les formes arrondies, souples & agréables, & la blancheur qu'elle donne à la peau, elle paroît encore servir, suivant Macquer, à absorber les acides surabondans qui peuvent se trouver dans le corps des animaux vivans, & elle est comme le réservoir de ces sels. On sait cependant qu'une trop grande quantité d'acide introduit dans le corps d'un animal, dissout & fond la graisse, sans doute en lui donnant un caractère savoneux, & en la rendant plus soluble.

L'abondance excessive, & sur-tout les altérations de la graisse, produisent dans l'économie animale des maladies funestes, dont on n'a point encore bien examiné les fymptômes & les effets. Lorry s'en eft fpécialement occupé, & il a établi entre cette fubftance & la bile, une analogie frappante.

On fe fert de la graiffe comme affaifonnement ; elle eft nourriffante pour les perfonnes qui ont un bon eftomac. On l'emploie en médecine comme adouciffante & calmante à l'extérieur ; elle entre dans les onguens & dans les emplâtres.

La moëlle contenue dans les os longs préfente les mêmes propriétés que la graiffe ; mais on n'en a point fait encore une analyfe comparée affez exacte, pour qu'on puiffe décrire fes propriétés caractériftiques.

CHAPITRE V.

De la Bile & des Calculs biliaires.

LA bile ou le fiel eft un fluide d'un verd plus ou moins jaunâtre, d'une faveur très-amère, d'une odeur fade & naufeabonde, qui fe fépare du fang dans un vifcère glanduleux, que tout le monde connoît fous le nom de foie. Elle fe ramaffe chez le plus grand nombre des animaux,

excepté les infectes & les vers, dans un réfervoir membraneux voifin du foie, qu'on appelle
véficule du fiel. On n'a encore que peu examiné
la bile humaine, par la difficulté que l'on éprouve
à s'en procurer une certaine quantité ; c'eft celle
de bœuf qu'on a foumife aux expériences
chimiques.

Cette liqueur eft d'un confiftance prefque
gélatineufe ou glaireufe ; elle file comme un
firop un peu clair ; en l'agitant, elle mouffe
comme l'eau de favon.

Si on la diftille au bain-marie, elle donne un
phlegme qui n'eft ni acide ni alkalin ; mais qui
eft fufceptible de paffer au bout d'un certain
tems à la putridité. Ce phlegme m'a fouvent
préfenté un caractère fingulier ; celui d'exhaler
une odeur fuave bien marquée, & fort analogue à celle du mufc ou de l'ambre. Cette
expérience a été faite un grand nombre de fois
dans mon laboratoire. Elle réuffit fur-tout en
diftillant de la bile un peu altérée & confervée
depuis quelques jours. Lorfqu'on a féparé de
la bile toute l'eau qu'elle peut fournir au bain-
marie, on la trouve dans l'état d'un extrait plus
ou moins fec, d'un verd foncé & brun. Cet
extrait de bile attire l'humidité de l'air ; il eft
très-ténace & très-poiffeux, il eft entièrement
diffoluble dans l'eau. En le diftillant à la cor-

nue, il donne un phlegme jaunâtre & alkalin, une huile animale empyreumatique, beaucoup de carbonate ammoniacal, un fluide élastique mêlé d'acide carbonique & de gaz hydrogène; il reste après cette opération un charbon assez volumineux, moins difficile à incinérer que ceux dont nous avons parlé jusqu'à présent. Suivant M. Cadet, qui a donné à l'académie en 1767, un très bon mémoire sur l'analyse de la bile, ce charbon contient du carbonate de soude, une terre animale & une petite portion de fer. Il faut observer que la distillation demande à être conduite avec lenteur, parce que cette substance se boursouffle considérablement. Quant au sel que M. Cadet indique dans le charbon de la bile, & qu'il croit être analogue au sucre de lait, on sent bien qu'il est impossible que cette matière ait résisté à la chaleur forte nécessaire pour réduire la bile à l'état charboneux.

La bile exposée à une température chaude de 15 à 25 degrés s'altère très-promptement; son odeur devient d'abord fade & nauséabonde; sa couleur se détruit & se dénature; il s'en précipite des flocons mucilagineux blanchâtres; elle perd sa viscosité, & elle prend bientôt une odeur fétide & piquante. Lorsque sa putréfaction est fort avancée, son odeur devient suave & comme ambrée. M. Vauquelin mon élève a découvert qu'en faisant chauffer de la bile au bain-marie, & en l'épaississant un peu, elle se conserve ensuite plusieurs mois sans s'altérer, comme cela a lieu pour le vinaigre que l'on fait bouillir. Il a aussi découvert que la bile altérée, exhalant une odeur fétide, & dont la couleur est brune, sale & trouble, devient d'un beau vert, perd son odeur lorsqu'on la chauffe, & qu'il s'en sépare alors quelques flocons albumineux concrets.

La bile se dissout très-bien dans l'eau. Sa couleur passe alors au jaune plus ou moins clair, suivant la quantité d'eau que l'on y ajoute.

Tous les acides la décomposent à la manière des savons ; ils y produisent un coagulum. Si on filtre ce mêlange, & qu'on évapore la liqueur filtrée, on en obtient un sel neutre formé par l'acide qu'on a employé, & la soude. Cette belle expérience due à M. Cadet, démontre la présence de la soude dans la bile. La matière restée sur le filtre dans ces expériences, est épaisse, visqueuse, très-amère & très-inflammable ; sa couleur & sa consistance varient, suivant la nature & le degré de concentration de l'acide qu'on a employé pour la séparer. J'ai observé que l'acide sulfurique lui donne une couleur verte foncée, l'acide nitrique

un peu concentré, une couleur jaune brillante, & l'acide muriatique un vert clair très-
beau ; au refle, ces couleurs varient beaucoup
fuivant l'état de la bile & celui des acides. Ce
précipité eft une fubftance analogue aux réfines ;
il fe bourfouffle, fe fond & s'enflamme fur
les charbons ardens ; il fe diffout en totalité
dans l'alcohol, & l'eau le précipite comme les
fucs réfineux. L'action des acides fur la bile démontre donc que cette humeur eft un véritable
favon formé par une huile de nature prefque
réfineufe, unie à la foude. Ils annoncent auffi
la préfence d'une certaine quantité de matière
albumineufe dans cette liqueur animale ; c'eft
cette matière qui eft la caufe de la coagulation
de la bile par le feu, par les acides, par l'alcohol, & de la putréfaction.

Les fels neutres mêlés à la bile l'empêchent
de paffer à la putréfaction.

Les diffolutions métalliques font décompo-
fées par la bile qu'elles décompofent en même-
tems ; l'alkali fixe de cette humeur s'unit à
l'acide de la diffolution, & l'huile colorée de
la bile fe précipite combinée avec l'oxide
métallique.

La bile s'unit facilement aux huiles, & elle
les enlève de deffus les étoffes, comme le fait
le favon.

Ce fluide entier se diffout dans l'alcohol qui en sépare la matière albumineuse. La teinture de bile n'est pas décomposée par l'eau; ce qui démontre que cette substance est un véritable savon animal également soluble dans les menstrues aqueux & spiritueux. L'éther la diffout aussi très-facilement.

Le vinaigre décompose la bile comme les acides minéraux ; en évaporant la liqueur filtrée, on obtient de l'acétite de soude bien cristallisé.

Il suit de ces diverses expériences, que la bile est un composé de beaucoup d'eau, d'un arome particulier, d'un mucilage albumineux, d'une huile de la nature des résines & de carbonate de soude. M. Cadet dit y avoir trouvé un sel qu'il croit être de la nature du sucre de lait, & dont M. Van-Bochaute a confirmé depuis l'existence. Mais il est vraisemblable que cette prétendue matière saline est plutôt analogue à la substance feuilletée, brillante & cristalline, que M. Poulletier a trouvée dans les calculs biliaires humains, & dont il va être question.

La bile, considérée dans l'économie animale, est un suc qui paroît servir à la digestion. Sa qualité savoneuse la rend capable d'unir les matières huileuses à l'eau. Sa saveur amère indique qu'elle ftimule les inteftins, & qu'elle favorife leur action fur les alimens. Roux, célèbre médecin & chimifte de la faculté de médecine de Paris, que la mort a enlevé beaucoup trop tôt à ces deux fciences, croyoit que la bile avoit encore pour principal ufage d'évacuer hors du corps la partie colorante du fang. Il paroît qu'elle eft décompofée dans le duodénum, par les acides qui exiftent ou qui fe développent prefque toujours dans les organes de la digeftion. Au moins eft-il certain qu'elle eft fort altérée, fur-tout dans fa couleur lorfqu'elle fait portion des excrémens qu'elle colore. Auffi les bons médecins tirent-ils fouvent des inductions très-utiles de l'infpection de ces matières, pour favoir quel eft l'état de la bile des inteftins où elle coule & celui du foie qui la fépare.

On emploie l'extrait de fiel du bœuf & de plufieurs autres animaux, comme un très-bon médicament ftomachique. Il fupplée au défaut & à l'inertie de la bile; il donne du ton à l'eftomac & rétablit les fonctions de ce vifcère affoibli; mais il demande de grandes précautions dans fon ufage, parce qu'il eft âcre & échauffant; & il ne doit être adminiftré qu'à petite dofe, fur-tout chez les perfonnes fenfibles & irritables. Quelques perfonnes attribuent des vertus particulières au fiel des poiffons;

mais

mais l'expérience n'a point du tout prouvé cette assertion, qu'il faut ranger dans la classe trop nombreuse des préjugés qui existent dans la matière médicale.

Des Calculs biliaires.

Toutes les fois que la bile humaine est arrêtée dans la vésicule par une cause quelconque, & sur-tout par les serremens spasmodiques, comme dans la mélancolie, les accès hystériques, les longs chagrins, &c. elle s'épaissit & donne naissance à des concrétions brunes, légères, inflammables, d'une saveur amère très-forte, qu'on appelle calculs biliaires. Ces concrétions sont souvent en très-grand nombre ; elles distendent la vésicule, elles la remplissent quelquefois entièrement ; elles produisent des coliques hépatiques violentes, des vomissemens, l'ictère, &c. J'en distingue trois variétés ; les uns sont bruns, noirâtres, irréguliers, tuberculeux, & formés comme par grumeaux ; les autres plus durs, bruns, jaunâtres ou verdâtres, offrent des couches concentriques, & sont souvent recouverts d'une croûte sèche, unie & grise. Leur forme est ordinairement anguleuse & polyèdre. La troisième variété comprend des concrétions blanches ovoïdes plus ou moins irrégulières, couvertes d'une écorce blanchâtre & souvent inégale, formées de couches comme fpathiques, ou de lames criftallines tranfparentes, & fouvent rayonnées du centre à la circonférence.

Les calculs biliaires de la feconde variété ont été examinés par M. Poulletier de la Salle. Il a obfervé qu'ils étoient diffolubles dans l'alcohol. Ayant mis ces pierres en digeftion dans de bon efprit de vin, il a remarqué au bout de quelque tems, que cette liqueur étoit remplie de particules minces, brillantes & criftallines, & ayant toutes les apparences d'un fel. Les expériences qu'il a faites fur cette fubftance lui ont fait foupçonner que c'étoit un fel huileux analogue par quelques propriétés au fel acide que nous avons connu fous le nom de fleurs de benjoin; mais il paroît qu'on n'en connoît point encore la nature. D'après les recherches de ce favant, ce fel n'eft contenu que dans les calculs biliaires de l'homme; il ne l'a point trouvé dans ceux du bœuf. Ce fait très-fingulier mérite encore d'être confirmé, car nous avons trouvé M. Vauquelin & moi, un peu de matière lamelleufe dans les calculs du bœuf.

La découverte de M. Poulletier de la Salle a éclairci plufieurs faits recueillis à la fociété royale de médecine, fur les pierres de la véficule du fiel. Cette compagnie a reçu de fes correfpondans des calculs biliaires de la troifième variété indiquée ci-deſſus, & qui n'avoient pas encore été décrits. Ce ſont des amas de lames criſtallines tranſparentes, ſemblables au mica ou au talc, qui ont abſolument la même forme que la matière trouvée par M. Poulletier. Il paroît même que la bile humaine peut fournir une grande quantité de ces criſtaux, puiſque la ſociété de médecine a dans ſa collection de calculs, une véſicule du fiel entièrement remplie de cette concrétion ſaline tranſparente. J'en ai recueilli deux autres entièrement ſemblables, & qui m'ont été donnés par MM. le Preux & Hallé mes confrères. Il eſt à ſouhaiter qu'on examine la nature de ces nouveaux calculs; les recherches ſur cet objet ne peuvent être que fort utiles à la médecine.

On a propoſé le ſavon, le mêlange d'huile de térébenthine & d'éther, &c. pour fondre ces calculs biliaires. Il eſt important d'obſerver qu'on n'en trouve dans la véſicule des bœufs, qu'après les ſaiſons sèches, & la difette des fourrages frais; & qu'ils diſparoiſſent au printems & dans l'été, lorſque ces animaux trouvent abondamment des végétaux verts & ſucculens. Les bouchers ſont fort au fait de ce phénomène; ils ſavent que c'eſt depuis le mois de novembre juſqu'au mois de mars que ces pierres exiſtent dans ces animaux, & qu'à cette époque on n'en trouve plus. Ce phénomène fait assez connoître la puissance des sucs savoneux des plantes pour fondre les calculs biliaires. Cependant on ne doit point croire que les remèdes, quelque actifs & quelque volatils qu'ils soient, puissent parvenir en assez grande quantité dans la vésicule, pour y dissoudre les calculs biliaires avec la même énergie qu'ils le font dans nos expériences. Je crois que la cessation du spasme & conséquemment la dilatation du canal choledoque est la véritable cause des bons effets des mélanges éthérés, proposés par M. Durande, dont je conseille d'ailleurs de supprimer l'huile de térébenthine; d'autant plus qu'il paroît démontré que, très-échauffante d'ailleurs, elle n'a d'avantage que comme diminuant la volatilité de l'éther, & que des observations ont déjà prouvé que le jaune d'œuf, [& sans doute aussi beaucoup d'autres subftances pouvoient être employés de même & sans avoir les mêmes inconvéniens.

CHAPITRE VI.

De la Salive, du Suc pancréatique & du Suc gastrique.

LES anatomistes & les physiologistes ont trouvé une grande analogie entre la salive & le suc pancréatique. Les glandes salivaires & le pancréas ont en effet une structure tout-à-fait analogue, & l'usage de l'humeur que ces organes préparent, paroît être le même. L'homme & les quadrupèdes font les seuls chez lesquels la salive existe. Du moins on n'a point encore trouvé de glandes salivaires dans la plupart des autres animaux.

Les chimistes n'ont encore rien fait d'exact sur ces deux fluides. On ne peut en accuser que la difficulté que l'on éprouve pour s'en procurer une quantité même très-petite. On fait seulement que la salive est un suc très-fluide, séparé par les parotides & plusieurs autres glandes, qui coule continuellement dans la bouche, mais en plus grande abondance pendant la mastication. Cette humeur paroît être savoneuse, imprégnée d'air qui la rend écumeuse ; elle ne laisse que peu de résidu, lorsqu'on l'évapore à siccité ; il se forme cependant quelquefois des concrétions falivaires dans les canaux deftinés à porter cette humeur dans la bouche. Elle paroît contenir un fel ammoniacal, puifque la chaux & les alkalis fixes cauftiques en dégagent une odeur piquante & urineufe; Pringle avoit cru, d'après fes expériences, que la falive étoit très-feptique, & qu'elle favorifoit la digeftion en excitant un commencement de putridité dans les alimens; M. Spallanzani & plufieurs autres phyficiens modernes penfent au contraire qu'elle eft éminemment douée de la pro-priété d'empêcher & de rallentir la putréfaction.

Le fuc gaftrique fe fépare de petites glan-des ou des extrêmités artérielles qui s'ouvrent dans la tunique interne de l'eftomac. L'éfopha-ge en fournit auffi une petite portion, fur-tout dans la région inférieure; on y voit dans plu-fieurs oifeaux des glandes très-groffes qui s'ouvrent par des canaux excrétoires fort fen-fibles. M. Vicq d'Azyr les a décrits avec foin dans la cigogne, &c.

Quelques phyficiens modernes fe font beau-coup occupés du fuc gaftrique; MM. Spallan-zani, Scopoli, Monch, Brugnatelli, Carmi-nati ont examiné depuis quelques années, les propriétés de cette liqueur. Ils l'ont recueillie dans l'eftomac des moutons & des veaux en les ouvrant après les avoir laiffés jeûner quel-

que temps. Ils en ont obtenu des oiseaux carnivores & des gallinacées en leur faisant avaler
des sphères & des tubes de métal percés de
trous, & remplis d'une éponge très-fine;
M. Spallanzani a examiné le suc gastrique de
son estomac, en se procurant un vomissement,
ou en avalant des tubes de bois remplis de
différentes substances pour juger de l'effet du
suc gastrique sur chacune d'elles. Les expériences faites à l'aide des tubes, avoient déjà été
tentées autrefois par M. de Réaumur. Enfin,
M. Gosse de Genève a eu le courage de se faire
vomir un grand nombre de fois, par un procédé
qui lui est particulier, & qui consiste à avaler de
l'air. D'après toutes les observations modernes, le
suc gastrique paroît jouir des propriétés suivantes.

Ce suc est le principal agent de la digestion;
il change les alimens en une espèce de pâte
molle uniforme; il agit sur l'estomac, même
après la mort des animaux; ses effets sont ceux
d'un dissolvant; mais qui a cela de particulier,
qu'il dissout les substances animales & végétales
uniformément & sans marquer de préférence
ou d'affinité plus forte pour les unes que pour les
autres; loin de pouvoir être regardé comme un
ferment, c'est un des plus puissans antiseptiques connus; quant à sa nature intime, il paroît
d'après les travaux des physiciens cités plus

Z iv

haut, qu'elle diffère dans les diverses claffes d'animaux. Suivant M. Brugnatelli, le fuc gaftrique des oifeaux de proie & des granivores eft très-amer & compofé d'un acide libre, de réfine, de matière animale & de fel commun; celui des quadrupèdes ruminans eft très-aqueux, trouble, falé; il contient de l'ammoniaque, un extrait animal & du fel commun. M. de Morveau ayant fait digérer des portions de tunique interne de l'eftomac du veau dans l'eau, y a trouvé un caractère acide. M. Spallanzani croit que ce caractère dépend des alimens, ce phyficien n'a jamais trouvé le fuc acide dans les carnivores, & il l'a toujours trouvé tel chez les granivores. M. Goffe a éprouvé la même chofe fur lui-même, après avoir fait un long ufage de végétaux cruds. M. Brugnatelli penfe que la matière blanche des excrémens des oifeaux carnivores, contient de l'acide phofphorique; mais M. de Morveau obferve que fes expériences ne font point concluantes. M. Scopoli y a trouvé du muriate ammoniacal, & il foupçonne que l'acide muriatique eft produit par la vie des animaux, mais aucun fait décifif n'appuie cette opinion, & tout fe réunit au contraire pour indiquer que cet acide vient des alimens. MM. Macquart & Vauquelin ont trouvé au fuc gaftrique du bœuf, du veau & du mouton, un caractère conflamment acide ; mais il réfulte de leurs expériences exactes que c'eft de l'acide phofphorique à nud qui leur donne ce caractère ; ils ont reconnu auffi que ces fucs s'al-tèrent & fe pourriffent même affez promptement. Il paroît que le fuc gaftrique des carnivores a plus éminemment la propriété antifeptique.

De tous ces faits, on doit conclure, 1°. que le fuc gaftrique n'eft point encore bien connu ; 2°. qu'il paroît être différent dans les diverfes claffes d'animaux, & modifié fuivant la diver-fité des alimens ; 3°. que rien ne démontre encore qu'il puiffe être regardé comme un acide particulier, & qu'on doive reconnoître un acide gaftrique ; 4°. que fes propriétés les plus remarquables, font un caractère diffolvant très-fingulier qui agit affez facilement fur les fubftances offeufes & métalliques, que l'on dit même capable d'attaquer les pierres filiceufes, & une forte d'indifférence & une égale attrac-tion pour telle ou telle matière à diffoudre.

Sa propriété antifeptique très-forte, & qu'il communique à tous les corps avec lefquels on le mêle, & qui arrête même la putréfac-tion des fubftances qui l'ont déjà éprouvée, a excité plus d'attention que les autres. MM. Car-minati, Jurine & Toggia ont appliqué le fuc gaftrique fur les plaies ; M. Carminati l'a même

employé à l'intérieur, & ils font d'accord fur
fa vertu antiseptique. Mais les expériences de
MM. Macquart & Vauquelin que j'ai citées ci-
deffus & qui ont été faites dans mon laboratoire, prouvent que cette qualité antiputride
n'appartient point au fuc gaftrique des ruminans.

CHAPITRE VII.

*Des Humeurs ou Matières animales qui
n'ont point encore été examinées, telles
que la fueur, le mucus nafal, le cérumen, les larmes, la chaffie, la liqueur
féminale & les excrémens.*

IL y a encore beaucoup de liqueurs & de
matières animales dont on n'a point fait l'examen. C'eft donc moins pour en faire connoître
la nature, que pour engager les jeunes médecins à des recherches auffi utiles que neuves,
que nous dirons un mot de l'humeur de la
tranfpiration, de la fueur, du mucus des nari-
nes, du cérumen des oreilles, des larmes, de la
chaffie, de la liqueur féminale & des excrémens.

Les médecins ont découvert une grande
analogie entre l'humeur de la tranfpiration
cutanée & l'urine; ils favent que l'une & l'autre

de ces excrétions fe fuppléent réciproquement dans beaucoup de circonftances, ils font naturellement portés à regarder le fluide vaporeux de la tranfpiration, comme étant de la même nature que l'urine. La pratique de la médecine a appris que fes qualités varient; que fon odeur eft fade, aromatique, alkaline ou aigre; que fa confiftance eft quelquefois glutineufe, épaiffe, tenace, & qu'elle laiffe un réfidu fur la peau; que fouvent elle teint le linge en jaune de diverfes nuances. Je l'ai vu deux fois colorer le linge & des étoffes de laine en un bleu éclatant. M. Berthollet affure que la fueur rougit le papier bleu, & il a obfervé que ce phénomène a lieu fur-tout dans les parties affectées de la goutte. Il croit qu'elle entraîne de l'acide phofphorique. Il a été jufqu'actuellement impoffible de recueillir une affez grande quantité de cette humeur excrémentielle, pour en examiner avec foin les propriétés. Il refte donc à faire fur cet objet un grand nombre de recherches, que des circonftances particulières pourront feules permettre aux médecins d'entreprendre & de pourfuivre.

L'humeur préparée par la membrane de Schneider, & qui eft rejettée des narines par l'éternuement, mérite beaucoup d'attention de la part des médecins; c'eft une efpèce de mucilage épais, blanc ou coloré, plus ou moins fluide ou confiſtant dans certaines affeƈtions, & fur-tout dans les catarrhes. Perſonne n'en a encore fait l'examen.

Il en eſt de même de l'eſpèce de matière jaune verdâtre ou brune qui s'amaſſe dans le canal auditif, qui s'y épaiſſit, & que l'on connoît fous le nom de *cérumen* en raifon de fa confiſtance. Cette humeur eſt très-amère ; elle paroît être de nature réfineufe ; on fait qu'elle devient quelquefois aſſez concrète pour boucher le canal auditif & empêcher le fon d'y parvenir librement ; il fembleroit qu'elle a de l'analogie avec la matière inflammable de la bile.

Il faut en dire autant des larmes préparées dans une glande particulière fituée vers l'angle externe de l'orbite, & que la nature a deſti-nées à entretenir l'humidité & la foupleſſe des parties extérieures de l'œil ; cette liqueur eſt claire, limpide & manifeſtement falée, elle fort quelquefois en très-grande quantité ; dans l'état naturel elle coule peu-à-peu dans les nari-nes, & paroît fervir à délayer le mucus qui y eſt produit. La plupart des auteurs qui ont parlé de cette liqueur des larmes, & en particulier Pierre Petit, médecin de Paris, qui a publié vers la fin du dernier fiècle, un traité fur les larmes, les regardent comme de l'eau preſque pure. On ne connoît pas mieux la chaffie ou l'humeur qui coule du bord des paupières, & qui paroît être féparée par les glandes de Meibomius.

La nature chimique de l'humeur féminale a été auffi peu examinée que celle des fluides précédens. Le peu d'obfervations qu'il a été poffible de faire jufqu'actuellement fur cette humeur, ont appris qu'elle fe rapprochoit des mucilages animaux, qu'elle devenoit fluide par le froid & par la chaleur, & que l'action du feu la réduifoit en une fubftance sèche & friable.

Les obfervations anatomiques & microfcopiques ont été beaucoup plus loin que les expériences de chimie fur cet objet. Elles ont démontré que l'humeur féminale eft un océan dans lequel nagent des petits corps arrondis, doués d'un mouvement rapide, regardés par les uns comme des animaux vivans deftinés à reproduire les efpèces, & par les autres, comme des molécules organiques propres à former, par leur rapprochement, un être vivant. Le microfcope a auffi fait voir à un obfervateur moderne des criftaux qui fe forment pendant le refroidiffement & l'évaporation de la liqueur féminale. Mais on ne peut s'empêcher de difconvenir que ces belles expériences n'ont encore rien produit pour l'avancement de la fcience, & qu'elles n'ont donné lieu qu'à des hypothèfes ingénieufes.

Les alimens que prennent les animaux, con‑ tiennent une grande quantité de matière qui n’eſt point ſuſceptible de les nourrir, & qui eſt rejet‑ tée hors des inteſtins ſous une forme ſolide. Les excrémens ſont colorés par une portion de bile qu’ils entraînent avec eux; l’odeur fétide qu’ils exhalent eſt due à un commencement de putré‑ faction qu’ils éprouvent dans le long trajet qu’ils font dans les inteſtins. Homberg eſt le ſeul chi‑ miſte qui ait examiné ces matières. Il a obſervé que le phlegme fourni par les excrémens diſtillés au bain-marie avoit une odeur infecte : il en a retiré, par le lavage & l’évaporation, un ſel qui fuſe comme le nitre, & qui s’enflamme dans les vaiſſeaux fermés. Cette matière diſtillée à la cor‑ nue, lui a donné les mêmes produits que les autres ſubſtances animales. Les excrémens pu‑ tréfiés lui ont fourni une huile ſans couleur & ſans odeur, qui n’a point fixé le mercure en ar‑ gent, comme on le lui avoit fait eſpérer.

Il faut obſerver que la matière fécale que Homberg a examinée, provenoit d’hommes nourris avec du pain de Goneſſe & du vin de Champagne ; ce qui avoit été exigé pour la réuſſité de l’expérience alchimique qu’on lui avoit indiquée. Sans doute le genre de nourriture doit faire varier la nature des excrémens, puiſqu’ils ne ſont que le réſidu des alimens.

CHAPITRE VIII.

De l'Urine.

L'Urine est un fluide excrémentitiel transparent, d'un jaune citron, d'une odeur particulière, d'une saveur saline, séparée du sang par deux viscères glanduleux qu'on appelle reins, & portée de ces organes dans un réservoir que tout le monde connoît sous le nom de vessie, où elle séjourne quelque tems; c'est une sorte de lessive chargée des matières âcres contenues dans les humeurs des animaux, & qui, si elles étoient retenues trop long-tems dans le corps, porteroient le trouble dans les fonctions. L'urine est une dissolution d'un grand nombre de sels & de deux matières extractives particulières. Elle varie pour la quantité & les qualités, suivant plusieurs circonstances. Celle de l'homme que nous nous proposons d'examiner en particulier diffère de celle des quadrupèdes. Dans les autres classes d'animaux, elle offre encore des différences plus grandes. L'état de l'estomac & celui des humeurs en particulier produisent une infinité de changemens qu'il ne sera possible d'apprécier qu'après une longue suite d'expériences, qui n'ont encore été qu'ébauchées : nous ne parlerons donc ici que de l'urine humaine rendue dans l'état de santé.

Ce fluide est distingué par les bons médecins, en deux espèces ; l'une appelée urine de la boisson, ou urine crue, coule peu de tems après le repas ; elle est claire, presque sans saveur & sans odeur ; elle contient beaucoup moins de principes que l'autre qui est nommée urine du sang ou urine de la coction : cette dernière ne sort que lorsque la digestion est finie , & elle est séparée du sang par les reins, tandis que la première paroît se filtrer en partie de l'estomac & des intestins, immédiatement jusqu'à la vessie, par le tissu cellulaire , ou par les vaisseaux absorbans.

L'état de la santé, & sur-tout la disposition des nerfs , modifient singulièrement l'urine. Après les accès hystériques ou hypochondriaques, elle coule en grande quantité ; elle est inodore, insipide & sans aucune couleur. Les maladies des os , celles des articulations influent encore beaucoup sur cette lessive animale. Elle charie souvent une grande quantité de matière en apparence terreuse , mais qui paroît être de l'acide lithique & du phosphate calcaire, comme nous le dirons plus bas ; tel est le dépôt des urines des goutteux. Les médecins , & Hérissant & Morand en particulier, ont observé que lorsque

les

les os s'altèrent ou se ramolliſſent, les malades rendent une urine qui dépoſe beaucoup de cette matière; il paroît même que dans l'état de ſanté, l'urine charie la quantité de cette matière baſe des os, excédente à la nutrition & à la réparation de ces organes.

Beaucoup d'alimens ſont ſuſceptibles de communiquer quelques propriétés particulières à l'urine. La térébenthine & les aſperges lui donnent, la première une odeur de violettes, la ſeconde une odeur très-fétide. Les perſonnes dont l'eſtomac eſt foible rendent des urines qui retiennent l'odeur des alimens qu'elles ont pris, le pain, l'ail, les oignons, le bouillon, tous les végétaux donnent à leur urine une odeur qui fait reconnoître ces ſubſtances. D'après tous ces détails, on conçoit que l'urine offre au médecin des phénomènes dont il peut tirer le plus grand avantage dans la pratique. Il faut cependant bien ſe garder de croire que l'on puiſſe juger ſur la ſeule inſpection de l'urine, de la maladie, du ſexe d'un malade, & des remèdes qui lui conviennent, comme certains charlatans le prétendent.

L'urine humaine, conſidérée relativement à ſes propriétés chimiques, eſt une diſſolution d'un aſſez grand nombre de ſubſtances différentes. Les unes ſont des ſels ſemblables à ceux des minéraux, & qui, comme le penfe Macquer, viennent des alimens, & n'ont fouffert aucune altération. D'autres font des matières analogues aux principes extractifs des végétaux; enfin il en eft qui paroiffent particulières aux animaux, & même à l'urine, ou qu'au moins on n'a point encore trouvées en quantité notable dans les produits des autres règnes, ni même dans d'autres fubftances animales que l'urine. Après avoir indiqué les moyens qu'on emploie pour extraire ces diverfes matières de l'urine, nous ferons l'hiftoire de celles de ces matières qui font propres à ce fluide, & dont nous n'avons pas encore pris connoiffance.

L'urine avoit été regardée comme une liqueur ou leffive alkaline; mais M. Berthollet fait remarquer qu'elle contient toujours un excès d'acide phofphorique, & qu'elle rougit la teinture de tournefol (1). Ce médecin a obfervé que les urines des goutteux contiennent moins de fel acide que celles des perfonnes en parfaite fanté; que pendant l'accès de goutte, ce fluide eft encore moins acide qu'à l'ordinaire. Il conjecture que dans les goutteux l'acide phofpho-

____

(1) Coldevillars avoit indiqué dans fon *Cours de Chirurgie* que l'urine rougiffoit conftamment la teinture de tournefol.

tique ne s'évacue point par les urines comme chez les hommes sains, qu'il s'égare pour ainsi dire, & que porté dans les articulations, il y excite de l'irritation, de la douleur. Cet excès d'acide de l'urine paroît tenir en diffolution du phofphate calcaire.

Schéele penfoit que cet acide de l'urine n'e point en entier de l'acide phofphorique, mais en partie le même acide que celui qu'il a trouvé dans le calcul humain, & que nous appelons acide lithique; cet acide, fufceptible de concré-tion & de criftallifation, forme, fuivant ce célèbre chimifte, les criftaux rouges qui fe dé-pofent de l'urine, ainfi que le précipité briqueté que l'on obférve dans l'urine des fiévreux. Les concrétions tophacées des articulations dans les goutteux paroiffent être de la même nature que le calcul; c'eft-à-dire, en grande partie for-mées par l'acide lithique.

L'urine fraîche, diftillée au bain-marie, donne une grande quantité d'un phlegme qui n'eft ni acide ni alkalin, mais qui fe pourrit prompte-ment. Comme ce phlegme ne contient rien de particulier, on évapore ordinairement l'urine à feu nud. A mefure que l'eau, qui fait plus des fept huitièmes de cette humeur animale, fe diffipe, l'urine prend une couleur brune; il s'en fépare une matière pulvérulente, qui a l'apparence terreuse, que l'on a prise pour du sulfate calcaire, mais qui est un mélange de phosphate calcaire & d'acide lithique. Ce sel est de la même nature que la base des os, & la matière du calcul de la vessie. Lorsque l'urine a acquis la consistance d'un sirop clair, on la filtre, on la met dans un lieu frais; il s'y dépose au bout de quelque tems des cristaux salins, qui sont composés de muriate de soude & de deux substances salines particulières. On connoît ces derniers sels sous le nom de *sels fusibles , sels natifs de l'urine , phosphates alkalins* , &c. nous en examinerons les propriétés dans le chapitre suivant. On obtient plusieurs levées de ces cristaux par des évaporations & des cristallisations réitérées; dans ces évaporations successives, il se cristallise une certaine quantité de muriate de soude & de muriate de potasse ; quand l'urine ne donne plus de matières salines, elle est dans l'état d'un fluide brun très-épais, d'une espèce d'eau-mère, & elle tient en dissolution deux substances extractives particulières. En l'évaporant jusqu'en consistance d'extrait mou, & en traitant ce résidu par l'alcohol, Rouelle le jeune a découvert qu'une portion se dissolvoit dans ce menstrue & qu'une autre restoit sans s'y dissoudre. Il a nommé la première *matière savoneuse* , & la seconde *matière extractive* .

La substance savoneuse est comme saline, & susceptible de cristallisation. Elle ne se dessèche que difficilement, & dans cet état elle attire l'humidité de l'air. Elle donne à la cornue plus de la moitié de son poids de carbonate ammoniacal, peu d'huile, & de muriate ammoniacal; son résidu verdit le sirop de violettes.

La substance extractive soluble dans l'eau, & non dans l'alcohol, se dessèche facilement au bain-marie, comme les extraits des plantes; elle est brune, moins déliquescente que la première; elle donne à la distillation tous les produits des matières animales. Telles sont, d'après Rouelle, les propriétés caractéristiques & distinctives de ces deux substances qui forment l'extrait d'urine. Ajoutons à ces détails, que ce célèbre chimiste a retiré depuis une once jusqu'à plus d'une once & demie d'extrait d'une pinte d'urine rendue après la coction, tandis qu'une même quantité d'urine crue ne lui en a donné qu'un, deux ou trois gros.

Si, au lieu de séparer par l'alcohol cet extrait d'urine en deux matières distinctes, on le distille en entier à feu nud, il fournit beaucoup de carbonate ammoniacal, une huile animale, très-fétide, du muriate ammoniacal, & un peu de phosphore. Son charbon contient un peu de muriate de soude ou sel commun. Cette analyse

de l'urine indique donc que ce fluide eſt formé
d'une grande quantité d'eau, d'acide phoſphorique & d'acide lithique libres, de muriate de
ſoude, de phoſphates calcaire, de ſoude &
ammoniacal, & de deux matières extraćtives
particulières qui donnent la couleur à ce fluide.
Quant à la couleur foncée qu'elle acquiert dans
pluſieurs maladies, & notamment dans toutes
les affećtions bilieuſes, j'ai découvert qu'elle
appartient à la réſine de la bile, & que la portion de l'extrait de cette urine diſſoute par
l'alcohol, s'en précipite par l'eau.

L'urine, expoſée à l'air, s'altère d'autant plus
promptement que l'atmoſphère eſt plus chaude;
il s'y forme d'abord des dépôts par le ſimple
refroidiſſement; il ſe criſtalliſe à ſa ſurface &
au fond pluſieurs matières ſalines, & ſouvent
un ſel rougeâtre, qui paroît être de la nature
du calcul de la veſſie. Perſonne n'a mieux obſervé les altérations ſpontanées de ce fluide
excrémentitiel, que M. Hallé mon confrère.
Il a diſtingué dans la décompoſition de l'urine
livrée à elle-même, pluſieurs tems, qui different par la nature du ſédiment ou des criſtaux
qui s'y dépoſent, autant que par les changemens qu'elle éprouve. Notre objet n'eſt pas de
traiter en détail de ces changemens, qu'on
trouvera décrits avec exaćtitude dans un excel-

lent mémoire inféré parmi ceux de la fociété
royale de médecine pour l'année 1779. Nous
ne voulons qu'indiquer ici les grandes altérations que l'urine éprouve. Bientôt après fon
refroidiffement, fon odeur s'altère, s'exalte,
& paffe à l'ammoniaque ; fa partie colorante
change, & fe fépare du refte de la liqueur ;
enfin cette odeur alkaline fe diffipe, & il lui
en fuccède une autre moins piquante, mais plus
défagréable & plus nauféabonde ; & la décompofition finit par être complète. Rouelle le
jeune a obfervé que l'urine crue & féreufe ne
fe putréfioit pas fi vîte ; que fon odeur, lorfqu'elle étoit altérée, différoit beaucoup de celle
de l'urine de la coction ; & qu'enfin elle fe
couvroit de moififfure comme les fucs des végétaux & les diffolutions de gelée animale. M.
Hallé a vu certaines urines devenir très-acides
avant de paffer à la décompofition putride.
L'urine putréfiée pendant un an & plus, mife
en évaporation, donne du fel fufible, de même
que l'urine fraîche ; mais elle contient beaucoup plus d'acide phofphorique à nud, & fait
effervefcence avec le carbonate ammoniacal.
La putréfaction a volatilifé une partie de l'ammoniaque. Lorfqu'on l'évapore, le fel dépofé
fur les parois de la baffine, eft fortement acide ;
& pour en avoir une plus grande quantité, il

A a iv

faut, fuivant le confeil de Rouelle le jeune, ajouter du carbonate ammoniacal jufqu'à ce que l'effervefcence ceffe, & que la faturation de l'acide foit complète.

La chaux vive & les alkalis fixes fecs décompofent fur le-champ les principes falins contenus dans l'urine. Il fuffit de verfer de la potaffe ou de la foude cauftique, ou de jetter de la chaux vive dans l'urine fraîche pour y développer une odeur ammoniacale putride infupportable. C'eft en décompofant le phofphate ammoniacal que ces fubftances produifent cette odeur. M. Berthollet a découvert que l'eau de chaux fourniffoit un précipité dans l'urine fraîche, & qu'on pouvoit retirer du phofphore de ce précipité. Ce phénomène dépend de l'union de la chaux avec l'excès d'acide phofphorique; & le précipité eft formé, 1°. du phofphate calcaire naturel à l'urine, & qui n'y étoit tenu en diffolution qu'en raifon de l'excès d'acide phofphorique; 2°. du nouveau phofphate calcaire formé par l'union de la chaux ajoutée avec l'acide libre. M. Berthollet ayant obfervé que l'ammoniaque cauftique précipite auffi le phofphate calcaire de l'urine, en neutralifant l'acide phofphorique libre qui y tient ce fel en diffolution, remarque que le poids de ce précipité comparé à celui qui eft produit par l'eau de chaux, indique la quantité d'acide phofphorique libre contenu dans l'urine, parce qu'en effet le phofphate ammoniacal formé dans cette expérience, refte en diffolution dans ce fluide, tandis que le phofphate calcaire produit par l'eau de chaux, fe précipite comme infoluble en même-tems que la portion de phofphate calcaire qui exifte naturellement dans l'urine.

Les acides n'ont aucune action fur l'urine fraîche ; mais ils détruifent promptement l'odeur de l'urine pourrie, & celle des dépôts qu'elle forme dans cet état.

L'urine décompofe plufieurs diffolutions métalliques. Lemery a indiqué fous le nom de *précipité rofe*, un magma d'une couleur rofée, qui fe forme lorfqu'on verfe de la diffolution nitrique de mercure dans l'urine. Ce précipité eft en partie formé par l'acide muriatique, & en partie par l'acide phofphorique contenu dans ce fluide. M. Brongniart a obfervé que quelquefois cette préparation s'allume par le frottement, & brûle avec rapidité fur les charbons ardens ; ce qu'il attribue à un peu de phofphore.

Telles font les connoiffances acquifes jufqu'à ce jour fur les propriétés chimiques de l'urine ; il refte encore beaucoup à faire pour compléter ce que l'analyfe peut découvrir fur cet objet ; il fera néceffaire d'analyfer les différens dépôts obfervés dans l'urine, & bien diftingués par M. Hallé, les concrétions falines rouges ou tranfparentes qui s'y forment, & que Schéele regardoit comme de l'acide lithique, le fédiment abondant que l'urine donne après les accès de la goutte, dans les malades attaqués de la pierre, &c.

Nous allons maintenant examiner dans le chapitre fuivant les produits falins particuliers qu'on retire de l'urine, & dont il eft néceffaire de bien reconnoître les propriétés.

CHAPITRE IX.

Du Phofphate ammoniacal, du Phofphate de foude, & du Calcul de la veffie ou Acide lithique.

Nous avons vu que l'urine contenoit plufieurs fels particuliers. Ces fels font les combinaifons de l'acide phofphorique avec l'ammoniaque, la foude & la chaux, & la bafe acide du calcul de la veffie. En fuivant les dénominations méthodiques déjà expofées, nous examinerons fucceffivement le phofphate ammoniacal, le phofphate de foude, & l'acide lithique. Quant au phofphate calcaire , nous en décrirons les propriétés à l'article des os.

Le fel qu'on obtient par le refroidiffement & par le repos de l'urine évaporée , a été appelé *fel fufible* en général , parce qu'il fe fond au feu comme nous le verrons tout-à-l'heure ; on l'a auffi nommé *fel effentiel d'urine*, *fel microcofmique*. Dans ce premier état il eft un mêlange de phofphate ammoniacal de muriate , & de phofphate de foude ; fali par une matière extractive. Plufieurs chimiftes , & Margraf en particulier , penfoient que pour éviter le mêlange du fel marin , il falloit laiffer putréfier l'urine , & que ce fel fe changeoit en phofphate par la putréfaction ; ce qui eft aujourd'hui démontré faux : 120 pintes d'urine récente donnent, fuivant Margraf , environ 4 onces de phofphate ammoniacal , & 2 onces de phofphate de foude.

La féparation exacte de ces deux fubftances falines qui compofent le fel fufible entier , obtenu par une première criftallifation , & que Schockwitz , le Mort , Boerhaave , Henckel & Schloffer , avoient regardé comme un feul fel , n'eft pas très-facile. Pour l'opérer on a confeillé de diffoudre le fel dans de l'eau chaude , d'évaporer la liqueur , & de la faire criftallifer. Mais Rouelle le jeune & M. le duc de Chaulnes , font les feuls chimiftes qui aient fait mention d'une

très-grande & très-singulière difficulté que présente ce procédé ; la plus grande partie du sel
se dissipe par la chaleur de la dissolution & de
l'évaporation , & l'on en perd près des trois
quarts. M. le duc de Chaulnes a donné nn procédé pour le purifier avec le moins de perte
possible , & qui consiste à le dissoudre , à filtrer
& à laisser refroidir sa dissolution dans des
vaisseaux bien fermés. Par l'une ou l'autre manipulation , on obtient d'abord un sel cristallisé
en prismes tétraèdres rhomboïdaux très-com-
primés qui est le phosphate ammoniacal, & au-
dessus de ces premiers cristaux un autre sel en
cubes ou plutôt en tables quarrées allongées
fort différent du premier par la forme , & qui
est le phosphate de soude. On peut encore
séparer ce dernier, suivant la remarque de
Rouelle le jeune , en enlevant l'efflorescence
qu'il forme de dessus le premier qui ne s'altère
point.

Du Phosphate ammoniacal.

Le phosphate ammoniacal ainsi purifié & séparé du phosphate de soude , est sous la forme
de prismes tétraèdres rhomboïdaux très-com-
primés, & souvent tronqués dans leur longueur ,
& sur leurs angles ; d'où résultent des espèces
de prismes hexagones. On trouve aussi assez

fouvent, fuivant M. Romé de Lille, dont je prends ici la defcription de ce fel, des fegmens longitudinaux de ces prifmes, dont la face pofée fur la capfule eft plus large, rhomboïdale & traverfée par deux lignes diagonales qui fe croifent dans leur milieu. La forme tétraèdre & octaèdre qu'on lui a attribuée, ne s'y rencontre, que lorfque ce fel contient encore du muriate & du phofphate de foude. Le muriate de foude paroît avoir fpécialement la propriété de modifier fa forme en octaèdre, puifqu'en diffolvant le premier fel dans de l'urine, & en expofant cette liqueur au foleil, elle fournit des octaèdres réguliers au bout de quelques jours. La faveur du phofphate ammoniacal eft d'abord fraîche, enfuite urineufe, amère & piquante; lorfqu'on le chauffe au chalumeau fur un charbon ardent, il fe bourfoufle, répand une odeur d'ammoniaque, & fe fond en un globule vitreux déliquefcent. Si on le diftille dans une cornue, la chaleur en dégage de l'ammoniaque très-pénétrante & très-cauftique; le réfidu eft un verre tranfparent très-fixe & très-fufible, qui attaque les cornues. Margraf dit qu'il eft foluble dans deux ou trois parties d'eau diftillée, & qu'il préfente les caractères d'un acide. Rouelle affure qu'il eft déliquefcent; M. de Morveau croit, au contraire, qu'à l'aide d'un bon feu, on peut le réduire à l'état vitreux inaltérable. M. Prouft a découvert que ce réfidu vitreux eft une combinaifon d'acide phofphorique avec une portion d'une matière particulière, qu'il ne paroiffoit pas connoître, & qui n'eft autre chofe que du phofphate de foude, d'après les recherches de plufieurs chimiftes modernes ; mais il faut obferver que l'on n'obtient ce verre compofé que lorfqu'on diftille du phofphate ammoniacal qui retient encore une portion de phofphate de foude, & que dans ce cas ce verre paroît être toujours opaque ou fufceptible de le devenir très - facilement, tandis que le phofphate ammoniacal bien pur laiffe un verre bien tranfparent.

Le phofphate ammoniacal eft inaltérable à l'air.

Il paroît être très - diffoluble dans l'eau, & ne demander que cinq à fix parties d'eau froide pour être tenu en diffolution. L'eau chaude à 60 degrés le décompofe & volatilife même une portion de fon acide.

Le phofphate ammoniacal fait entrer en fufion la filice, l'alumine, la baryte, la magnéfie & la chaux; mais ces compofés vitreux appartiennent à l'acide phofphorique, puifque l'ammoniaque fe dégage avant que la fufion ait lieu.

La chaux & les deux alkalis fixes purs dé

composent le phosphate ammoniacal, & en séparent l'ammoniaque. Si l'on verse de l'eau de chaux dans une dissolution de ce sel, on obtient un précipité blanc qui n'est que du phosphate calcaire. Les carbonates alkalins & terreux le décomposent de même, & en séparent l'ammoniaque dans l'état de carbonate ammoniacal.

On n'a point encore examiné avec assez de soin l'action des acides minéraux & végétaux sur le phosphate ammoniacal. Cette action tient aux diverses attractions électives qui existent entre l'acide phosphorique & la base alkaline ; nous en traiterons à l'article de cet acide.

Il en sera de même des altérations que le phosphate ammoniacal éprouve de la part des métaux & de leurs oxides, parce que ces altérations dépendent absolument de l'acide phosphorique.

Le phosphate ammoniacal traité avec du charbon dans des vaisseaux fermés, donne du phosphore ; Bergman l'a proposé comme fondant dans les essais au chalumeau.

Du Phosphate de soude.

Nous avons décrit la manière d'obtenir à part le phosphate de soude ; il est nécessaire de tracer ici les diverſes époques de ſa découverte, avant d'examiner ſes propriétés.

Hellot paroît être le premier qui en ait parlé en 1737, mais il l'a pris pour du ſulfate de chaux. Haupt l'a fait mieux connoître en 1740 ſous le nom de ſel admirable perlé, *ſal mirabile perlatum* ; Margraf l'a décrit en 1745 ; Pott en a parlé en 1757, & l'a pris pour du ſulfate de chaux comme Hellot. Rouelle le jeune l'a examiné en détail en 1776, & l'a appelé *ſel fuſible à baſe de natrum*. Tous ces chimiſtes apperçurent la différence de ce ſel d'avec le précédent, conſiſtant ſur-tout en ce qu'il ne donne point de phoſphore avec le charbon ; mais Rouelle eſt celui de tous qui en a le mieux reconnu les proprietés. Suivant lui ſes criſtaux ſont des priſmes tétraèdres applatis, irréguliers, dont une des extrémités eſt dièdre & compoſée de deux rhomboïdes taillés en ſens contraire, & l'autre eſt adhérente à la baſe. Les quatre côtés du ſolide ſont deux pentagones irréguliers alternes, & deux rhomboïdes allongés & taillés en biſeau.

Le phoſphate de ſoude, expoſé dans un creuſet, ſe fond & donne une maſſe blanche & opaque; chauffé dans une cornue, il ne donne que du phlegme ſans aucun caractère d'alkali ni acide, & ſon réſidu eſt un verre ou une fritte opaque.   Ce

Ce sel s'effleurit & tombe tout-à-fait en poussière à l'air.

Il se dissout bien dans l'eau distillée, & il se cristallise par l'évaporation ; sa dissolution verdit le sirop de violettes.

Le nitrate calcaire le décompose ; il s'y forme un précipité qui est du phosphate calcaire, & la liqueur surnageante donne du nitrate de soude.

Ce sel est également décomposé par la dissolution nitrique de mercure ; il forme un précipité blanc, qui distillé dans une cornue, donne un peu de sublimé rougeâtre, du mercure coulant, & laisse dans le fond de ce vaisseau une masse blanche opaque, adhérente & combinée au verre. Ce précipité mercuriel bouilli avec une dissolution de carbonate de soude, reforme le phosphate de soude, & laisse le mercure dans l'état d'une poudre rouge briquetée. Tels sont les faits découverts par Rouelle le jeune sur ce sel ; M. Proust, engagé par ce célèbre chimiste, dont il étoit l'élève, à examiner de nouveau cette matière, a fait un assez grand nombre d'expériences dont voici les principaux résultats. Ayant lessivé le résidu du phosphore fait avec le sel fusible entier & de première cristallisation, d'où il n'avoit obtenu du phosphore qu'un huitième du poids du sel, cette lessive

évaporée à l'air, a donné des criſtaux parallélo-
grammatiques d'un pouce de longueur dont la
quantité s'étend, ſuivant lui, de 5 à 6 gros par
once de ſel fuſible employé pour le phoſphore.
Obſervons que cette quantité n'eſt ſi conſidérable qu'à raiſon de l'eau qui entre dans les
criſtaux. Cette ſubſtance ſe fond au feu en un
verre opaque; elle colore la flamme en vert;
elle s'effleurit à l'air ; elle décompoſe les nitrates
& les muriates, & en dégage les acides ; elle
forme des verres avec les matières terreuſes
à l'aide de la fuſion ; elle ſature les alkalis
comme un acide ; d'après cet examen, M. Prouſt
penſa que cette ſubſtance ſaline étoit différente
de toutes celles que l'on connoiſſoit, qu'elle étoit
unie avec l'acide phoſphorique & l'ammoniaque
dans le phoſphate ammoniacal, & que c'étoit
elle qui formoit avec la ſoude le *ſel fuſible à
baſe de natrum* de Rouelle ; il obſerva qu'elle
faiſoit fonction d'acide, & il la compara à l'acide
boracique ; d'après cette idée **M.** Prouſt fit de
nouvelles expériences ſur le ſel fuſible à baſe de
natrum retiré par le procédé de Rouelle, que
nous avons décrit plus haut.

Suivant lui la chaux décompoſe ce ſel, &
elle a plus d'affinité avec la ſubſtance particulière qui y tient lieu d'acide, que n'en a la
ſoude. Si l'on verſe de l'eau de chaux dans

une dissolution de ce sel, il se fait un précipité, & la soude reste pure & caustique en dissolution.

Les acides minéraux, & même le vinaigre distillé, le décomposent d'une manière inverse. Rouelle avoit jugé que l'acide sulfurique & l'acide nitrique n'agissoient point sur ce sel, parce qu'ils n'y occasionnoient en apparence aucun changement. Mais M. Proust ayant mêlé les acides sulfurique, nitrique, muriatique & acéteux, avec une dissolution de *sel fusible à base de natrum*, a observé que quoiqu'il ne se formât pas de précipité dans ces mélanges, les liqueurs évaporées & refroidies donnoient du sulfate & du nitrate, du muriate & de l'acétite de soude; ce qui prouve, 1°. que ce sel a été décomposé par ces acides; 2°. qu'il contient de la soude, comme l'avoit déjà démontré Rouelle le jeune. Quant à la substance séparée, & qui auparavant étoit unie à la soude, il est clair qu'elle reste en dissolution dans les liqueurs, en même-tems que les nouveaux sels neutres. M. Proust l'a très-bien reconnue dans l'eau-mère que l'on obtient après le mélange du vinaigre, & la cristallisation de l'acétite de soude. En versant sur cette eau-mère huit à dix fois son volume d'alcohol, les dernières portions de sel neutre acéteux se dissolvent, & il se forme un magma qu'on lave avec de nouvel alcohol,

& qu'on diffout enfuite dans l'eau diftillée. Cette diffolution du magma évaporée à l'air libre, donne des criftaux en parallélogrammes abfolument femblables à ceux que l'on retire du lavage du réfidu du phofphore fait avec le fel fufible entier de l'urine. C'eft donc cette fubftance particulière, analogue à l'acide boracique, fuivant M. Prouft, qui fature la foude dans le fel fufible à bafe de natrum. Cette découverte femble en effet expliquer pourquoi ce fel ne donne point de phofphore. M. Prouft ajoutoit à ces détails, que c'étoit une fubftance nouvelle qui, exiftant toujours dans le vrai fel fufible ou phofphate ammoniacal, donnoit à l'acide phofphorique la propriété de fe fondre en verre, & telle étoit la raifon pour laquelle je lui avois donné, dans la première édition de cet ouvrage, le nom de *bafe du verre phofphorique*; mais M. de Morveau s'eft affuré depuis que l'acide phofphorique pur, retiré du phofphore par déliquefcence, & par conféquent ne contenant point de cette fubftance, fe fondoit feul par la chaleur, en un verre folide & permanent. Ce travail de M. Prouft, fait avec foin, & fur-tout piquant par fes réfultats, engagea Bergman à regarder cette fubftance comme un acide particulier; il en a fait l'hiftoire dans la feconde édition de fa Differtation fur les attractions électives fous le nom d'acide du fel perlé, *acidum perlatum*, fans doute d'après la dénomination donnée en 1740 par M. Haupt au fel fufible à bafe de natrum. M. de Morveau en a fait un article particulier de fon Dictionnaire de Chimie, fous le nom d'*acide ourétique* tiré du nom grec de l'urine qui le fournit ; mais depuis les recherches de M. Prouft, la Differtation de Bergman, & la rédaction de l'article cité de M. de Morveau, M. Klaproth a publié dans le Journal de M. Crell, une analyfe du *fel fufible à bafe de natrum*, qui détruit l'exiftence de ce prétendu acide particulier, & qui démontre que ce n'eft que de l'acide phofphorique combiné avec la foude. C'eft par une expérience femblable à celle de Rouelle le jeune, que M. Klaproth s'eft affuré de ce fait ; en précipitant la diffolution de *fel fufible à bafe de natrum* par le muriate ou le nitrate calcaire, le précipité que Rouelle avoit déjà indiqué comme analogue à la bafe des os, donne en effet de l'acide phofphorique par le moyen de l'acide fulfurique. M. Klaproth ajoute qu'en faturant l'acide phofphorique obtenu par la combuftion lente du phofphore avec la foude, avec un peu d'excès de cette dernière, on forme un fel abfolument femblable au fel perlé de Haupt, ou au *fel fufible à bafe de natrum* de

Rouelle; & que pour obtenir la fubftance décrite par M. Prouft, il fuffit de reprendre à ce fel neutre l'excès de foude par le vinaigre, ou d'y ajouter un peu d'acide phofphorique; on ne fera point étonné, d'après cela, de trouver dans Bergman abfolument les mêmes attractions électives pour l'acide perlé & pour l'acide phofphorique. Ces détails ont été donnés par M. de Morveau dans un fupplément aux acides du règne animal, & il prévient qu'il ne doit plus être queftion après cela, ni de l'acide, ni des fels *ourétiques*.

Il eft très-fingulier que le phofphate de foude ne foit pas décompofé par le charbon, comme le phofphate ammoniacal; & que ce corps combuftible n'enlève point l'oxigène à l'acide phofphorique uni à la foude. Cette bafe ôte donc à ce dernier acide la propriété d'être décompofé par le charbon, quoiqu'elle n'agiffe pas de même fur l'acide fulfurique & fur plufieurs autres acides. C'eft une exception frappante aux attractions électives de l'oxigène, & dont on ne connoît encore que cet exemple. Il eft également remarquable que l'acide phofphorique ajouté en excès au phofphate de foude, laiffe à ce compofé, qui conftitue fuivant M. Klaproth la fubftance particulière de M. Prouft, la propriété de verdir le firop de violettes.

M. de Morveau ajoute à l'histoire du phosphate de soude, que lorsqu'on verse dans sa dissolution celle de muriate de plomb, il se fait un précipité de phosphate de plomb ; ce dernier distillé avec du charbon, donne du phosphore, comme M. de Laumont, inspecteur des mines, l'a découvert sur une de celles d'Huelgoat; on voit d'après cela comment le plomb corné, proposé par Margraf dans la distillation du phosphore d'urine, peut augmenter la quantité du produit, comme nous l'exposerons dans le chapitre suivant.

De l'Acide lithique.

Le calcul ou la pierre qui se forme dans la vessie de l'homme, a fixé depuis long-tems l'attention des médecins & des chimistes. Paracelse qui lui donnoit le nom barbare de *Duelech*, le croyoit formé par une résine animale, & le comparoit aux concrétions arthritiques. Van-helmont le regardoit comme une concrétion faite par les sels de l'urine, & un esprit volatil terreux, & pensoit qu'il différoit beaucoup de la craie arthritique dont l'épaississement & l'acidification de la synovie étoit, suivant lui, la cause. Boyle en avoit extrait de l'huile & beaucoup de sel volatil ; Boerhaave y admettoit une terre unie à l'alkali volatil ; Hales en avoit retiré 645 fois fon volume d'air, & de 230 grains n'avoit obtenu que 49 grains de réfidu ; il l'appeloit tartre animal. Beaucoup de favans médecins, & fur-tout Whytt, Deften , avoient regardé les matières alkalines, comme le véritable diffolvant du calcul urinaire. Plufieurs même avoient propofé la leffive des favoniers ; mais toutes ces idées n'étoient point fondées fur une analyfe exacte du calcul. Schéele & Bergman ont commencé cette analyfe.

Le premier a découvert que la pierre de la veffie eft formée pour la plus grande partie d'un acide particulier que nous nommons *acide lithique* : 70 grains de calcul de la veffie lui ont donné à la diftillation 28 grains de cet acide fec & fublimé, du carbonate ammoniacal, & 12 grains de charbon très-difficile à incinérer ; 1000 grains d'eau bouillante ont diffous 296 grains du même acide , cette leffive rougiffoit les couleurs bleues ; mais il s'en eft féparé la plus grande partie en petits criftaux par le refroidiffement.

L'acide fulfurique concentré diffout le calcul à l'aide de la chaleur, & paffe à l'état d'acide fulfureux ; l'acide muriatique ne l'attaque point ; l'acide nitrique le diffout complettement ; il fe dégage du gaz nitreux & de l'acide carbonique pendant fon action ; cette diffolution eſt rouge ; elle tient un acide libre ; elle teint la peau & tous les tiſſus organiques en rouge ; on n'y trouve point de trace d'acide ſulfurique par les ſels barytiques ſolubles, ni de chaux par l'acide oxalique ; l'eau de chaux y forme un précipité ſoluble ſans efferveſcence dans les acides. Les alkalis cauſtiques diſſolvent le calcul, ſuivant Schéele ; ces diſſolutions ſont précipitées par la chaux : 1000 grains d'eau de chaux en diſſolvent 537, & l'ammoniaque en grande quantité attaque également le calcul. Ce célèbre chimiſte aſſure que le dépôt briqueté de l'urine des fiévreux eſt de la même nature. Quoique Schéele n'ait pas trouvé de chaux dans la pierre de la veſſie, Bergman en a retiré en précipitant ſa diſſolution nitrique par l'acide ſulfurique, & en calcinant le réſidu de la même diſſolution. Bergman a découvert de plus dans le calcul, une matière blanche, ſpongieuſe, indiſſoluble dans l'eau, les acides & les alkalis ; le charbon incinéré de cette ſubſtance, dont la quantité trop petite l'a empêché de reconnoître la nature, n'eſt pas même ſoluble dans l'acide nitrique.

D'après l'analyſe de ces deux hommes célèbres, répétée pluſieurs fois avec le même ſuccès par pluſieurs chimiſtes, le calcul de la veſſie paroît donc être d'une autre nature que la terre des os ; cependant M. Tennant de la société royale de Londres, a trouvé des pierres de la veſſie qui ne perdoient que deux tiers à la calcination, dont le réſidu ſe fondoit en verre opaque par le refroidiſſement, & qui contenoient conféquemment une aſſez grande quantité de phoſphate calcaire.

Quant à l'acide lithique, ſes propriétés connues ſont, 1°. d'être concret & criſtallin ; 2°. d'être peu diſſoluble dans l'eau, & plus dans l'eau chaude que dans l'eau froide ; 3°. d'être diſſoluble par l'acide nitrique dont il abſorbe une partie de l'oxigène, & de former alors une maſſe rouge déliqueſcente, colorant beaucoup de corps ; 4°. de s'unir aux terres, aux oxides métalliques, & de former des ſels neutres particuliers, que nous nommons *lithiates ammoniacal, calcaire, de potaſſe, de ſoude, de cuivre*, &c. 5°. de préférer dans ſes attractions les alkalis aux terres ; 6°. enfin de céder ces baſes aux acides les plus foibles & même à l'acide carbonique, ce qui eſt la cauſe de l'indiſſolubilité du calcul dans les carbonates alkalins ; ce dernier caractère eſt particulier à cet acide : au reſte, comme l'obſerve très - bien M. de Morveau, il reſte beaucoup à faire pour bien connoître l'acide lithique, & j'ajouterai même pour rechercher s'il n'eſt point une modification d'un autre acide, ce qu'il eſt permis de foupçonner depuis les rapports connus des acides végétaux les uns avec les autres, & fur-tout du prétendu acide *perlé* & *ourétique* avec l'acide phofphorique.

M. de Morveau croit que les concrétions arthritiques, que les médecins ont regardées comme étant de la même nature que le calcul de la veſſie, en ſont très-différentes ; mais il ne ſe fonde que ſur quelques expériences de Schenckius, de Pinelli, de Whytt, qui ſont bien éloignées de l'exactitude néceſſaire aujourd'hui pour aſſurer des réſultats ; & les obfervations de Boerhaave, de Fréd. Hoffman, de Springsfeld, d'Alſton, de Léger, &c. ſur les bons effets des eaux alkalines, du ſavon, de l'eau de chaux dans les affections arthritiques & calculeuſes, me paroiſſent plus propres à aſſurer l'analogie entre ces deux genres de concrétions, que celles qui ont été citées, ne ſont capables de l'infirmer. Cependant on ne peut s'empêcher de convenir avec M. de Morveau, que c'eſt aux expériences ſeules à décider cette queſtion ; c'eſt une nouvelle preuve de l'importance des recherches chimiques pour la médecine, & des avantages qu'elles promettent à cette ſcience utile.

CHAPITRE X.

Du Phosphore de Kunckel.

LE phosphore est une des substances les plus combustibles que l'on connoisse. Comme on l'a d'abord retiré de l'urine, & comme la matière qui en donne le plus est le phosphate ammoniacal dont nous avons examiné les propriétés, nous croyons devoir placer ici l'histoire de cette matière inflammable.

La découverte du phosphore est due suivant Léibnitz à un alchimiste nommé Brandt, bourgeois de Hambourg, qui le trouva en 1667. Kunckel s'associa à un nommé Krafft, pour faire l'acquisition du procédé ; mais ce dernier ne lui ayant pas communiqué ce secret, Kunckel résolut de le chercher, & après avoir entrepris un travail suivi sur l'urine de laquelle il savoit qu'il étoit tiré, il parvint à faire du phosphore, dont il doit être regardé comme le véritable inventeur. Quelques personnes attribuent aussi l'honneur de cette découverte à Boyle, qui en déposa en effet une petite quantité, en 1680, entre les mains du secrétaire de la société royale de Londres ; mais Stahl assure que Krafft lui avoit dit qu'il avoit communiqué le procédé du phofphore à Boyle. Ce dernier phyficien donna fon procédé à un allemand, nommé Godfreid Hankwitz, qui avoit un beau laboratoire à Londres, & qui étoit le feul qui fît du phof-phore, & qui le vendît aux phyficiens de toute l'Europe. Quoique depuis 1680 jufqu'au commencement de notre fiècle, il eût paru un grand nombre de recettes pour faire le phof-phore, & entr'autres celles de Boyle, de Krafft, de Brandt, de Homberg, de Teïchmeyer, de Frédéric Hoffman, de Niewentyt & de Wedelius, aucun chimifte n'en préparoit encore, & cette préparation étoit un véritable fecret, lorfqu'en 1737 un étranger offrit à Paris un moyen de faire du phofphore avec fuccès. L'académie nomma quatre chimiftes, MM. Hellot, Dufay, Geoffroy & Duhamel, pour fuivre cette opération dans le laboratoire du jardin du roi; ce procédé réuffit fort bien. Le miniftère récompenfa l'étranger, & Hellot le décrivit avec exactitude dans un mémoire inféré parmi ceux de l'Académie, pour l'année 1737. Cette opération confifte à faire évaporer cinq ou fix muids d'urine jufqu'à ce qu'elle foit réduite en une matière grumeleufe, dure, noire & luifante; à calciner ce réfidu dans une marmite de fer dont on fait rougir le fond, jufqu'à ce qu'il ne fume plus , & qu'il ait pris l'odeur de fleurs de pêcher ; à leffiver cette matière calcinée avec le double au moins d'eau chaude ; à la deffécher après avoir décanté l'eau du lavage. On mêle trois livres de cette matière avec une livre & demie de gros fable ou de grès égrugé , & quatre à cinq onces de poudre de charbon de hêtre ; on humecte ce mêlange avec une demi-livre d'eau , & on l'introduit dans une cornue de Heffe. On effaie fa matière en la faifant rougir dans un creufet ; lorfqu'elle répand une flamme violette & une odeur d'ail, elle donnera du phofphore. On place la cornue dans un fourneau fait exprès , on y adapte un grand ballon rempli d'eau au tiers. Il faut que ce ballon foit percé d'un petit trou , & Hellot regarde cette pratique comme l'une des manipulations les plus néceffaires à la réuffite de l'opération. Trois ou quatre jours après que l'appareil a été conftruit, on donne le feu avec beaucoup de lenteur , pour achever de fécher le fourneau & les luts ; on l'augmente peu-à-peu jufqu'à la plus grande violence , & on l'entretient pendant environ quinze ou vingt heures dans cet état. Le phof-phore ne diftille que quatorze heures après le commencement de l'opération qui en dure en tout vingt-quatre ; il s'élève auparavant une grande quantité de carbonate ammoniacal dont une

partie eft diffoute par l'eau du ballon. Le phofphore volatil ou aériforme paffe le premier en
vapeurs lumineufes ; le véritable phofphore
coule enfuite comme une huile , ou comme
une cire fondue. Lorfqu'il ne paffe plus, on
laiffe refroidir l'appareil pendant deux jours ;
on délute & on ajoute de l'eau dans le ballon,
pour détacher le phofphore adhérent à fes
parois ; on le fait fondre dans de l'eau bouillante ; on le coupe en petits morceaux, qu'on
introduit dans des cols de matras coupés vers
la moitié de la boule en forme d'entonnoir,
& plongés dans de l'eau bouillante. Le phofphore fe fond, fe purifie & devient tranfparent par la féparation d'une matière noirâtre qui
s'élève au-deffus de lui. On le trempe enfuite
dans de l'eau froide dans laquelle il fe congèle ;
& on l'extrait des cols de matras , en le pouf-
fant du côté large avec un petit bâton. Tel eft
en abrégé le procédé décrit par Hellot ; la longueur de l'opération empêcha les chimiftes de
la répéter, fi on en excepte Rouelle l'aîné, qui
dans fes cours de chimie l'exécuta plufieurs fois
avec fuccès.

En 1743, Margraf publia dans les mémoires
de l'académie de Berlin , une nouvelle méthode
pour faire une bonne quantité de phofphore plus
facilement qu'on ne l'avoit fait avant lui. Suivant

ſon procédé, on mêle le plomb corné réſidu de la diſtillation de quatre livres de *minium* & de deux livres de muriate ammoniacal, avec dix livres d'extrait d'urine en conſiſtance de miel. On y ajoute une demi-livre de charbon en poudre : on deſsèche ce mêlange dans une chaudière de fer, juſqu'à ce qu'il ſoit réduit en une poudre noire ; on diſtille cette poudre dans une cornue pour en retirer, par un feu gradué, le carbonate ammoniacal, l'huile fétide & le muriate ammoniacal. On a ſoin de ne pouſſer le feu que juſqu'à ce que la cornue ſoit médiocrement rouge. Le réſidu noir & friable de cette diſtillation eſt la matière d'où l'on extrait le phoſphore ; on l'eſſaie en en jettant un peu ſur les charbons ardens : ſi elle répand une odeur d'ail & une flamme bleue phoſphorique, elle eſt bien préparée. On en remplit juſqu'aux trois quarts une cornue de terre de Heſſe ou de Picardie, bien lutée ; on place ce vaiſſeau dans un fourneau de réverbère terminé par une chape de fourneau à vent, & par un tuyau de tôle de ſix ou huit pieds de haut ; on adapte à la cornue un ballon moyen percé d'un petit trou, & à moitié rempli d'eau ; on lute les jointures avec le lut gras recouvert de bandes de toile, enduites de blanc d'œuf & de chaux ; on élève un mur de brique entre le fourneau & le ballon ;

on

on laisse sécher cet appareil un jour ou deux, & on procède à la distillation par un feu bien gradué. Cette opération dure entre six & neuf heures, suivant la quantité de matière que l'on distille. On rectifie ce phosphore, en le distillant à un feu très-doux dans une cornue de verre, avec un récipient à moitié plein d'eau. Presque tous les chimistes ont répété avec succès le procédé de Margraf, & il étoit le seul en usage jusqu'à celui qui a été découvert depuis plusieurs années, & qui consiste à séparer l'acide phosphorique des os, comme nous le dirons en parlant de ces corps solides.

On voit que le procédé de Margraf ne differe de celui de Hellot que par l'addition du muriate de plomb, & parce que l'opération est coupée en deux. Mais ce qu'il y a de plus précieux dans le travail du savant chimiste de Berlin, c'est qu'il a déterminé quelle est la substance contenue dans l'urine qui sert à former le phosphore. En distillant un mélange de *sel fusible* & de charbon, il a obtenu un très-beau phosphore, & il a observé que l'urine d'où l'on a extrait ce sel, ne donne presque plus de cette substance combustible. C'est donc une partie constituante du sel fusible qui contribue à la formation du phosphore, & on obtient facilement cette substance, en distillant

deux parties du verre obtenu de ce fel décompofé dans une cornue ou dans un creufet, avec
une partie de charbon en poudre. Cette opération exige beaucoup moins de tems & beaucoup moins de feu que celles que nous avons
décrites jufqu'à préfent, puifque, fuivant M.
Prouft, le phofphore peut couler au bout d'un
quart-d'heure. C'eft fans contredit le meilleur
procédé que l'on puiffe fuivre pour fe procurer
du phofphore d'urine ; mais il y a plufieurs
obfervations à faire fur cet objet ; 1°. le réfidu
vitreux de la décompofition du phofphate ammoniacal par le feu, n'étant point de l'acide
phofphorique pur, mais combiné avec du phofphate de foude, qui n'eft point décompofable
par le charbon, on n'obtient que très-peu de
phofphore, en employant ce réfidu, puifqu'une
once n'en donne qu'un gros, & fouvent moins ;
2°. lorfqu'on prépare en grande quantité le fel
fufible par l'évaporation & le refroidiffement,
il fe trouve auffi mêlé d'une grande quantité de
phofphate de foude qui ne donne point de
phofphore. On conçoit donc, d'après ces deux
obfervations, pourquoi l'on obtient fi peu de
ce corps combuftible par la diftillation du fel
fufible avec le charbon. Peut-être le fel fufible
entier, ou le mélange de phofphate ammoniacal & de phofphate de foude, diftillé avec

du charbon & du muriate de plomb, en don-
neroit-il davantage, puisque ce dernier paroît
avoir la propriété de décomposer le phosphate
de soude.

Le phosphore obtenu par tous les procédés
que nous avons décrits, est toujours le même.
Lorsqu'il est bien pur, il est transparent, d'une
consistance semblable à celle de la cire. Il se
cristallise en lames brillantes, & comme mica-
cées par le refroidissement. Il se fond dans l'eau
chaude bien avant même que ce fluide soit bouillant. Il est très-volatil, & il monte en un fluide
épais à une douce chaleur. S'il est en contact
avec l'air, il exhale une fumée de toute sa surface; cette vapeur qui répand une forte odeur
d'ail, paroît blanche dans le jour, & elle est
très-lumineuse dans l'obscurité. C'est-là l'inflammation lente du phosphore; en effet, si on le laisse
quelque tems ainsi exposé à l'air, il se consume
peu-à-peu, & il donne pour résidu un acide
particulier dont nous examinerons plus bas les
propriétés. Cette combustion lente ne s'opère
jamais que lorsque le phosphore est en contact
avec l'air; elle demande même, pour être très-
lumineuse, une chaleur de douze à quinze degrés, quoiqu'elle ait lieu à une température
au-dessous. Cette inflammation se fait sans chaleur, & elle n'allume aucun corps combustible.

Mais lorsque le phosphore éprouve une chaleur sèche de vingt-quatre degrés, il s'allume avec décrépitation ; il brûle rapidement avec une flamme blanche très-vive, mêlée de jaune & de vert, & il détruit avec beaucoup de promptitude tous les corps combustibles qu'il touche. Les vapeurs qui s'en exhalent alors, sont très-abondantes, blanches, & fort lumineuses dans l'obscurité. Cette combustion rapide a lieu avec une chaleur très-forte & une lumière très-éclatante dans un récipient plein d'air vital.

Le phosphore laisse un résidu différent dans l'une & l'autre de ces combustions. La première donne une liqueur qui pèse plus que le double du phosphore employé, & que nous nommons *acide phosphoreux*. La seconde offre une matière concrète blanche très-déliquescente & très-dissoluble qui est l'*acide phosphorique*. On a cru que cette dernière ressembloit au résidu acide & fluide de la première combustion ou de l'inflammation lente. Cependant ces deux acides présentent des différences réelles dans leurs combinaisons, comme Margraf l'a le premier observé, & comme M. Sage l'a indiqué dans les mémoires de l'académie, année 1777. Nous parlerons en détail de ces différences dans l'histoire de ces acides.

La combustion du phosphore étoit regardée

par Sthal comme le dégagement du plogistique qu'il croyoit combiné avec l'acide muriatique (1) dans ce corps inflammable. M. Lavoisier, pour connoître ce qui se passe dans cette combustion, a allumé à l'aide d'un verre ardent, du phosphore sous une cloche de verre plongée dans du mercure. Il a observé qu'on ne peut brûler qu'une quantité donnée de cette matière dans un volume déterminé d'air, & que cette quantité va à un grain de phosphore pour seize à dix-huit pouces cubiques d'air ; qu'après cette combustion le phosphore s'éteint, & que l'air ne peut plus servir à brûler de nouveau phosphore ; que le volume de l'air diminue, & que le phosphore se change en floccons blancs, neigeux, qui s'attachent aux parois de la cloche ; ces floccons ont deux fois & demie le poids du phosphore employé, & cette augmentation de pesanteur correspond exactement

---

(1) Stahl a assuré dans plusieurs de ses Ouvrages qu'en combinant l'acide muriatique avec le phlogistique, on pouvoit faire du phosphore. Margraf a entrepris un travail suivi, en traitant différentes combinaisons de l'acide muriatique par des matières combustibles, & il n'a jamais pu produire un atôme de phosphore. Il a même démontré que l'acide, formé par ce corps combustible brûlé, diffère beaucoup de celui du sel marin, & tous les chimistes sont aujourd'hui convaincus de cette différence.

à celle que l'air a perdue, & dépend uniquement de l'abſorption de l'oxigène par le phoſphore. En effet, les floccons blancs ſont de l'acide phoſphorique concret formé par la combinaiſon du phoſphore avec l'oxigène ou la baſe de l'air vital contenu dans l'air atmoſphérique, qui a ſervi à la combuſtion de cette ſubſtance inflammable. Il en eſt de cette théorie comme de celle du ſoufre, & il ſeroit inutile d'ajouter à ce que nous avons dit ſur cet objet dans le règne minéral.

Le phoſphore ſe liquéfie dans l'eau chaude. Si l'on fait paſſer de l'air vital à travers ce phoſphore liquéfié ſous l'eau, on le brûle & on le réduit à l'état d'acide phoſphorique.

Quoique le phoſphore ne ſoit point ſoluble dans ce fluide, il s'y altère cependant peu-à-peu. Il perd ſa tranſparence ; il jaunit & il ſe couvre d'une effloreſcence ou pouſſière colorée. L'eau devient acide, elle paroît lumineuſe lorſqu'on l'agite dans l'obſcurité. Le phoſphore s'y décompoſe donc lentement.

Les alkalis fixes cauſtiques diſſolvent le phoſphore à l'aide de la chaleur de l'ébullition ; il ſe dégage pendant cette combinaiſon un gaz fétide découvert par M. Gingembre, & qui a la ſingulière propriété de s'enflammer avec exploſion par le contaƈt de l'air atmoſphérique ,

& plus encore par le contact de l'air vital. Ce fluide élastique est formé de phosphore dissous dans du gaz hydrogène ; & celui-ci est le produit de la décomposition de l'eau. Nous le nommons *gaz hydrogène phosphoré.*

L'acide sulfurique, distillé dans une cornue avec le phosphore, le brûle presqu'entièrement, mais sans inflammation. L'acide nitrique concentré l'attaque avec violence, & l'enflamme subitement si le phosphore est chaud. En faisant cette expérience dans une cornue avec de l'acide nitrique qui ne soit pas très-concentré, le phosphore se brûle peu-à-peu, enlève l'oxigène à l'acide nitrique, & forme de l'acide phosphorique ; ce procédé a été décrit par M. Lavoisier en 1780.

L'acide muriatique, même oxigéné, n'attaque pas sensiblement le phosphore.

Les sels nitriques l'enflamment avec beaucoup de rapidité à l'aide d'une chaleur douce.

Le soufre & le phosphore se combinent, suivant Margraf, par la fusion & la distillation. Il en résulte un composé solide, d'une odeur fétide qui brûle avec une flamme jaune, qui se gonfle dans l'eau, à laquelle il communique de l'acidité & l'odeur des sulfures alkalins, propriétés qui indiquent certainement une réaction particulière entre ces deux corps, dont l'union paroît opérer la décompofition de l'eau.

Le phofphore ne s'unit pas auffi-bien aux métaux, que le fait le foufre, quoiqu'il y ait entre lui & ce dernier un affez grand nombre d'analogies. Margraf a effayé de faire ces combinaifons en diftillant chaque fubftance métallique avec deux parties de phofphore. Il n'y a que l'arfenic, le zinc & le cuivre, qui lui aient préfenté des phénomènes particuliers; tous les autres métaux n'ont point été altérés par le phofphore, qui s'eft brûlé en partie, ou fublimé dans le récipient fans avoir éprouvé de changement notable.

Le phofphore fublimé avec l'arfenic, a offert à ce célèbre chimifte une matière d'un beau rouge, femblable au réalgar.

Le zinc diftillé deux fois de fuite avec cette fubftance combuftible, a donné des fleurs jaunes, pointues & très-légères. Le fublimé, expofé au feu fous une mouffle rouge, s'eft enflammé & fondu en un verre tranfparent femblable à celui du borax.

Le cuivre, traité de la même manière avec le phofphore, a perdu fon brillant, eft devenu très-compact; il avoit acquis dix grains fur un demi-gros, & il brûloit en l'approchant de la flamme. M. Pelletier a obfervé que le cuivre se combine très-bien avec le phosphore, & qu'il résulte de cette combinaison une espèce de mine grise, brillante, grenue, très-dure, très-difficile à fondre ; nous donnons à ces composés, dans lesquels le phosphore entre sans altération, les noms de *phosphures*, de cuivre, de zinc, d'arsenic, de fer, &c.

MM. le marquis de Bullion & Sage ont décrit une altération remarquable que le phosphore éprouve dans les dissolutions métalliques. Le premier de ces chimistes a découvert que des petits bâtons de phosphore introduits dans des dissolutions d'or, d'argent, de cuivre, &c. se couvroient peu-à-peu d'un enduit ou d'une espèce de fourreau métallique & brillant. Ces belles expériences prouvent que le phosphore a plus d'affinité avec l'oxigène que plusieurs métaux, & qu'il est susceptible de réduire leurs oxides. Bergman a constaté que l'acide arsénique est noirci & passe à l'état d'arsenic, lorsqu'on le chauffe avec du phosphore qui devient acide phosphorique, à mesure qu'il enlève l'oxigène au demi-métal.

Le phosphore se dissout dans toutes les huiles, & les rend lumineuses. Spielman a découvert qu'il se dissout dans l'alcohol, & que cette dissolution jette des étincelles lorsqu'on la verse dans l'eau. Une partie du phosphore est précipitée en poudre blanche dans cette opération.

Le phosphore n'est point encore d'usage ni dans la médecine ni dans les arts. MM. Menzius, Morgenstern, Hartman, &c. disent en avoir éprouvé de bons effets dans les fièvres malignes & bilieuses, dans l'abattement des forces, dans la fièvre miliaire. Quelques autres l'ont recommandé dans la rougeole, la péripneumonie, les douleurs rhumatismales, l'épilepsie, &c. mais quoiqu'il ait déjà paru en Allemagne plusieurs dissertations sur les vertus médicinales du phosphore employé intérieurement, on ne peut rien établir de certain sur cet objet, jusqu'à ce que l'expérience ait prononcé d'une manière plus positive.

CHAPITRE XI.

De l'Acide phosphorique, & de l'Acide phosphoreux.

L'ACIDE phosphorique a été ainsi appelé, parce qu'on a cru qu'il existoit tout formé dans le phosphore, d'où on le retiroit par la combustion; mais M. Lavoisier a prouvé que ce sel étoit une combinaison du phosphore avec l'oxigène.

Pour obtenir cet acide, on peut employer quatre procédés; le premier confiste à faire brûler avec rapidité du phofphore, fous des cloches pleines d'air atmofphérique plongées fur du mercure, à l'aide d'un verre ardent, ou en le touchant avec un fer rouge. Il faut avoir foin de mettre auparavant un peu d'eau fur les parois des cloches. Ce procédé indiqué par M. Lavoifier donne en peu de tems de l'acide phofphorique, qui eft mêlé d'un peu de phofphore non brûlé, c'eft-à-dire de l'acide en partie phofphoreux. On peut employer de l'air vital pour cette com-buftion; à la vérité l'inflammation eft d'une rapidité & d'une violence telles qu'elle brife fouvent les cloches avec fracas. Ce procédé fournit de l'acide phofphorique.

Le fecond procédé dû à MM. Woulfe & Pelletier, s'excute en faifant paffer un courant d'air vital à travers le phofphore fondu au-deffous de l'eau.

Dans le troifième donné par M. Lavoifier, on brûle ce phofphore par le moyen de l'acide nitrique un peu fort. L'un & l'autre de ces pro-cédés fournit de l'acide phofphorique.

Le quatrième procédé ou la combuftion lente, improprement appelée formation de l'acide phofphorique par *deliquium*, a été très - bien décrit par M. Sage; on place des bâtons de phofphore fur les parois d'un entonnoir de verre, dont la tige eft reçue dans un flacon, & dont la bafe eft recouverte d'un chapiteau; on laiffe le bec de celui-ci ouvert; on met un tube de verre dans la tige de l'entonnoir, afin de retenir le phofphore, & de donner paffage à l'air du flacon, déplacé par l'acide. Il faut avoir foin que les tubes de phofphore ne fe touchent pas, & que la température du lieu où eft l'appareil n'excède pas 12 à 14 degrés; fans ces précautions le phofphore entreroit en déflagration : au bout d'un tems plus ou moins long, on obtient par once de phofphore trois onces d'acide qui fe raffemble, & qui coule peu-à-peu dans l'eau qu'on a eu foin de mettre dans le flacon, c'eft de l'acide phofphoreux.

Ces quatre procédés fourniffent l'acide du phofphore dans deux états différens, fuivant qu'il contient du phofphore non décompofé, ou qu'il eft entièrement brûlé & faturé d'oxigène. Ces deux acides préfentent entr'eux des phénomènes comparables à ceux que nous ont offerts l'acide fulfurique & l'acide fulfureux : telle eft la raifon des réfultats un peu différens obtenus par MM. Sage & Lavoifier dans les combinaifons de cet acide, & confignés dans les mémoires de l'académie 1777. Nous nommons, comme nous l'avons dit, le premier, celui dans lequel le phosphore est saturé d'oxigène, *acide phosphorique*, & le second, qui n'est pas entièrement saturé d'oxigène, *acide phosphoreux*.

De l'Acide phosphorique.

L'acide phosphorique pur obtenu sans addition d'eau & dans l'air vital, est sous la forme de floccons blancs, neigeux, légers, déliquescens & d'une saveur acide très-forte. Exposé à l'air il en attire promptement l'humidité; mis en contact avec un peu d'eau, il s'y fond facilement & donne un fluide blanc, sans odeur, d'une consistance huileuse, très-pesant, d'une saveur fortement acide, & changeant rapidement en rouge les couleurs bleues végétales. Si on l'expose à l'action du feu dans une cornue, on en retire un phlegme pur; l'acide se concentre, devient même plus pesant que l'acide sulfurique; il prend peu-à-peu de la consistance, de l'opacité; il ressemble à un extrait mou. Enfin, poussé à un feu violent, il se fond en un verre transparent, dur, très-électrique & insoluble, qui ne présente plus de caractère acide. Il paroît que cet état solide & vitreux dépend d'une combinaison plus intime entre la base acidifiable & l'oxigène, & de la séparation d'une partie de ce dernier. Cette idée fur l'adhérence plus intime de l'oxigène dans le verre phofphorique, qui n'étant plus acide mérite le nom d'*oxide phofphorique vitreux*, eft confirmée par la difficulté qu'on a pour en obtenir du phofphore à l'aide du charbon, & par la haute température qu'on eft obligé de donner pour cela à ce mélange.

Si on chauffe dans un vaiffeau ouvert l'acide phofphorique obtenu par la combuftion lente ou l'acide phofphoreux, il s'en élève de tems en tems de petites flammes, dues à un refte de phofphore qui n'a pas été entièrement brûlé, & accompagnées d'une odeur d'ail; au refte il fe concentre, il fe deffèche, & il finit par fe fondre comme le premier.

L'acide phofphorique concentré attire très-promptement l'humidité de l'air. Il s'unit à l'eau avec chaleur; il fe combine à un grand nombre de fubftances, & il préfente dans fa combinaifon des phénomènes particuliers.

L'acide phofphorique liquide ne paroît pas avoir d'action fur la terre filicée, d'après les expériences de Bergman & de M. de Morveau. Mais il en a une fur le verre, comme l'ont démontré les recherches de MM. Ingenhousze & Prieftley.

Il bouillonne au chalumeau avec l'alumine; l'acide phofphorique fondu dans des creufets de Heſſe, leur donne une couverte tranſparente vitreuſe ſuivant la remarque de M. de Morveau.

Il s'unit à la baryte & paroît la préférer à toutes les autres baſes excepté la chaux, ſuivant les attractions de cet acide indiquées par Bergman. On ne connoît pas encore les propriétés du phoſphate barytique.

L'acide phoſphorique diſſout le carbonate de magnéſie avec efferveſcence. Le ſel qu'il forme avec cette ſubſtance, eſt peu ſoluble. Sa diſſolution bien chargée donne au bout de vingt-quatre heures de repos des criſtaux en petites aiguilles applaties très-minces, de pluſieurs lignes de longueur, & coupées obliquement par les deux bouts, elle ſe prend ſouvent en une gelée tranſparente. En expoſant ces criſtaux de phoſphate de magnéſie à une chaleurr douce, il ſe réduiſent en poudre. L'acide ſulfurique décompoſe ce ſel, ſuivant M. Lavoiſier.

L'acide phoſphorique, verſé dans l'eau de chaux, la précipite en un ſel très-peu ſoluble, qui ne fait point efferveſcence avec les acides, que les acides minéraux décompoſent, qui n'eſt pas décompoſé par les alkalis cauſtiques. Ce ſel eſt de la même nature que la baſe des os. Un excès d'acide phoſphorique rend le phoſphate calcaire ſoluble dans l'eau; mais on l'en précipite par la magnéfie, la chaux, les alkalis fixes cauftiques & même l'ammoniaque qui reprennent l'excès d'acide. Le phofphate calcaire qui n'eft point décompofable par les alkalis cauftiques, le devient par les carbonates de potaffe & de foude. La matière folide des os eft du phofphate furfaturé de chaux.

L'acide phofphorique, faturé de potaffe, forme un fel très-foluble, qui, par l'évaporation & le refroidiffement, donne quoiqu'affez difficilement des criftaux en prifmes tétraèdres, terminés par des pyramides également à quatre faces, qui correfpondent avec celles des prifmes. Ce phofphate de potaffe fe diffout beaucoup mieux dans l'eau chaude que dans l'eau froide, il fe bourfouffle fur les charbons, il ne fe fond que difficilement; & lorfqu'il eft fondu, il n'a plus de faveur faline. Il précipite en blanc la diffolution nitrique d'argent, & en blanc jaunâtre celle de mercure. Il eft décompofé par l'eau de chaux qui a plus d'affinité avec l'acide phofphorique que n'en a la potaffe.

La foude, unie avec l'acide phofphorique, donne un fel d'une faveur agréable, analogue à la faveur du muriate de foude. Le phofphate de foude ne criftallife que difficilement, & fe réduit fouvent par l'évaporation en une matière gommeufe, filante comme de la térébenthine,

&

& déliquefcente. J'ai apperçu dans cette matière épaiffe des aiguilles difpofées en rayons qui annonçoient une criftallifation commençante; mais fi l'on ajoute à ce fel un peu plus de foude qu'il n'en faut pour faturer fon acide, cet excès de bafe dont il eft fufceptible de fe charger en change fur-le-champ les propriétés; fa faveur devient urineufe, il verdit le fyrop de violettes, il criftallife en larges parallélogrammes, **il s'effleurit à l'air**; en un mot, il prend toutes les propriétés du fel fufible à bafe de natrum, que nous appelons *phofphate furfaturé de foude*. Ce fel ne donne point de phofphore avec le charbon; au refte les phofphates de baryte, de chaux, de potaffe & de foude n'en fourniffent pas non plus, & il paroît qu'il faut que l'acide phofphorique foit à nud pour être décompofé par le charbon.

Le phofphate ammoniacal, formé par la combinaifon de l'acide phofphorique avec l'ammoniaque, eft plus foluble dans l'eau chaude que dans l'eau froide, & il donne par le refroidiffement, des criftaux qui ont, d'après M. Lavoifier, quelque rapport avec ceux de l'alun. J'ai remarqué que lorfque la combinaifon eft bien neutre, il eft très-difficile de l'obtenir criftallifé, & que prefque tout s'évapore par une chaleur douce; mais un excès d'ammoniaq favorife la criftallifation de ce fel ; un peu de phofphate de foude produit le même effet ; & tel eft l'état de celui que l'on extrait de l'urine. La baryte, la chaux, les alkalis décompofent le phofphate ammoniacal ; le feu en dégage facilement l'ammoniaque, & c'eft pour cela que ce fel donne du phofphore avec le charbon.

L'acide phofphorique décompofe les fulfates, les nitrates & les muriates alkalins par la voie sèche & en dégage les acides en raifon de fa fixité ; mais il leur cède fes bafes par la voie humide.

L'acide phofphorique n'agit dans fon état de fluidité que fur un petit nombre de fubftances métalliques. Il diffout bien le zinc, le fer & le cuivre ; ces diffolutions évaporées ne donnent point de criftaux, excepté celle de fer, qui paroît fufceptible de criftallifer. Les autres fe réduifent en maffes ductiles & molles, femblables aux extraits ; fi on les pouffe au feu, elles jettent des étincelles, & paroiffent former de véritable phofphore. Margraf & MM. les académiciens de Dijon ont examiné en détail l'action de cet acide fur les métaux & fur les demi-métaux.

L'acide phofphorique précipite auffi quelques diffolutions métalliques ; telles font celles de mercure & d'argent par l'acide nitrique, dans lesquelles il occasionne des précipités.

Les dissolutions nitrique & acéteuse de plomb sont également précipitées par l'acide phosphorique, & par les phosphates solubles ; le précipité fourni par la décomposition de ces derniers, ou le phosphate de plomb, donne du phosphore en le distillant avec le charbon.

Cet acide réagit sur les huiles ; il en exalte l'odeur ; il donne à celles qui n'en ont point une odeur suave, & comme éthérée ; il en épaissit quelques-unes.

Distillé dans son état de siccité avec du charbon, il donne du phosphore.

Chauffé dans une cornue avec l'alcohol, il a donné à MM. les académiciens de Dijon une liqueur fortement acide, d'une odeur pénétrante & désagréable, qui brûloit avec un peu de fumée, & qui présentoit quelques-unes des propriétés de l'éther. L'acide phosphorique a acquis de la volatilité dans cette expérience, puisque le produit étoit acide. M. Lavoisier a vu ce mélange produire de la chaleur. Cependant la plupart des chimistes regardent l'acide phosphorique comme insoluble dans l'alcohol. Margraf, Rouelle, Schéele, MM. Wenzel, Lassonne, Cornette, le duc de Chaulnes, ont indiqué l'alcohol pour purifier & séparer l'acide phofphorique des différentes matières étrangères qu'il peut contenir.

Enfin l'acide phofphorique tenant en diffolution du phofphate de foude, donne par la fufion un verre dur, infipide, infoluble, non-déliquefcent & opaque, femblable à celui que laiffe le fel fufible entier pouffé au feu.

Obfervons encore que l'acide phòfphorique, qu'on croyoit autrefois particulier à l'urine, exifte dans une grande quantité de matières ànimales comme nous l'avons déjà vu & comme nous l'indiquerons encore dans les chapitres fuivans. Margraf l'avoit annoncé dans les végétaux; M. Berthollet en a retiré de ceux qui donnent de l'ammoniaque à la diftillation; M. Haffenfratz l'a extrait d'un grand nombre de plantes qui croiffent dans les marais & dans les terreins de tourbes. On l'a trouvé dans plufieurs minéraux & en particulier dans le plomb & le fer, auxquels il paroît qu'il s'eft uni par la décompofition des fubftances animales. Enfin M. Prouft vient de le trouver combiné avec la chaux dans une pierre fphathique d'Efpagne.

De l'Acide phofphoreux.

Nous avons dit que lorfque le phofphore brûle lentement & ne fe fature pas entièrement d'oxigène, il fe forme un acide différent du premier, & qui eft relativement à lui ce qu'eft l'acide fulfureux à l'acide fulfurique, l'acide nitreux au nitrique, l'acide acéteux à l'acétique : cette diverfité de la proportion de l'oxigène dans cet acide en fait naître une très-grande dans fes propriétés, comme cela a lieu pour les trois acides précédens. On peut auffi regarder l'acide phofphoreux, comme de l'acide phofphorique tenant un peu de phofphore en diffolution. Cet acide prend une odeur fétide & défagréable lorfqu'on le frotte, & fur-tout lorfqu'on le chauffe ; une partie fe volatilife fous la forme d'une vapeur blanche, très-âcre & très - piquante ; il eft donc beaucoup plus volatil que l'acide phofphorique ; mais jamais cet acide phofphoreux ne s'élève en entier en vapeur, comme le fait l'acide fulfureux, & il contient toujours une plus ou moins grande quantité d'acide phofphorique, c'eft pour cela qu'il laiffe un réfidu vitreux, ou un oxide phofphorique fondu, lorfqu'on le traite à un grand feu. On peut le préparer en décompofant l'acide phofphorique, & il s'en dégage toujours une certaine quantité dans l'opération du phofphore. On n'a point encore examiné en détail toutes les propriétés diftinctives de l'acide phofphoreux ; mais ce qu'on en fait fuffit pour caractérifer la différence qui exifte entre cet acide & l'acide phofphorique. M. Sage, dans les mémoires de l'académie pour l'année 1777, a fait

D d iij

connoître quelques-unes des propriétés caractéristiques de l'acide phosphoreux. Suivant ce
chimiste le sel qui résulte de l'acide obtenu
par le *deliquium* du phosphore uni à la potasse
ou le phosphite de potasse, n'est pas déliquescent ; le phosphite de soude est aussi cristallisable & non - déliquescent ; le phosphite
ammoniacal attire au contraire l'humidité de
l'air.

CHAPITRE XII.

Des Parties molles & blanches des animaux, & de leurs muscles.

QUOIQUE l'analyse des parties solides des
animaux soit moins avancée que celle de leurs
fluides, on commence cependant à connoître
les diverses matières dont elles sont composées.
On sait sur - tout que la différence qui existe
entre leur tissu en indique & en fait une dans
leurs principes. Cette assertion sera confirmée
ici par l'examen des parties molles & blanches
comparé à celui des muscles & des os.

Toutes les parties molles & blanches des
animaux , telles que les membranes, les tendons & les aponévroses, les cartilages , les

ligamens, la peau, contiennent en général une fubftance muqueufe, très-foluble dans l'eau, & infoluble dans l'alcohol, qu'on connoît fous le nom de *gelée*. Pour extraire cette gelée, il fuffit de faire bouillir ces parties animales dans de l'eau, & d'évaporer cette décoction jufqu'à ce qu'elle fe prenne en une maffe folide & tremblante par le refroidiffement. Si on l'évapore plus fortement, on en obtient une fubftance sèche, caffante, tranfparente, qu'on connoît fous le nom de *colle*.

On prépare cette dernière avec toutes les parties blanches des animaux. La peau, les cartilages, les pieds de bœuf, fervent à préparer la colle forte d'Angleterre, de Flandre, de Hollande, &c. La peau d'anguille eft la bafe de la colle à dorer; avec les rognures de gants & de parchemin, on fait une colle employée par les peintres, &c. Enfin il n'eft prefque point d'animaux dont les tendons, les cartilages, les nerfs, & fur-tout la peau, ne puiffent fervir pour préparer ces différentes efpèces de colle.

Il faut obferver, à ce fujet, que les colles different les unes des autres par la confiftance, la couleur, la faveur, l'odeur, la diffolubilité. Il en eft qui fe ramolliffent bien dans l'eau froide; d'autres ne fe diffolvent que dans l'eau bouillante. La meilleure de ces fubftances doit

être tranfparente, d'une couleur jaune tirant fur
le brun, fans odeur & fans faveur; elle doit
fe diffoudre entièrement dans l'eau, & former
un fluide vifqueux, uniforme, qui fe defsèche
en confervant une ténacité & une tranfparence
égales dans tous fes points.

La gelée animale ne diffère de la colle proprement dite, que parce qu'elle a moins de
confiflance & de vifcofité. La première fe retire
fpécialement des parties molles & blanches des
jeunes animaux; on la retrouve auffi dans leur
chair ou leurs mufcles, dans leur peau & dans
leurs os; la colle ne s'obtient que des animaux
plus âgés, dont la fibre eft plus forte & plus
sèche. Quoi qu'il en foit, ces deux matières
préfentant les mêmes propriétés chimiques, nous
prendrons pour exemple, dans l'examen que
nous allons en faire, la gelée que donnent les
cartilages ou les membranes de veau.

Cette matière n'a prefque point d'odeur dans
l'état naturel; fa faveur eft fade. Diftillée au
bain-marie, elle donne un phlegme infipide &
inodore, fufceptible de fe pourrir; à mefure
qu'elle perd fon eau, elle prend la confiflance
de colle, & tout-à-fait defféchée, elle reffemble à de la corne. Expofée à un feu plus fort,
& à l'air, elle fe gonfle, fe bourfouffle, fe
liquéfie; elle noircit, & exhale une fumée abon-

dante d'une odeur fétide ; elle ne s'enflamme qu'à une chaleur violente, & encore difficilement. Distillée à la cornue, elle donne un phlegme alkalin, une huile empyreumatique, & un peu de carbonate ammoniacal. Elle laisse un charbon volumineux, assez difficile à incinérer, & qui contient du muriate de soude & du phosphate calcaire.

La gelée exposée à un air chaud & humide, passe d'abord à l'acidité, & se pourrit bientôt après.

L'eau la dissout en toutes proportions. Les acides, & sur-tout les alkalis, la dissolvent facilement. L'acide nitrique en dégage du gaz azotique. La plupart de ces propriétés rapprochent la gelée des mucilages fades végétaux, si l'on excepte celles de donner de l'ammoniaque au feu, & du gaz azotique par l'acide nitrique. Encore est-il permis d'attribuer ces dernières à une portion de matière albumineuse, que l'eau extrait en même-tems que la substance gélatineuse, sur tout lorsqu'on a préparé les gelées ou les colles par une forte & longue décoction ?

Les muscles des animaux sont formés d'une substance parenchymateuse & cellulaire, dans laquelle sont contenues différentes humeurs, en partie concrètes & en partie fluides. Ces humeurs sont composées, 1°. d'un liquide albu-

mineux rouge & blanc ; 2°. d'un mucilage gélatineux ; 3°. d'une huile douce de la nature de
la graiffe ; 4°. d'une fubftance extractive particulière ; 5°. enfin, d'une matière faline, dont
la nature eft encore peu connue. L'analyfe de
la chair entière, qui donne au bain-marie une
eau vapide, à la cornue un phlegme alkalin,
de l'huile empyreumatique, & du carbonate
ammoniacal, qui laiffe un charbon d'où l'on
retire par l'incinération un peu d'alkali fixe &
du muriate de potaffe ou de foude, n'apprenant
rien d'exact fur la nature de ces différens principes, il faut avoir recours à des moyens qui
puiffent extraire ces fubftances fans les altérer,
& qui permettent d'en examiner féparément les
propriétés.

Pour obtenir & féparer ces différentes fubftances reconnues par M. Thouvenel, on peut employer différens moyens. Ce médecin s'eft fervi
de la preffe pour faire couler les fluides contenus dans l'éponge mufculaire, de l'action du
feu pour coaguler la partie albumineufe & obtenir le fel par l'évaporation, de l'eau pour
diffoudre & féparer le mucilage gélatineux, le
fel & l'extrait, & de l'alcohol pour enlever
ces deux derniers principes fans la gelée. Il eft
en général très-difficile de féparer exactement
ces différentes matières, parce que toutes font

folubles dans l'eau , & que l'alcohol diffout en même-tems l'extrait favoneux , & une partie du fel. Le procédé qui réuffit le mieux, paroît être celui qui confifte à laver d'abord la chair dans l'eau froide, qui enlève la matière colorante avec une partie du fel ; enfuite à faire digérer le réfidu de ce lavage dans l'alcohol, qui diffout la matière extractive & une portion du fel ; enfin, à faire bouillir dans l'eau la chair traitée par ces deux procédés. Ce fluide diffout la partie gélatineufe par l'ébullition , & il enlève auffi les portions d'extrait & de fel qui ont échappé à l'action des premiers diffolvans. En évaporant lentement la première eau employée à froid, la partie albumineufe fe coagule, on la fépare par le filtre , & l'évaporation lente de la liqueur filtrée fournit la matière faline. En évaporant de même l'alcohol, on obtient la matière extractive colorée ; & enfin la décoction fournit la gelée & l'huile graiffeufe, qui nage à la furface , & fe fige par le refroidiffement. Après l'extraction de ces diverfes fubftances, il ne refte plus que le tiffu fibreux ; il eft blanc, infipide , infoluble dans l'eau ; il brûle en fe ferrant & fe contractant ; il donne beaucoup d'ammoniaque & de l'huile très-fétide à la cornue ; on en retire une grande quantité de gaz azotique par l'acide du nitre. Enfin il a tous les caractères

de la partie fibreufe du fang. Il paroît donc démontré par-là que l'organe mufculaire eft le
réfervoir où l'action de la vie dépofe la matière fibreufe, qui devient concrète par le
repos, & qui paroît être le foyer ou la bafe de
la propriété animale, appelée irritabilité par les
phyfiologiftes.

Il ne nous refte plus pour connoître exactement la nature de la chair des animaux, qu'à
examiner les propriétés de chacune des fubftances dont elle eft compofée.

La matière albumineufe, la gelée & la fubftance graffe nous font déjà connues ; la première reffemble parfaitement à celle du fang ;
nous obferverons que c'eft elle qui, en fe coagulant par la chaleur de l'eau dans laquelle on
cuit de la viande pour faire du bouillon, produit l'écume qu'on enlève avec foin. Cette
écume eft d'un brun rouge fale, parce que la
couleur rouge eft altérée par la chaleur de
l'ébullition. La gelée retirée de la chair, fait
ordinairement prendre en une maffe tremblante
les bouillons préparés avec la chair des jeunes
animaux, qui en contient beaucoup plus que
celle des vieux ; elle eft abfolument femblable
à celle qui conftitue les parties molles & blanches des animaux, dont nous avons expofé les
propriétés dans l'article précédent. La matière

graſſe qui forme des gouttes applaties & arrondies, nageant à la ſurface des bouillons, & qui
devient ſolide par le refroidiſſement, préſente
tous les caractères de la graiſſe. Nous n'avons
donc à examiner que la matière extractive & le
ſel qu'on obtient dans l'analyſe des muſcles.

La ſubſtance que M. Thouvenel appelle mu-
queuſe extractive, eſt ſoluble dans l'eau & dans
l'alcohol ; elle a une ſaveur marquée, tandis
que la gelée n'en a point. Lorſqu'elle eſt très-
concentrée, elle en prend une âcre & amère ;
elle a une odeur aromatique particulière que
le feu développe ; c'eſt elle qui colore les
bouillons, & qui leur donne la ſaveur & l'odeur
agréables qu'on leur connoît. Lorſqu'on les
fait trop évaporer, ou lorſqu'on met une
grande quantité de viande pour celle de l'eau,
les bouillons ſont très-colorés & plus ou moins
âcres ; enfin, l'action du feu développe & exalte
la ſaveur de cette matière extractive, juſqu'à
lui donner celle de ſucre ou de caramel, comme
on l'obſerve à la ſurface de la viande rôtie,
que l'on appelle ordinairement *riſſolée*. Si l'on
examine ultérieurement les propriétés de cette
ſubſtance extractive évaporée juſqu'en conſiſtance sèche, on obſerve que ſa ſaveur eſt âcre,
amère & ſalée ; que miſe ſur un charbon ardent, elle ſe bourſouffle & ſe liquéfie en

exhalant une odeur acide piquante, femblable à celle du fucre brûlé; qu'expofée à l'air elle en attire l'humidité, & qu'il fe forme une efflorefcence faline à fa furface; qu'elle s'aigrit & fe pourrit à un air chaud, lorfqu'elle eft étendue dans une certaine quantité d'eau; & enfin qu'elle eft diffoluble dans l'alcohol. Tous ces caractères rapprochent cette fubftance des extraits favoneux & de la matière fucrée des végétaux.

Quant au fel qui fe criftallife dans l'évaporation lente de la décoction des chairs, fa nature n'eft pas encore parfaitement connue. M. Thouvenel l'a obtenu fous la forme de duvet, ou fous celle de criftaux mal figurés. Ce chimifte penfe que c'eft un fel parfaitement neutre formé par la potaffe, & un acide qui a le caractère d'acide phofphorique dans les quadrupèdes frugivores, & celui de l'acide muriatique dans les reptiles carnaffiers. Quoiqu'on puiffe regarder ce fel comme inconnu, jufqu'à ce qu'on en ait recueilli une affez grande quantité pour pouvoir l'examiner en détail, il eft très-vraifemblable que c'eft un phofphate de foude ou ammoniacal, & qu'il eft même mêlé de phofphate calcaire. Ces fels y font indiqués & même avec excès d'acide comme dans l'urine, par l'eau de chaux & l'ammoniaque qui forment des précipités blancs dans le bouillon, & par la diffolution nitrique de mercure qui donne avec cette liqueur un précipité rofe.

Ajoutons encore que la fubftance la plus abondante de la chair mufculaire, & celle qui en conftitue le caractère propre, eft la partie fibreufe. Cette matière qui eft dépofée par le fang où elle eft contenue en grande quantité, joue un rôle très-important dans l'économie animale. On n'a point affez infifté en phyfiologie fur fa nature & fur fes propriétés, fur la quantité & le poids de la chair mufculaire comparée aux autres organes. Les caractères qui diftinguent cette matière animale font, 1°. de ne fe pas diffoudre dans l'eau; 2°. de donner plus de gaz azotique par l'acide nitrique que toutes les autres fubftances; 3°. de fournir enfuite de l'acide oxalique & de l'acide malique; 4°. de fe pourrir facilement, lorfqu'elle eft humectée, & de donner beaucoup de carbonate ammoniacal à la diftillation.

Ces propriétés indiquent qu'elle eft formée par une fubftance graffe ou huileufe combinée avec l'azote, du phofphate de foude & du phofphate calcaire, qu'on en fépare par l'action de l'acide nitrique. J'ai confidéré le rôle que joue la matière fibreufe dans l'économie animale, dans un mémoire particulier inféré parmi ceux de la fociété royale de médecine.

CHAPITRE XIII.

Des Os des Animaux.

LES os font le foutien de tous les autres organes des animaux, & la bafe fur laquelle toutes les parties molles font appuyées. Ces parties dures ne doivent point être regardées comme paffives dans l'économie animale ; ce font de véritables organes fécrétoires qui féparent du fang & des autres humeurs une matière faline particulière, dont ils font le dépôt ou le réfervoir.

Les os confidérés dans tous les animaux, depuis l'homme jufqu'aux infectes & aux vers, different par leur texture, leur folidité, leur pofition relative aux mufcles, & probablement par leur nature. L'analyfe chimique n'a pas encore prononcé fur ce dernier point ; mais on ne peut fe refufer à croire que les os de l'homme & des quadrupèdes ne foient d'une nature différente de celle des os mous & flexibles des poiffons, des reptiles, & fur-tout du fquelette corné des infectes, ainfi que du teft calcaire des vers à coquilles. Le point de vue fous lequel nous devons examiner ici les os des animaux, ne

nous

nous permet pas d'infifter fur ces différences, fur lefquelles les chimiftes n'ont point encore fait les recherches néceffaires pour fixer l'opinion des phyfiologiftes.

Les os de l'homme & des quadrupèdes qui ont été feuls examinés jufqu'à préfent par les chimiftes, ne font pas des matières terreufes, comme on l'a cru autrefois. Ils contiennent une certaine quantité de matière gélatineufe, difperfée dans les petites cavités formées par l'écartement des lames folides qui compofent leur tiffu, & ces lames folides elles-mêmes, que leur infolubilité & leur confiftance fembloient rapprocher des matières terreufes, ont été reconnues depuis quelques années pour un véritable fel neutre compofé d'acide phofphorique & de chaux.

Les os expofés au feu avec le contaĉt de l'air, s'enflamment à l'aide d'une certaine quantité de graiffe médullaire qu'ils contiennent. Si on les diftille dans une cornue, ils donnent un phlegme alkalin, une huile empyreumatique fétide, & beaucoup de carbonate ammoniacal. Leur charbon eft compaĉte, il s'incinère affez difficilement; il laiffe un réfidu blanc qui fournit par fon lavage à l'eau froide une petite quantité de carbonate de foude. L'eau chaude en enlève enfuite une certaine quantité de fulfate de chaux.

Ce qui reste après ces lessives est insoluble dans l'eau ; c'est du phosphate calcaire que M. Gahn de Stockolm y a découvert en 1769. Les os calcinés dans un foyer au milieu des charbons, restent lumineux dans l'obscurité ; en les chauffant très-fortement ils éprouvent une demi-vitrification, qui les réduit en une espèce de porcelaine dure très-blanche & demi-transparente.

L'eau dans laquelle on fait bouillir les os réduits en petites parcelles ou rapés, se charge d'une substance qui lui donne de la viscosité, & qui est une véritable matière gélatineuse.

Les carbonates alkalins sont susceptibles de décomposer le phosphate calcaire qui forme la base des os. Cette décomposition a été indiquée par MM. les chimistes de l'académie de Dijon ; ils disent l'avoir opérée en traitant par la fusion un mélange de poudre des os calcinés & de carbonate de potasse.

Les acides agissent sur les os, & décomposent le phosphate calcaire qu'ils contiennent. C'est par leur moyen que Schéele est parvenu en 1771 à préparer le phosphore avec les os. Ce chimiste a dissous les os dans l'acide nitrique. Cet acide s'empare de la chaux avec laquelle il forme du nitrate calcaire, qui reste en dissolution en même-tems que l'acide phosphorique devient libre. Il verfoit dans ce mélange de l'acide fulfurique, qui en enlevant la chaux du nitrate calcaire, formoit du fulfate de chaux; il féparoit ce dernier, précipité à caufe de fon infolubilité, en filtrant la liqueur; enfin, il diftilloit dans une cornue la liqueur filtrée, qui étoit un mélange d'acide nitrique & d'acide phofphorique, & il chauffoit ce dernier évaporé en confiftance de firop, avec du charbon, pour en obtenir du phofphore. MM. Poulletier de la Salle & Macquer font les premiers qui ont répété ces belles expériences à Paris. Enfuite MM. les académiciens de Dijon, M. Rouelle, M. Prouft, M. Nicolas de Nancy ont communiqué leurs recherches & leurs procédés. Plufieurs autres chimiftes ont examiné à l'envi les diverfes matières folides des animaux; & parmi ces derniers, M. Berniard a retiré l'acide phofphorique des os foffiles, de ceux de baleine, d'éléphant, de marfouin, du bois d'élan; des os de bœuf, des os humains, de la dent de vache marine, d'une dent mâchelière d'éléphant, & il a obfervé que tous ces os donnoient les mêmes fubftances, & contenoient de l'acide phofphorique en quantités différentes. M. le marquis de Bullion a auffi retiré du verre phofphorique de l'ivoire & des arrêtes de poiffons.

Pour retirer l'acide phofphorique des os, on

emploie aujourd'hui le procédé de MM. les
chimiſtes de Dijon & de M. Nicolas ; on calcine
les os au blanc, on les réduit en poudre, on
les paſſe au tamis, on les mêle dans une terrine
de grès avec partie égale d'acide ſulfurique
concentré, & on ajoute aſſez d'eau pour faire
du tout une bouillie claire ; on laiſſe ce mélange
en repos pendant quelques heures, il s'épaiſſit ;
on le porte ſur une double toile ſoutenue par
un carrelet, on le lave avec de l'eau juſqu'à ce
que ce fluide, qui paſſe clair à travers la toile,
ſoit ſans ſaveur & ne précipite plus l'eau de
chaux. Alors on eſt aſſuré que le réſidu ne
contient plus d'acide phoſphorique libre ; on
fait évaporer l'eau des lavages, elle dépoſe
peu-à-peu une matière blanche qui eſt du ſulfate de chaux, & que l'on en ſépare par le
filtre ; on a ſoin de laver ce ſel, pour en enlever
tout l'acide phoſphorique ; on répète ces filtrations juſqu'à ce que la liqueur ne dépoſe plus
rien. On continue à l'évaporer juſqu'en conſiſtance de miel ou d'extrait mou ; elle acquiert
alors une couleur brune & un aſpect gras. On
la met dans un creuſet & on la chauffe par
degrés juſqu'à ce qu'elle ceſſe d'exhaler une
odeur ſulfureuſe & comme aromatique, &
juſqu'à ce qu'elle ne bouillonne plus. Dans cet
état, cette matière a une conſiſtance demi-

vitreufe, une faveur acide; elle attire l'humidité de l'air. Si on la chauffe davantage, elle fe fond en un verre tranfparent, dur, infipide, infoluble, qui ne préfente plus aucun caractère d'acidité. Lorfqu'on veut en obtenir du phofphore, on ne doit pas attendre que ce réfidu de la liqueur acide évaporée foit dans cet état de verre infoluble, parce qu'il n'en donne alors qu'à un feu extrême, & beaucoup plus tard que lorfqu'il eft encore mou & déliquefcent. Pour réduire ce verre en phofphore, on le met en poudre, on le mêle avec le tiers de fon poids de charbon bien fec, on l'introduit dans une cornue de grès, à laquelle on adapte un ballon à moitié rempli d'eau, & percé d'un petit trou, ou terminé par un fiphon avec l'appareil de Woulfe. On donne le feu par degrés jufqu'à faire rougir la cornue à blanc; alors le phofphore coule en gouttes, & l'opération dure en tout depuis fept ou huit heures, jufqu'à dix ou douze, fuivant la quantité de matière que l'on diftille, & la force du feu que peut donner le fourneau. De fix livres d'os, on obtient ordinairement vingt onces ou un peu plus de réfidu vitriforme, & ce réfidu fournit environ trois onces de phofphore très-beau, & quelques gros de phofphore à demi-décompofé. Si l'on n'a intention que de préparer

Ee iij

le phofphore avec l'acide phofphorique des os , on doit évaporer cet acide en confiftance d'extrait , & le diftiller avec du charbon. On obtient par ce procédé le phofphore beaucoup plus promptement.

Il en eft du produit acide retiré des os par l'acide fulfurique , comme du réfidu du phofphate ammoniacal décompofé au feu. Ce produit n'eft point de l'acide phofphorique pur , puifqu'il ne donne que tout au plus un cinquième de fon poids de phofphore ; il paroît qu'il contient une certaine quantité de phofphate de foude. Si ce fel eft refté mêlé de phofphate calcaire provenant d'un peu de fulfate de chaux , il fe fond communément avec ce phofphate , & forme un verre opaque très-dur , & réfiftant à l'action de tous les menftrues.

M. de Morveau a propofé un moyen d'obtenir du phofphate ammoniacal très-pur avec l'acide phofphorique des os. Il faut pour cela diffoudre les os calcinés dans l'acide fulfurique étendu , effayer la diffolution avec celle des os par l'acide nitrique , afin d'être sûr qu'il n'y refte point d'acide fulfurique à nud , en précipiter enfuite la portion de phofphate calcaire qu'elle contient par l'ammoniaque cauftique , comme l'a pratiqué M. Wiegleb dans fon procédé , filtrer & laiffer évaporer à l'air. On obtient de très-beaux criſtaux de phoſphate ammoniacal, mêlés d'un peu de phoſphate de ſoude qùi s'en ſépare par l'effloreſcence ; on peut ainſi décompoſer le phoſphate calcaire reſté ſur le filtre , pour l'opération du phoſphore.

CHAPITRE XIV.

Des diverſes Subſtances utiles à la Médecine & aux Arts , qu'on retire des Quadrupèdes, des Cétacés , des Oiſeaux & des Poiſſons.

SI nous nous propoſions de faire une hiſtoire exacte & détaillée de toutes les ſubſtances que les animaux fourniſſent à la médecine & aux arts, nous aurions plus de choſes à dire ſur ce ſeul objet, que nous n'en avons déjà dites ſur le règne animal, ſur-tout en parlant des diverſes matières animales que l'empiriſme ou la crédulité aveugle ont introduites autrefois en médecine, comme des remèdes fameux, & qui heureuſement ſont regardées aujourd'hui comme entièrement inutiles. Notre projet eſt de n'indiquer que les principales de ces ſubſtances, celles auxquelles l'expérience chimique & médecinale a reconnu des vertus bien marquées, ou qui font d'un grand ufage dans les arts.

Parmi les matières que fourniffent les quadrupèdes, nous choifirons le caftoreum, le mufc & la corne de cerf. Le blanc de baleine & l'ambre gris produits par des cétacés feront traités en particulier. Parmi les produits des oifeaux, nous expoferons l'analyfe des œufs ; dans les quadrupèdes ovipares & les ferpens, la tortue, la grenouille & la vipère mériteront un article à part. L'icthyocolle fera le feul produit des poiffons que nous confidérerons. La claffe des infectes nous fournira un plus grand nombre d'objets à traiter ; nous nous occuperons des cantharides, des fourmis , des cloportes, du miel & de la cire, du ver à foie & de la foie, de la réfine lacque , du kermès, de la cochenille & des pierres d'écreviffes ; enfin, nous terminerons notre examen des produits du règne animal, par celui du corail & de la coralline, qui appartiennent à la claffe des vers ou des polypes.

On voit d'après cette courte énumération, que nous paffons fous filence un grand nombre d'autres matières que l'on employoit autrefois en médecine. Telles font, entr'autres, l'ivoire, l'unicornu, les dents d'hippopotame, celles du caftor, du fanglier, les os de cœur de cerf, le pied d'élan, les bézoards, la civette, le sang de bouquetin dans les quadrupèdes ; le nid d'hirondelle, la graisse d'oie, la fiente de paon, la membrane de l'estomac de la poule, parmi les oiseaux ; le crapaud, le scinc marin, parmi les quadrupèdes ovipares ; le fiel & les pierres de carpe, le foie d'anguille, les pierres de perche, les mâchoires de brochet, parmi les poissons ; les scarabées, la toile d'araignée, le méloë ou profcarabé, les pinces de crabes, parmi les insectes ; enfin, les lombrics, les limaçons & les dentales, la coquille d'huître, la nacre de perle, l'os de sèche, parmi les vers nuds ou recouverts. De toutes ces substances, les unes n'ont de vertus que celles que l'imagination exaltée leur a prêtées, & les autres font très-bien suppléées par celles que nous avons choisies & que nous allons examiner en particulier.

§. I. *Du Castoreum.*

On donne le nom de *castoreum* à deux poches situées dans la région inguinale du castor mâle ou femelle, qui contiennent une matière très-odorante, molle & presque fluide lorsqu'elles font récemment tirées de l'animal, & qui se sèche & prend la consistance résineuse par le laps du tems. Cette matière a une saveur âcre, amère & nauféabonde; fon odeur eft forte, aromatique & même fétide; elle eft formée d'une réfine colorée que l'alcohol & l'éther diffolvent, d'un mucilage gélatineux & en partie extractif que l'eau enlève, & d'un fel qui fe criftallife dans la diffolution aqueufe évaporée, mais dont on ne connoît point encore la nature. La réfine du caftoreum dans laquelle réfide toute fa vertu, paroît fort analogue à celle de la bile. Toute la fubftance de ce produit animal eft renfermée dans des cellules membraneufes, qui prennent naiffance de la tunique interne de la poche qui les contient. Il n'y a point encore d'analyfe exacte du caftoreum; on fait feulement qu'il donne un peu d'huile volatile & du carbonate ammoniacal à la diftillation, & que par le moyen de l'éther, de l'alcohol & de l'eau, on fépare les diverfes matières dont il eft compofé.

On l'emploie en médecine comme un puiffant anti-fpafmodique dans les accès hyftériques & hypochondriaques, dans les convulfions qui dépendent des mêmes affections. Il produit fouvent les effets les plus prompts & les plus heureux; mais il arrive quelquefois qu'il irrite au lieu de calmer, fuivant la difpofition du fyftême nerveux & fenfible. On doit donc ne l'adminiftrer qu'à une petite dofe dans le commencement de son usage. On l'a aussi donné avec succès dans l'épilepsie, le tétanos. Sa dose est depuis quelques grains jusqu'à un demi-gros en substance ; on le fait entrer dans des bols, on l'unit souvent, & presque toujours avantageusement, avec l'opium & tous les extraits calmans ou narcotiques. On se sert aussi de sa teinture spiritueuse & éthérée, qu'on prescrit depuis quelques gouttes jusqu'à vingt quatre ou trente-six grains, dans des potions appropriées.

§. II. *Du Musc.*

Le musc, substance dont tout le monde connoît l'odeur forte & tenace, est contenu dans une poche située vers la région ombilicale d'un quadrupède ruminant, analogue à la gazelle & au chevrotain, & qui en differe assez pour devoir faire un genre particulier. Cette matière est semblable au castoreum pour ses propriétés chimiques. C'est une résine unie à une certaine quantité de mucilage, d'extrait amer & de sel. Il est souvent falsifié. Ses vertus sont plus exaltées que celles du castoreum ; il est plus actif ; aussi ne l'emploie-t-on que dans les cas les plus pressans. On le donne comme un anti-spasmodique puissant dans les maladies convulsives, dans l'hydrophobie, &c. On le regarde aussi comme un aphrodisiaque violent. On doit être fort réservé sur son usage, parce qu'il excite souvent les affections nerveuses, au lieu de les calmer.

§. III. *De la Corne de Cerf.*

La corne de cerf est une des substances animales les plus employées en médecine. C'est une matière osseuse, qui ne diffère en aucune manière des os. Elle contient abondamment une gelée douce, très-légère & assez nourrissante, qu'on en extrait en la faisant bouillir réduite en parcelles très-petites, dans huit à dix fois son poids d'eau. Si on la distille à la cornue, elle donne un phlegme rougeâtre & ammoniacal, qu'on appelle *esprit volatil de corne de cerf*, une huile plus ou moins empyreumatique, & une grande quantité de carbonate ammoniacal sali par un peu d'huile. Il s'en dégage une quantité énorme de fluide élastique formé par le mélange de gaz acide carbonique, de gaz azotique, & de gaz hydrogène tenant du charbon & même de l'huile volatile en dissolution ; celle ci s'en précipite peu-à-peu par le refroidissement, & adhère aux parois des cloches de verre où l'on conserve le fluide élastique. Comme le sel volatil est coloré, on le fait digérer dans un peu d'alcohol, qui enlève l'huile qui le salit. Le réfidu charbonneux incinéré, contient un peu de carbonate de foude, du fulfate de chaux & beaucoup de phofphate calcaire mêlé de phofphate de foude, qu'on décompofe par l'acide fulfurique, ainfi que nous l'avons dit pour les os.

On emploie en médecine l'efprit & le fel de corne de cerf comme de bons antifpafmodiques. Le premier, faturé avec l'acide fuccinique, forme la liqueur de corne de cerf fuccinée.

L'huile de corne de cerf, rectifiée à une chaleur douce, devient très - blanche, très-odorante, très-volatile, & prefqu'auffi inflammable que l'éther ; elle eft connue fous le nom d'*huile animale de Dippel*, chimifte allemand qui l'a préparée le premier. On employoit autrefois un grand nombre de rectifications pour obtenir l'huile très - blanche & très - fluide. On s'eft apperçu depuis que deux ou trois diftillations fuffifent, pourvu qu'on ait la précaution, 1°. d'introduire l'huile à rectifier dans la cornue, à l'aide d'un long entonnoir, pour que le col de ce vaiffeau foit très-propre ; car il ne faut qu'une feule goutte d'huile colorée pour donner de la couleur à toute celle que l'on diftille ; 2°. de ne prendre que les premières portions les plus volatiles & les plus blanches. C'eft à MM. Model & Baumé qu'on doit ces obfervations. Rouelle a donné auffi un très-bon procédé pour obtenir cette huile ; il confifte à la diftiller avec de l'eau. Comme il n'y a que la portion la plus volatile & celle qui eft véritablement éthérée, toute contenue même dans l'huile de la première diftillation, qui puiffe fe volatilifer au degré de chaleur de l'eau bouillante, on eft sûr de n'avoir, par ce moyen, que la portion la plus ténue & la plus pénétrante. Cette huile a une odeur vive, une légéreté & une volatilité finguliere ; elle préfente toutes les propriétés des huiles volatiles végétales, & elle ne paroît en différer que parce qu'elle contient de l'ammoniaque ; puifqu'elle verdit le firop de violettes, comme l'a obfervé M. Parmentier. On emploie cette huile par gouttes dans les affections nerveufes, l'épilepfie, &c.

§. IV. *Du blanc de Baleine.*

Le blanc de baleine, improprement nommé *fperma ceti*, eft une matière huileufe, concrète, criftalline, à demi-tranfparente, & d'une odeur particulière, qu'on retire de la cavité du crâne du cachalot, & qu'on purifie par la liquéfaction, & en le féparant d'une autre huile fluide & inconcrefcible qui eft mêlée avec lui. Cette fubftance préfente des propriétés chimiques très-singulières, qui la rapprochent d'un côté des huiles fixes & de l'autre des huiles volatiles.

Le blanc de baleine, chauffé avec le contact de l'air, s'enflamme & brûle uniformément sans répandre d'odeur désagréable. Aussi en fait-on de très-belles chandelles dans les pays où on le travaille, à Bayonne, à Saint-Jean-de-Luz, &c. En Angleterre il y a plusieurs manufactures de ces chandelles : il s'en est établi une à Paris depuis quelques années.

Si on le distille à feu nud, il ne donne point de phlegme acide comme les huiles fixes, suivant M. Thouvenel; mais il passe tout entier & presque sans altération dans le récipient, dès qu'il commence à bouillir, & il laisse dans la cornue une trace charbonneuse. En répétant cette opération, il perd sa forme solide & reste fluide, sans être plus volatil.

Le blanc de baleine, exposé à l'air chaud, jaunit & devient rance, mais moins facilement que les autres huiles fixes concrètes. L'eau dans laquelle on le fait bouillir, ne donne par l'évaporation qu'un léger résidu mucoso-onctueux.

L'alkali caustique dissout le blanc de baleine, forme avec lui un savon qui acquiert peu-à-peu de la solidité jusqu'à devenir friable.

Les acides nitrique & muriatique n'ont aucune

action sur lui. L'acide sulfurique concentré le dissout en altérant sa couleur ; cette dissolution est précipitée par l'eau, comme l'huile de camphre.

Le blanc de baleine s'unit au soufre comme les huiles fixes.

Les huiles fixes & volatiles dissolvent le blanc de baleine à l'aide de la chaleur ; l'alcohol chaud le dissout aussi, & le laisse précipiter par le refroidissement. L'éther opère cette dissolution à froid, ou par la seule chaleur de la main.

Le blanc de baleine seroit-il aux huiles fixes, ce que le camphre est aux huiles volatiles ? il diffère réellement de la cire qui paroît être aux premières de ces huiles, ce que la résine est aux dernières.

On faisoit autrefois en médecine un usage fort étendu de cette substance ; on lui attribuoit un grand nombre de propriétés. On s'en servoit sur-tout dans les maladies catarrhales, les érosions, les ulcères du poumon, des reins, &c. Aujourd'hui on ne l'emploie guère que comme adoucissant, & encore à petite dose, & mêlé avec des mucilages, parce qu'on s'est convaincu qu'il est pesant sur l'estomac, qu'il occasionne des dégoûts, des nausées & même des vomissemens.

J'a

J'ai trouvé dans les matières animales, & principalement dans le parenchyme du foie desséché à l'air pendant plusieurs années, & dans les muscles humains altérés par la putréfaction, une matière qui jouit de caractères fort analogues à ceux du blanc de baleine. Il me paroît que cette substance est très-abondante dans les matières animales, & que c'est une huile qui appartient particulièrement à ce règne.

§. V. *De l'Ambre gris.*

L'ambre gris est une matière concrète, d'une consistance molle & tenace comme la cire, d'une couleur grise, marquée de taches jaunes ou noires, d'une odeur suave & forte lorsqu'on le chauffe ou qu'on le frotte. Il est en masses irrégulières, quelquefois arrondies, formées par couches de différentes natures, & plus ou moins grosses, suivant qu'il s'en est réuni un plus grand nombre. On en a vu des morceaux pesant plus de deux cens livres. Cette substance a été manifestement liquide, & elle a enveloppé plusieurs matières étrangères qu'on y rencontre; tels que des becs de sèches, des arètes de poissons & d'autres corps marins. On trouve l'ambre gris flottant sur les eaux de la mer, aux environs des isles Moluques, de Madagascar, de Sumatra, sur les côtes de Coromandel, du

Bréfil, fur celles d'Afrique, de la Chine ou du Japon. Plufieurs pêcheurs américains ont affuré à M. Schwediaur médecin anglois, qu'ils trouvoient fouvent cette matière ou parmi les excrémens de l'efpèce de baleine appelée par Linneus *phyfeter macrocephalus*, ou dans fon eftomac, ou dans une poche fituée aux environs de cette région.

Les naturaliftes diftinguent plufieurs variétés de l'ambre gris. Wallerius reconnoît les fix fuivantes.

Variétés.

1. Ambre gris taché de jaune.
2. Ambre gris taché de noir.
   Ces deux variétés font les plus recher-
   chées & les plus précieufes.
3. Ambre blanc d'une feule couleur.
4. Ambre jaune d'une feule couleur.
5. Ambre brun d'une feule couleur.
6. Ambre noir d'une feule couleur.
   Il faut obferver que ces variétés ne dépendent que du mêlange de quelques
   fubftances étrangères.

Les favans ont été fort partagés fur l'origine de l'ambre gris. Le plus grand nombre l'ont regardé comme un bitume; ils penfoient que c'étoit une forte de pétrole forti des rochers, épaiffi par le soleil & par l'action de l'eau salée. D'autres ont cru que c'étoit des excrémens d'oiseaux qui vivent d'herbes odoriférantes ; les autres ont attribué son origine à des écumes rendues par les veaux marins, à des excrémens de crocodile, &c. Pommet & Lémery ont crû que c'étoit un mélange de cire & de miel cuit par le soleil & altéré par les eaux de la mer. M. Formey, qui a adopté cette opinion, l'a étayée d'une expérience qui consiste à faire digérer un mélange de cire & de miel. Il assure qu'on peut en tirer un produit d'une odeur suave & fort analogue à celle de l'ambre. Quelques auteurs anglois ont regardé l'ambre gris comme un suc animal déposé dans des poches, placées vers la naissance de l'organe génital de la baleine mâle ; & quelques autres ont pensé qu'il se forme dans la vessie urinaire de ce cétacé. Mais l'une & l'autre de ces opinions est démentie par les becs de sèche que l'on trouve dans ce suc concret. Enfin M. Schwédiaur d'après l'examen d'une grande quantité d'échantillons d'ambre gris, & d'après les rapports de plusieurs navigateurs, croit que cette substance est formée dans le canal alimentaire du *physeter macrocephalus*, espèce de baleine d'où on retire le *sperma ceti* ou blanc de baleine. Il regarde l'ambre gris comme un excrément de ce cétacé mêlé de quelques

parties de sa nourriture ; 1°. parce que les pêcheurs en trouvent dans cette baleine ; 2°. parce
que l'ambre est commun dans les parages où
vit ce cétacé ; 3°. parce qu'on y rencontre
toujours des becs de la sèche à huit pieds,
sepia octopoda, dont se nourrit cet animal ;
4°. enfin parce qu'il a reconnu les taches noires
dont ce corps concret est mêlé pour les pieds
de ce polype. Ses recherches ont rendu cette
opinion des japonois & de Kempfer la plus
vraisemblable, & c'est pour cela que nous faisons
l'histoire de cette matière parmi les produits du
règne animal.

Cependant, cette substance analysée par
Geoffroy, Neuman, Grim & Brown leur a
donné les mêmes principes que les bitumes,
c'est-à-dire un esprit acide, un sel acide concret, de l'huile & un résidu charbonneux, ce
qui les a engagés à le ranger parmi ces corps.
Mais M. Schwediaur observe avec beaucoup
de vérité que les calculs des animaux donnent
de l'acide, & que la présence de ce sel est une
preuve en faveur de son opinion, puisque les
graisses en contiennent beaucoup.

L'ambre gris est stomachique, cordial, anti-
spasmodique. On l'emploie à la dose de quelques grains dans des boissons appropriées, ou
mêlé avec d'autres substances, & sous la forme

de pillules. Le principe odorant de ce médicament est souvent trop actif, trop pénétrant, & susceptible de nuire. On sait qu'il y a beaucoup de personnes qui ne peuvent en supporter l'odeur sans éprouver tous les accidens propres à l'agacement des nerfs ; on doit donc ne l'administrer qu'avec beaucoup de modération. On l'a regardé aussi comme un puissant aphrodisiaque. Cependant quelques médecins modernes croient que l'ambre gris peut être prescrit à très-haute dose sans produire de grands effets.

Le plus grand usage de l'ambre gris est de fournir un parfum pour la toilette : on le mêle ordinairement avec le musc, dont il atténue tellement l'odeur, qu'il la rend plus suave & plus supportable ; encore ce mélange ne plaît-il pas à tout le monde.

Comme l'ambre gris est très-cher, on le falsifie & on le mêle avec différentes substances. On reconnoît le véritable aux caractères suivans. Il est écailleux, insipide, d'une odeur suave ; il se fond sans donner de bulles, ni d'écume, lorsqu'on l'expose à la flamme d'une bougie dans une cuiller d'argent. Il nage au-dessus de l'eau ; il n'adhère point au fer chaud. Celui qui ne présente pas toutes ces propriétés est allié & impur.

F f iij

§. VI. *Des œufs des oiseaux.*

Les œufs des oiseaux, & en particulier ceux des poules, font compofés, 1°. d'une coque offeufe, qui contient une gelée & du phofphate calcaire, démontré par M. Berniard; 2°. d'une pellicule membraneufe placée fous la coque, & qui paroît être un tiffu de matière fibreufe; 3°. du blanc; 4°. du jaune contenu & fufpendu dans le milieu du blanc. C'eft fur cette dernière fubftance qu'eft foutenu le germe.

Le blanc d'œuf eft abfolument de la même nature que le férum du fang; il eft vifqueux, collant; il verdit le fyrop de violettes, & contient du carbonate de foude à nud. Expofé à une chaleur douce, il fe coagule en une maffe blanche opaque qui exhale une odeur fétide de gaz hydrogène fulfuré ou *hépatique*. Ce blanc coagulé & féché au bain-marie, donne un phlegme fade qui fe pourrit, & il prend la féchereffe & la tranfparence roufsâtre de la corne. Diftillé à la cornue, il donne du carbonate ammoniacal & de l'huile empyreumatique; fon charbon contient de la foude & un peu de phofphate calcaire. M. Deyeux en a auffi retiré un peu de foufre par la fublimation.

Le blanc d'œuf, expofé à l'air en couches minces, fe deffèche plutôt que de fe corrompre,

& forme une forte de vernis tranfparent. Il fe diffout dans l'eau en toutes proportions. Les acides le coagulent ; fi on filtre ce *coagulum* étendu d'eau, le fluide qui paffe donne par l'évaporation le fel neutre que doit former l'acide employé avec la foude contenue dans cette liqueur. L'alcohol coagule auffi le blanc d'œuf. L'eau de chaux en précipite du phofphate calcaire, & le nitrate de mercure forme du phofphate de mercure qui prend une couleur rofée par la deffication.

Le jaune d'œuf eft formé en grande partie d'une matière albumineufe, mais qui eft mêlée avec une certaine quantité d'une huile douce ; de forte que ce mêlange fe diffout dans l'eau, & forme une efpèce d'émulfion animale, connue fous le nom de *lait de poule*. Si on l'expofe au feu, il fe prend en une maffe moins folide que le blanc. Lorfqu'il eft defféché, il éprouve une forte de ramolliffement dû au dégagement de fon huile qui fuinte à fa furface. Si dans cet état on le foumet à la preffe, on obtient cette huile qui eft douce & graffe, d'une faveur & d'une odeur légère de rôti ou d'empyreume. Le jaune d'œuf diftillé, après qu'on a retiré l'huile, donne les mêmes produits que toutes les matières animales. Les acides & l'alcohol le coagulent. L'huile douce qu'il contient établit une analogie frappante entre les œufs des animaux & les graines d'un grand nombre de végétaux, puisque ces dernières en contiennent aussi une qui est liée de même avec du mucilage, & réduite à l'état émulsif.

Les œufs font d'un usage très-étendu comme matière alimentaire. On se sert en pharmacie & en médecine de leurs différentes parties. La coquille calcinée est employée comme absorbante. L'huile d'œuf est adouciffante ; on s'en sert à l'extérieur dans les brûlures, les gerçures, &c. Le jaune d'œuf rend les huiles disfolubles dans l'eau, & forme des loochs ; on le triture avec les réfines, le camphre, &c. Le blanc d'œuf est employé avec succès en pharmacie & dans l'office, pour clarifier les sucs des plantes, le petit lait, les firops, les liqueurs, &c. On l'applique aussi sur les tableaux qu'il conserve en formant un vernis transparent à leur surface.

§. VII. *De la Colle de Poisson.*

L'ichthyocolle ou colle de poisson, est une substance en partie gélatineuse & en partie lymphatique, qu'on prépare en roulant les membranes qui forment la vessie natatoire de l'esturgeon & de plusieurs autres poissons, & en les faisant sécher à l'air, après leur avoir donné la forme d'une corde tournée en cœur. Cette matière donne une gelée visqueuse par l'ébullition dans

l'eau. Lorfqu'on la laiffe macérer quelque tems
dans ce fluide, on peut la déplier & l'étendre
en une efpèce de membrane. Elle n'eft jamais
caffante comme les colles proprement dites ;
mais elle plie à caufe de fon tiffu fibreux &
élaftique. On en prépare auffi une efpèce par la
décoction de la peau, de l'eftomac & des inteftins
des poiffons ; mais elle n'a pas les mêmes propriétés dans les arts. On retire de l'ichthyocolle
tous les produits des autres fubftances animales.
On peut l'employer en médecine, comme un
adouciffant, dans les maladies de la gorge, des
inteftins, &c. Mais on préfère ordinairement
plufieurs autres fubftances végétales qui jouiffent
de la même vertu. Elle fert dans les arts pour
clarifier les liqueurs, le vin, le café, &c. Elle
attire & précipite toutes les parties étrangères
qui en altèrent la tranfparence.

§. VIII. *De la Tortue, des Grenouilles*
& des Vipères.

La tortue, la grenouille, le lézard & la vipère
font fort employés en médecine ; on fait avec
leur chair & leurs os des bouillons auxquels
on a attribué des vertus particulières. Il a
femblé en effet que des animaux, dont les
parties ont en général une odeur plus forte, &
paroiffent contenir plus de matière faline, puif-

qu'elles fourniſſent beaucoup d'ammoniaque en les diſtillant à une chaleur douce, après les avoir triturées avec la potaſſe, il a ſemblé, dis-je, que ces animaux devroient jouir de vertus plus énergiques & plus multipliées. Cependant beaucoup de médecins doutent de leur énergie, & les aſſocient aux autres animaux. Malgré cette opinion, on eſt encore dans l'uſage d'adminiſtrer les bouillons de tortue & de grenouille dans les maladies de langueur, dans les conſomptions ſans cauſe apparente, dans les convaleſcences des maladies aigues, & l'on en éprouve ſouvent de bons effets. Il paroît que leurs décoctions ſont plus nourriſſantes, plus légères, plus douces & peut-être douées en même-tems d'une certaine activité, que leur odeur forte & leur ſaveur particulière annoncent aſſez. On a beaucoup recommandé depuis quelques années, les lézards verts dans les maladies de la peau, dans les cancers, mais il eſt permis de douter de ces vertus.

Les vipères ſont regardées comme plus actives; les anciens en ont beaucoup vanté les vertus dans les maladies de la peau, dans celles de la poitrine, dans les affections chroniques où la lymphe eſt viciée. On ne peut s'empêcher de croire que leurs bouillons doivent produire des dépurations par la peau, à l'aide de leur aromate exalté. Leur poudre, leur sel volatil n'ont pas à beaucoup près les mêmes vertus. On doit les adminiftrer entières & comme alimens dans ces maladies, pour en obtenir du fuccès.

L'analyfe chimique a démontré à M. Thouvenel dans ces animaux, une gelée plus ou moins légère, confiflante ou vifqueufe, un extrait âcre, amer & déliquefcent, une matière albumineufe concrefcible, un fel ammoniacal & une fubftance huileufe, d'une faveur & d'une odeur particulières, quelquefois foluble dans l'alcohol, &c.

§. IX. *Des Cantharides.*

Les cantharides, remède fi important par fa qualité corrofive & épifpaftique, font formées, fuivant M. Thouvenel, 1°. d'un parenchyme dont il n'a pas déterminé la nature, & qui fait la moitié du poids de ces infectes defféchés; 2°. de trois gros par once d'une matière extractive jaune rougeâtre, fort amère, qui donne de l'acide dans fa diftillation ; 3°. de douze grains par once d'une matière jaune & cireufe, à laquelle eft due la couleur jaune dorée des cantharides; 4°. de foixante grains d'une fubftance verte huileufe analogue à la cire, d'un goût âcre, dans laquelle réfide principalement l'odeur des cantharides. Cette fubftance diftillée donne un acide très-piquant, & une huile concrète comme la cire. L'eau diffout l'extrait, l'huile jaune, & même un peu d'huile verte; mais l'éther n'attaque que cette dernière, & peut être employé avec succès pour la séparer des autres. C'est de l'espèce de cire verte que dépend la vertu des cantharides. Pour extraire cette dernière en même-tems que la matière extractive, & former en général une teinture bien chargée de ces insectes, il faut employer un mélange d'alcohol & d'eau à parties égales. En distillant cette teinture mixte, l'alcohol qu'on retire conserve une légère odeur des cantharides; & les diverses matières qu'il tenoit en dissolution, se séparent les unes des autres à mesure que l'évaporation a lieu.

§. X. *Des Fourmis & de l'Acide formique.*

L'acide des fourmis a été reconnu par Tragus, Bauhin & plusieurs autres botanistes qui avoient vu la fleur de chicorée devenir très-rouge dans une fourmilière. Samuel Fisher, Etmuller, Hoffman, s'en sont occupés successivement. Margraf l'a examiné avec soin, & a trouvé dans les fourmis un acide particulier, une huile fixe & un extrait. MM. Ardwisson & Oehrne ont fait la suite la plus complète d'expériences sur cet acide.

On retire l'acide des fourmis, & fur-tout de la groſſe fourmi rouſſe, *formica rufa*, ſoit en les diſtillant dans une cornue, ſoit en les leſſivant avec de l'eau bouillante. Cet acide rectifié & un peu concentré, a une odeur piquante; il eſt brûlant; ſa ſaveur eſt agréable, lorſqu'il eſt fort étendu d'eau; auſſi l'a-t-on propoſé comme aſſaiſonnement au lieu du vinaigre. Il rougit facilement toutes les couleurs bleues végétales; il ſe décompoſe par le feu, qui en convertit une partie des principes en acide carbonique, & par les acides ſulfurique & nitrique qui en dégagent ce même acide; il enlève l'oxigène à l'acide muriatique oxigéné; il eſt plus fort que les acides ſulfurique, boracique, carbonique, acéteux, & nitreux. Il forme une eſpèce d'éther avec l'alcohol. Les ſels neutres qu'il conſtitue avec les baſes alkalines, ont été examinés par MM. Ardwiſſon & Oerhne. Le formiate de potaſſe a été préparé par M. Thouvenel, en étendant des linges imprégnés de potaſſe ſur des fourmilières découvertes. Les fourmis en le parcourant y ont dardé leur acide, & le principe odorant de la même nature, qu'elles exhalent en ſi grande abondance, a ſaturé l'alkali fixe répandu ſur la toile. La leſſive de ces linges évaporée, a donné un ſel neutre criſtalliſé en parallélogrammes applatis ou en colonnes priſmatiques, non-déliqueſcent.

La chaux forme avec cet acide un fel criftallifable & foluble ; en un mot, les chimiftes
modernes regardent l'acide formique comme
un acide particulier, & de fon genre. Ses attractions ont été difpofées dans l'ordre fuivant par
MM. Ardwiffon & Oerhne; la baryte, la potaffe,
la foude, la chaux, la magnéfie, l'ammoniaque, le zinc, le manganèfe, le fer, le plomb,
l'étain, le cobalt, le cuivre, le nickel, le bifmuth, l'argent, l'alumine.

L'alcohol digéré fur les fourmis en extrait un
peu d'huile volatile, qui conftitue avec ce
fluide l'*efprit de magnanimité* de Hoffman. Si
l'on fait bouillir ces infectes dans de l'eau, &
qu'on les exprime enfuite, on en retire une
huile fixe, qui va jufqu'à treize gros par livre.
Cette huile eft d'un jaune verdâtre ; elle fe
congèle à une température beaucoup moins
froide que l'huile d'olives, & elle eft fort analogue à la cire. L'eau de la décoction évaporée,
donne un extrait brun rougeâtre, d'une odeur
fétide, acidule & caféeufe, d'une faveur amère,
nauféeufe & acide. Cet extrait eft féparé en
deux fubftances par l'application fucceffive de
l'eau & de l'alcohol. Le parenchyme des fourmis privées de ces différentes fubftances, va à
trois onces deux gros par livre.

§. XI. *Des Cloportes.*

Les cloportes *millepedes*, *aselli*, *porcelli*, *onisci*, &c. ont présenté à M. Thouvenel quelques particularités dans leur analyse. Distillés au bain-marie sans addition, ils ont donné un phlegme fade & alkalin, faisant quelquefois effervescence avec les acides, & verdissant le sirop de violettes. Ils ont perdu dans cette opération les cinq huitièmes de leur poids. Traités ensuite par l'eau & par l'alcohol, ils ont fourni par once deux gros de matière soluble, dont plus des deux tiers étoient une matière extractive, & le reste une substance huileuse ou cireuse. On sépare facilement ces deux produits par l'éther, qui dissout le dernier sans toucher à l'extrait. Ces matières different de celles des cantharides & des fourmis, en ce qu'elles donnent plus de carbonate ammoniacal, & point d'acide dans leur distillation. M. Thouvenel fait observer à ce sujet que dans les insectes, les cloportes paroissent être aux cantharides & aux fourmis, ce que sont les quadrupèdes ovipares & les serpens, relativement aux quadrupèdes vrais, ou vivipares.

Quant aux sels neutres contenus dans ces insectes, ils sont en fort petite quantité, & très-difficiles à retirer. M. Thouvenel assure que les cloportes & les vers de terre, *lumbrici*, lui ont conftamment donné du muriate calcaire & du muriate de potaffe, tandis que dans les fourmis & les cantharides, ces deux bafes, dont la première lui a toujours paru la plus abondante, font unies à un acide qui a le caractère de l'acide phofphorique. Il eft néceffaire d'obferver que ce chimifte n'a donné dans fa differtation, ni les moyens d'extraire ces fels, ni les procédés dont il s'eft fervi pour reconnoître leur nature.

On n'emploie guère en médecine que les cantharides & les cloportes. Ces derniers ne paroiffent agir que comme des ftimulans & des diurétiques légers, & encore doit-on les adminiftrer, d'après les expériences de M. Thouvenel, à une dofe beaucoup plus forte qu'on ne fait ordinairement. Le fuc exprimé de quarante ou cinquante cloportes vivans, donné dans une boiffon adouciffante, ou mêlé avec le fuc de quelques plantes apéritives, peut être employé avec fuccès dans la jauniffe, les maladies féreufes, *à ferosâ colluvie*, les dépôts laiteux, &c. Quant aux cantharides, c'eft un des médicamens les plus puiffans que la médecine pofsède. M. Thouvenel a éprouvé fur lui-même l'effet de la matière cireufe verte, dans laquelle paroît réfider la vertu de ces infectes; appliquée fur la peau à la dofe de neuf grains, elle a fait élever une cloche pleine de férofité,

férofité, comme le font les cantharides en poudre. Mais ce qu'il y a de plus précieux dans les faits relatifs aux vertus de ce remède héroïque, c'eft que la teinture fpiritueufe des cantharides peut être employée avec le plus grand fuccès à l'extérieur, depuis la dofe de deux gros jufqu'à celle de deux onces & demie, dans les douleurs de rhumatifme, de fciatique, de goutte vague. Elle échauffe la peau, accélère le mouvement de circulation, excite des évacuations par les fueurs, les urines, les felles, fuivant les parties fur lefquelles on l'applique. Les jeunes médecins doivent être prévenus qu'il faut être très-modéré fur l'ufage intérieur de ce médicament; on lui a vu occafionner des chaleurs à la peau, des inflammations, des crachemens de fang, des douleurs aux reins, à la veffie, des dyfuries, &c.

§. XII. *Du Miel & de la Cire.*

Le miel & la cire, préparés par les abeilles, femblent appartenir au règne végétal, puifque ces infectes vont ramaffer la première dans les nectaires des fleurs, & la feconde dans les anthères de leurs étamines. Cependant elles ont fubi une élaboration particulière ; & d'ailleurs comme on les retire après le travail des abeilles, c'eft dans l'hiftoire des infectes qu'on doit examiner leurs propriétés.

Tome IV. Gg

Le miel eſt une matière parfaitement ſemblable aux ſucs ſucrés que nous avons examinés dans les végétaux. Il a une couleur blanche ou jaunâtre, une conſiſtance quelquefois ſyrupeuſe, ſouvent molle & grenue, une ſaveur ſucrée & aromatique. On en retire par le moyen de l'alcohol, & même par l'eau, à l'aide de quelques manipulations, un véritable ſucre. Il donne à la cornue un phlegme acide, une huile, & ſon charbon eſt rare & ſpongieux comme celui des mucilages des plantes. L'acide nitrique le convertit en acide oxalique comme le ſucre. Il eſt très-diſſoluble dans l'eau; il forme un ſirop, & il paſſe comme le ſucre à la fermentation ſpiritueuſe. C'eſt un très-bon aliment, & un médicament adouciſſant, béchique, légèrement apéritif. On le donne diſſous dans l'eau & mêlé avec du vinaigre, ſous le nom d'oxymel; on le combine ſouvent avec quelques plantes âcres, comme dans l'oxymel ſcillitique, colchique. Il fait l'excipient de pluſieurs médicamens qui portent ſon nom, comme le miel roſat, le miel de nenuphar, le miel mercurial, &c.

La cire eſt un ſuc huileux concret, analogue aux huiles fixes ſolides, telles que le beurre de cacao, & plus encore à la cire végétale. Quoiqu'on ne puiſſe douter que cette ſubſtance

ne vienne des étamines des fleurs, il est cependant démontré qu'elle reçoit dans le corps de
l'animal une élaboration particulière, puisque
suivant les essais de Réaumur, on ne peut faire
une cire flexible avec la poussière des anthères.
La cire qui compose les alvéoles des abeilles
est jaune, d'une saveur fade. On la blanchit en
l'exposant à l'action de la rosée & à l'air, après
l'avoir réduite en lames minces; l'acide muriatique
oxigéné la blanchit très-proprement. Chauffée
à un feu doux, elle se ramollit, se fond &
forme un fluide huileux transparent; elle re-
devient solide & opaque par le refroidissement.
Lorsqu'on la chauffe avec le contact de l'air,
elle s'allume dès qu'elle se volatilise; tel est
l'effet que produit la mèche dans les bougies.
Si on la distille dans une cornue, on en retire
de l'acide sébacique, une huile d'abord fluide,
qui se fige ensuite dans le récipient, & qui a la
consistance d'un beurre. Elle ne laisse qu'une
très-petite quantité de charbon fort difficile à
incinérer. En rectifiant plusieurs fois le beurre de
cire, il devient fluide & volatil.

La cire blanche n'est pas altérable à l'air; elle
s'y colore au bout d'un certain tems. Elle se
dissout dans les huiles, auxquelles elle donne
de la consistance. En la faisant fondre dans ces
fluides à une douce chaleur, elle forme les

médicamens connus fous le nom de *cérats.* L'alcohol n'a point d'action fur la cire. Les acides la noirciffent, les alkalis s'y combinent & la mettent dans l'état favoneux.

La cire eft employée dans un grand nombre d'arts. On s'en fert en pharmacie pour la préparation des pommades, des onguens & des emplâtres.

§, XIII. *Des Vers-à-foie, de l'Acide Bombique & de la Soie.*

Le ver-à-foie contient, fur-tout dans fon état de chryfalide, une liqueur acide dans un réfervoir placé vers l'anus. M. Chauffier de l'académie de Dijon a retiré cet acide foit en exprimant le fuc des chryfalides dans un linge, & en précipitant le mucilage par l'alcohol, foit en faifant infufer les chryfalides dans cette liqueur. En le féparant par l'alcohol, celui-ci entraîne l'acide par le filtre, & il refte fur le papier une huile graffe orangée, une matière gommeufe & un peu de gluten. Pour obtenir l'acide bombique pur, il faut diftiller l'alcohol; celui-ci fe volatilife, & l'acide refte feul dans la cornue. Cet acide eft très-piquant, d'une couleur jaune ambrée; on ne connoît point encore fa nature & fes combinaifons.

Beaucoup d'autres infectes contiennent auffi

de l'acide; la grande chenille à queue du faule en fait jaillir un affez âcre, fuivant la remarque de M. Bonnet; j'ai vu fouvent les bupreftes, les ftaphylins colorer en rouge le papier bleu dont les boîtes qui les renfermoient étoient revêtues. M. Chauffier a retiré également un acide de la fauterelle, de la punaife rouge, de la lampyre ou ver-luifant.

La foie qui ne paroît être qu'une efpèce de matière gommeufe defféchée, differe cependant des fubftances végétales, 1°. par l'ammoniaque qu'elle fournit à la diftillation; 2°. par le gaz azotique qu'on en retire à l'aide de l'acide nitrique; 3°. par l'huile particulière que cet acide en fépare à mefure qu'il la change en acide oxalique, comme M. Berthollet l'a démontré. Elle paroît être un compofé de mucilage végétal avec une huile animale particulière, qui lui donne fa foupleffe, fa ductilité & fon élafticité.

§. XIV. *De la Refine Lacque.*

On a donné le nom impropre de gomme lacque à une fubftance réfineufe d'un rouge foncé, qui eft dépofée fur les branches des arbres par une efpèce de fourmi particulière aux Indes orientales. Cette fubftance a paru à Geoffroi une forte de ruche dans laquelle les fourmis dépofent leurs œufs. En effet, fi on brife la lacque en bâtons, on la trouve remplie de petites cavités ou cellules régulières, dans lesquelles font placés de petits corps oblongs, que Geoffroy a regardés comme les embryons des fourmis. Ce chimiste penfe que c'eft à cette matière animale que la lacque doit fa couleur. Il regarde cette dernière comme une véritable cire ; cependant fa féchereffe, l'odeur aromatique qu'elle exhale en brûlant, & fa folubilité dans l'alcohol, femblent la rapprocher des réfines ; elle donne à la diftillation une efpèce de beurre, fuivant le même auteur. On diftingue dans le commerce, la lacque en bâtons, la lacque en grains, & la lacque plate. Il faut obferver que beaucoup d'autres fubftances colorantes, & en particulier les fécules rouges animales ou végétales, préparées d'une manière particulière, portent en teinture le nom de *lacques*. On emploie la réfine lacque dans le Levant, pour teindre les toiles & les peaux. Elle fait la bafe de la cire à cacheter. On en fait une teinture avec l'efprit de cochléaria. Elle entre dans les trochifques de karabé, dans les poudres & les opiates dentrifiques, dans les paftilles odorantes, &c.

§. XV. *Du Chermès.*

Le chermès ou kermès, *coccus infectorius*, a été regardé par les premiers naturaliftes comme un tubercule ou une excroiſſance des plantes. Des obſervations plus exactes ont appris que c'eſt la femelle d'un inſecte rangé parmi les hémiptères par Geoffroy. Cette femelle ſe fixè ſur les feuilles du chêne verd; après avoir été fécondée, elle s'y étend, y meurt, & perd bientôt la forme d'inſecte. Elle repréſente une coque brune arron-die, ſous laquelle ſont renfermés les œufs en très-grand nombre. On ſe ſervoit autrefois de cette coque dans la teinture; on l'a abandonnée depuis qu'on a la cochenille. Le chermès pré-ſente les mêmes propriétés chimiques que cette dernière. Il entre dans le ſirop de corail du codex, & dans la confection alkermès.

§. XVI. *De la Cochenille.*

Il en eſt de la cochenille comme du cher-mès; on l'a regardée long-tems comme une graine. Le père Plumier eſt un des premiers qui ait reconnu cette erreur. En effet, cette ſubſtance eſt la femelle d'un inſecte hémiptère, qui diffère du chermès, en ce qu'elle conſerve ſa forme, quoique fixée ſur les plantes. La co-chenille employée en teinture, croît ſur l'opun-tia, figuier d'Inde ou raquette. On la récolte en grande quantité dans l'Amérique méridio-nale. Geoffroy, qui en a fait l'analyſe, y a trouvé les mêmes principes que dans le cher-

G g iv

mès ; il en a retiré de l'ammoniaque. On peut reconnoître la forme de cet insecte en le faisant macérer dans l'eau. On emploie la cochenille pour faire le carmin, & dans la teinture. On en retire une couleur cramoisie ou écarlate, suivant la manière dont on l'emploie. Comme c'est une matière colorante extractive, elle ne peut s'appliquer sur les substances à teindre qu'à l'aide d'un mordant. Elle prend facilement sur la laine, & elle la teint en écarlate par le moyen de la dissolution d'étain dans l'acide muriatique qui décompose l'extrait colorant, & en avive singulièrement la couleur. On n'avoit pas pu donner cette belle couleur à la soie avant Macquer. Ce célèbre chimiste a trouvé le moyen de la fixer sur cette substance, en imprégnant la soie de dissolution d'étain avant de la plonger dans le bain de cochenille, au lieu de mêler cette dissolution dans le bain, comme on le fait pour la laine.

§. XVII. *Des Pierres d'Ecrevisses.*

Les concrétions pierreuses, faussement appelées *yeux d'écrevisses*, *lapides cancrorum*, se trouvent au nombre de deux dans la partie intérieure & inférieure de l'estomac de ces insectes crustacées. Elles sont arrondies, convexes d'un côté, concaves de l'autre, & placées dans l'animal entre les deux membranes du ventricule. Comme on ne les rencontre que dans le tems où les écrevisses changent de peau & d'estomac, & comme elles se détruisent peu-à-peu à mesure que leur nouvelle enveloppe prend de la consistance, on croit avec assez de vraisemblance, qu'elles servent à la reproduction de la substance calcaire qui fait la base de leurs écailles, ou plutôt de leur test.

Ces pierres n'ont point de saveur ; elles contiennent un peu de matière gélatineuse. On les prépare en les lavant à plusieurs reprises, & en les porphyrisant avec un peu d'eau pour les réduire en une pâte molle, que l'on moule en trochisques, & que l'on fait sécher. L'eau des lavages emportant ce que ces pierres contiennent de gelée animale, il ne reste plus que la substance terreuse. Préparées de cette manière, elles font une vive effervescence avec tous les acides, & sont absolument de la même nature que la craie. Elles n'ont d'autre vertu que celle d'absorber les aigres des premières voies ; c'est d'après des opinions fort hasardées sur toutes ces substances animales en général, qu'on les a mises au rang des remèdes apéritifs, diurétiques, & même cordiaux.

§. XVIII. *Du Corail.*

Il en eſt abſolument de même du corail, eſpèce de ramification calcaire, blanche, roſe ou rouge, qui fait la baſe de l'habitation des polypes marins. On le prépare comme les pierres d'écreviſſe. Il eſt de nature calcaire comme ces ſubſtances pierreuſes. Il entre dans la confeƈtion alkermès, la poudre de guttete, les trochiſques de karabé. On lui a attribué des propriétés ſans nombre; mais il n'a abſolument d'autre vertu que celle d'un pur abſorbant, à moins qu'il ne ſoit combiné avec les acides. On l'emploie ſouvent, ainſi que les pierres d'écreviſſe, dans l'état de ſel neutre formé avec le vinaigre ou le ſuc de citron, comme apéritif, diurétique, &c.

§. XIX. *De la vraie Coralline.*

La coralline, appelée *mouſſe marine*, eſt, comme nous l'avons dit, une habitation particulière de polypes. Elle donne à la cornue les mêmes principes que les matières animales; elle a une ſaveur ſalée, amère & déſagréable. On l'emploie avec ſuccès comme vermifuge. On la donne en poudre à la doſe de vingtquatre grains pour les enfans, juſqu'à celle de deux gros & plus pour les adultes; on en fait un ſirop anthelmintique; elle entre dans la poudre contre les vers. Il ne faut point confondre cette coralline ordinaire avec celle qu'on appelle aujourd'hui *coralline de Corse*, *lemitho* ou *helminto-corton*; cette dernière est un végétal, une espèce de fucus qui a la propriété de former une gelée avec l'eau chaude.

CHAPITRE XV.

Résultat de l'analyse des Substances Animales ; comparaison de ces Substances avec les Matières Végétales.

Nous avons présenté dans les quatorze chapitres précédens l'état actuel des connoissances acquises sur la nature des substances animales. Les personnes qui cultivent la chimie depuis vingt ans, doivent apprécier facilement ce que cette science a gagné sur cet objet, & les progrès singuliers qu'elle a faits dans cette partie. Quoiqu'il lui reste encore beaucoup plus de découvertes & de travaux à faire qu'on n'en connoît jusqu'à présent, pour completter l'histoire des matières animales, ce qu'on possède aujourd'hui est d'un bien plus grand prix que ce qu'on possédoit autrefois ; au moins la marche nécessaire à tenir pour ce grand travail est-elle trouvée, & l'on n'a plus à craindre de s'égarer dans de fauffes routes. On voit clairement ce que peut efpérer la phyfique animale, & quels fervices la médecine peut attendre de la chimie, lorfqu'on fera marcher ces deux fciences d'un pas égal. Si cette affertion avoit befoin de nouvelles preuves après les détails que nous avons déjà confignés dans les chapitres précédens, on les trouveroit dans le réfumé fuccint que nous allons préfenter ici.

Les matières que l'on a nommées principes immédiats dans les fubftances organiques, c'eft-à-dire les matières que l'on fépare immédiatement & fans altération des corps organifés, reffemblent beaucoup dans les animaux à celles que nous avons extraites des végétaux. En effet on trouve dans les premières comme dans celles-ci, des extraits, du principe fucré, des mucilages fades, des fels acides & alkalins, des huiles fixes & volatiles, des réfines, de la matière glutineufe, un principe aromatique, des fubftances colorantes. Mais malgré cette analogie, déjà preffentie depuis long-tems, il exifte entre ces principes immédiats des deux règnes des différences remarquables, & dont l'examen mérite toute l'attention des phyficiens.

1°. L'extrait & la matière fucrée ne font pas à beaucoup près auffi abondans parmi les fubftances animales que dans les végétales.

2°. Les mucilages ne font pas entièrement de la même nature ; il font plus mous, moins faciles à deffécher, fufceptibles d'attirer l'humidité de l'air ; ils fe prennent en gelée par le refroidiffement ; ils ont une faveur plus marquée, s'aigriffent & fur-tout fe pourriffent bien plus promptement.

3°. Les huiles fixes different auffi dans le règne animal de ce qu'elles font dans les végétaux ; on les trouve plus ramaffées ou recueillies en plus grande quantité dans des cellules particulières ; elles font toujours plus ou moins concrètes, fouvent même fufceptibles de fe deffécher & de criftallifer.

4°. Les huiles volatiles & les réfines font en général plus rares & bien moins abondantes dans les animaux que dans les végétaux ; il femble que la nature ait pris foin d'écarter des organes fenfibles & irritables des animaux, des fubftances âcres qui en auroient fans ceffe ftimulé les fibres, & qu'elle a même reléguées dans les parties extérieures & feulement aux environs des tuniques dans les végétaux.

5°. La matière albumineufe ou concrefcible par la chaleur, quoiqu'exiftant dans les fucs des plantes, y eft bien moins abondante que dans les animaux, dont toutes les parties en contiennent une quantité fouvent très-confidérable.

6°. La subſtance fibreuſe quoiqu'analogue au gluten de la farine, a cependant plus de ténacité, d'élaſticité dans les animaux, & d'ailleurs elle y eſt dans une proportion ſi grande, que quand il n'y auroit que cette ſeule différence entre les animaux & les végétaux, elle feroit digne d'occuper les phyſiologiſtes, & de fixer toute leur attention. Tous les muſcles ou tous les organes du mouvement en font compoſés, & comme les animaux ont une mobilité qu'on n'obſerve pas dans les végétaux, les parties néceſſaires pour les mouvoir doivent différer eſſentiellement de ce qui conſtitue le corps immobile des plantes.

7°. Mais c'eſt ſur-tout par la nature des matières ſalines que les animaux different des végétaux; outre les ſels & les radicaux ſalins analogues à ceux des végétaux que l'on trouve dans les animaux, comme la chaux, la ſoude, les acides muriatique, oxalique, malique, benzoique, ſébacique, phoſphorique, on en extrait les acides lactique, faccholactique, lithique, formique & bombique, dont on ne connoît pas la nature, mais qui ne paroiſſent pas exiſter dans les végétaux. On trouve encore dans les animaux les principes néceſſaires pour la formation de l'ammoniaque & de l'acide pruſſique bien plus abondamment que dans les végétaux;

& c'eſt ſpécialement par ce caractère que la matière animale diffère de la végétale. Ces principes néceſſaires à la formation de l'ammoniaque & de l'acide pruſſique, c'eſt-à-dire, l'azote, l'hydrogène, le carbone, ſont même ſi abondans dans les ſubſtances animales, qu'on y trouve très-ſouvent ces deux compoſés tout formés, ſur-tout quelque tems après la mort des animaux. J'ai trouvé du bleu de Pruſſe dans des matières animales pourries; j'ai même vu chez une malade, dont le ſang étoit très-altéré, ce fluide prendre la couleur bleue la plus éclatante par ſon expoſition à l'air. Mais il ne faut pas oublier que les végétaux contiennent auſſi, quoique bien moins abondamment, les principes de l'acide pruſſique. Quant à l'ammoniaque, ſa formation bien plus facile & bien plus fréquente dans les matières animales que dans les végétales, annonce que ſes principes y ſont bien plus abondans; & en effet, M. Berthollet a prouvé que ces matières donnent une très-grande quantité de gaz azotique par le moyen de l'acide nitrique; j'ai prouvé après lui qu'après en avoir extrait ce gaz, ces ſubſtances ne fourniſſent plus d'ammoniaque; c'eſt donc à la préſence de ce principe qu'elles doivent la propriété de donner, dans leur analyſe artificielle ou ſpontanée, une grande quantité de ce ſel alkalin.

Si l'on recherche enfuite quels font les premiers principes plus fimples dont ces principes
immédiats font compofés, on trouvera que les
feuls compofans des matières animales font
comme ceux des fubftances végétales, de l'hydrogène, du carbone, de l'azote & de l'oxigène.
Ces corps jufqu'actuellement indécompofables,
ces efpèces d'élémens paroiffent conftituer par
leurs combinaifons, les huiles, les acides, les
mucilages, la partie fibreufe, &c. Ces divers
principes immédiats ne different les uns des
autres que par le nombre & la proportion ref-
pective des êtres primitifs qui les compofent.
Mais comme les matières animales, quoique
formées en général des mêmes principes que
les fubftances végétales, ont cependant des
propriétés réellement différentes, la caufe pro-
ductrice de ces différences ne paroît exifter
que dans la proportion variée de ces principes.
Ainfi la quantité d'azote, bien plus confidérable dans les matières animales que dans les
végétales, explique déjà une grande partie de
ces différences ; elle apprend pourquoi les
fubftances animales donnent beaucoup d'ammoniaque par l'action du feu, pourquoi elles fe
pourriffent fi facilement, pourquoi elles font
néceffaires à la production de l'acide du nitre,
&c. Il ne s'agit plus que de déterminer quelle

eft

eſt l'eſpèce de changement que les matières
végétales éprouvent en paſſant dans le corps
des animaux ; car il eſt certain qu'il n'y a que
les matières végétales qui nourriſſent les animaux, & qui ſe convertiſſent en leur propre
ſubſtance. Obſervons d'abord que pluſieurs
principes immédiats des végétaux paſſent ſans
altération & conſervent leur nature propre
dans le corps des animaux, ou au moins n'y
éprouvent que très-peu d'altération ; tels ſont
en particulier pluſieurs ſels, les huiles fixes, &c.
mais les différentes ſortes de mucilages, le
gluten, les ſubſtances colorantes, changent
manifeſtement de nature ; la matière gommeuſe,
devient gélatineuſe, le gluten paſſe à l'état de
partie fibreuſe ; la baſe du gaz azotique, ou
l'azote ſe fixe, ſe combine en grande quantité
dans ces ſubſtances, & ſemble par ſa ſeule
fixation changer la matière végétale en animale.
C'eſt ſur ce changement, ſur la formation des
diverſes ſubſtances animales, que doit ſpécialement ſe porter l'attention des phyſiologiſtes ;
c'eſt en un mot le problême de l'animaliſation
qui reſte à réſoudre. Déjà l'analyſe a fourni
quelques données utiles pour cette ſolution ;
mais il en reſte beaucoup plus à chercher, &
la chimie ſeule par ſes procédés exacts, peut
faire eſpérer qu'on en réunira un nombre aſſez

complet pour arriver à ce résultat si utile à la physique animale.

CHAPITRE XVI.

De la putréfaction des Substances animales.

QUOIQUE les substances végétales soient susceptibles d'être décomposées, & entièrement détruites par la fermentation putride, elles sont cependant en général fort éloignées d'être aussi propres à subir ce mouvement intestin, que les matières animales. La putréfaction de ces dernières est beaucoup plus rapide, ses phénomènes sont différens ; tous les fluides & toutes les parties molles des animaux y sont également exposés, tandis que plusieurs matières végétales semblent en être à l'abri, ou au moins ne l'éprouver que très-difficilement & avec beaucoup de lenteur.

La putréfaction des animaux qu'on ne peut s'empêcher de regarder avec Boerhaave, comme une véritable fermentation, est un des phénomènes les plus importans, & en même-tems très-difficile à connoître. Tous les travaux des savans depuis Bâcon de Vérulam qui avoit bien senti l'importance des recherches sur cet objet, jufqu'à nos jours, n'ont encore éclairci que quelques points, & entrevu les phénomènes généraux des matières qui fe pourriffent. Beccher, Hales, Stahl, Pringle, Macbride, Gaber, Baumé, l'eftimable auteur des effais fur la putréfaction, & ceux des differtations fur les antifeptiques couronnées en 1767 par l'académie de Dijon, ont obfervé & décrit avec foin les faits que préfente l'altération putride; mais on verra par l'expofé que nous allons offrir, qu'il refte encore un grand nombre d'expériences à faire pour connoître en détail les phénomènes de cette opération naturelle.

. Toute fubftance fluide ou molle extraite du corps d'un animal, expofée à l'air & à une température de dix degrés ou au-deffus, éprouve plus ou moins promptement les altérations fuivantes. Sa couleur pâlit, fa confiftance diminue; fi c'eft une partie folide comme de la chair, elle fe ramollit, elle laiffe fuinter une férofité dont la couleur s'altère bientôt; fon tiffu fe relâche & fe déforganife; fon odeur devient fade, défagréable; peu-à-peu cette fubftance s'affaiffe & diminue de volume; fon odeur s'exalte & devient ammoniacale. Alors fi elle eft contenue dans un vaiffeau fermé, la marche de la putréfaction femble fe rallentir; on ne fent qu'une odeur alkaline & piquante; la matière fait effer-

H h ij

vefcence avec les acides, & verdit le firop de violettes. Mais, en donnant communication avec J'air, l'exhalaifon urineufe fe diffipe, & il fe répand avec une forte d'impétuofité une odeur putride particulière, infupportable, qui dure long-tems, qui pénètre par-tout, qui paroît affeéter le corps des animaux, comme un ferment capable d'en altérer les fluides ; cette odeur eft corrigée & comme enchaînée par l'ammoniaque. Lorfque cette dernière eft volatilifée, la pourriture prend une nouvelle aĉivité, la maffe qui fe pourrit, fe gonfle tout-à-coup, elle fe remplit de bulles de fluide élaftique, & bientôt elle s'affaiffe de nouveau ; fa couleur s'altère, le tiffu fibreux de la chair n'eft prefque plus reconnoiffable ; elle eft changée en une matière molle, pultacée, brune ou verdâtre; fon odeur eft fade, nauféabonde, très-aĉtive fur le corps des animaux. Ce principe odorant perd peu-à-peu de fa force ; la portion fluide de la chair prend une forte de confiftance, fa couleur fe fonce, & elle finit par fe réduire en une matière friable à demi-sèche & un peu déliquefcente , qui, frottée entre les doigts, fe brife en poudre groffière comme de la terre. Tel eft le dernier état obfervé dans la putréfaĉtion des fubftances animales ; elles n'arrivent à ce terme qu'au bout d'un tems plus ou moins long. Dix-huit mois, deux & même trois ans suffisent à peine pour détruire complettement le tissu du corps entier des animaux exposés à l'air, & l'on n'a point encore évalué d'une manière certaine la durée de la destruction totale des cadavres enfouis dans la terre. Sans parler même des corps qui se dessèchent dans certains sols & qui y restent inaltérables, beaucoup de faits annoncent que des cadavres humains enfouis en grand nombre dans des terres humides n'y sont point détruits même au bout de 30 ans.

Il suit de cet exposé, 1°. que les conditions propres à développer & à entretenir la putréfaction des matières animales, sont le contact de l'air, la chaleur, l'humidité & le repos ou l'inertie des masses; 2°. que l'ammoniaque est un des produits de la putréfaction, qu'elle est formée pendant que cette fermentation a lieu, puisqu'elle n'existoit point en entier dans ces substances animales, avant la naissance de ce mouvement; 3°. que la putréfaction opérée par un mouvent intestin propre aux matières organisées, peut être assimilée à l'action du feu, comme M. Godard l'a fait remarquer, & regardée comme une décomposition spontanée, ainsi que l'a pensé M. Baumé, & qu'elle n'en diffère que par sa lenteur; 4°. que dans cette opération de la nature, les principes prochains des ani-

H h iij

maux réagissent les uns sur les autres, à l'aide
de l'eau & de la chaleur qui y fait naître le
mouvement ; qu'ainsi les matières volatiles nou-
vellement formées se dissipent peu-à-peu dans l'ordre de leur volatilité, & qu'il ne reste plus après
la putréfaction qu'un résidu insipide & comme
terreux; 5°. enfin, que l'exhalaison putride si bien
caractérisée & distinguée par les nerfs de l'odorat,
& dont l'action est si vive sur l'économie animale,
doit être regardée comme un des principaux
produits de la putréfaction, puisqu'elle est propre à cette opération, & qu'elle ne se rencontre
dans aucun autre phénomène naturel ; & puisqu'enfin elle paroît capable de développer le
mouvement putréfactif dans tous les substances
animales qui sont exposées à son action. Quant
à la nature de cet être odorant fugace, c'est
spécialement sur ce point que les recherches
sont peu avancées, & qu'elles demandent à
être suivies. Ce que nous en savons, nous indique qu'il est extrêmement volatil, atténué,
pénétrant; que l'air pur, l'eau à grande dose,
les gaz acides sont susceptibles d'en modérer
les effets. Quoiqu'il ne faille pas le confondre
avec le gaz acide carbonique, qui se dégage
en grande quantité des corps en putréfaction,
& au dégagement duquel Macbride attribuoit
entièrement la cause de ce phénomène naturel ;

quoiqu'on ne doive point non plus l'affimiler, ni au gaz hydrogène dégagé des corps putref-cens, ni à la matière lumineufe qui brille à la furface des fibres animales pourries, & qui fait de ces êtres autant de phofphores, on ne peut cependant difconvenir qu'il a quelques rapports bien directs avec ces fubftances, puifqu'il les accompagne conftamment, puifqu'il eft auffi vo-latil, auffi tenu qu'elles, & puifqu'il agit avec tout autant d'énergie fur les organes des animaux.

On peut diftinguer avec M. de Boiffieu quatre degrés dans la fermentation putride des fubftan-ces animales.

Le premier appelé, par ce phyficien, *tendance à la putréfaction*, confifte dans une altération peu confidérable qui fe manifefte par une odeur fade ou de relent très-légère, & dans le ramol-liffement de ces fubftances.

Le fecond degré, celui de la *putréfaction commençante*, eft indiqué quelquefois par des marques d'acidité. Les matières qui l'éprouvent, perdent de leur poids, prennent une odeur fétide, fe ramolliffent & laiffent échapper de la férofité, lorfqu'elles font dans des vaiffeaux fermés; ou bien elles fe defsèchent & prennent une couleur foncée, fi elles font expofées à l'air libre.

Dans le troifième degré, ou la *putréfaction*

avancée, les matières putrefcentes exhalent une odeur ammoniacale, mêlée de l'odeur putride & nauféabonde ; elles tombent en diffolution, leur couleur s'altère de plus en plus, & elles perdent en même-tems de leur poids & de leur volume.

Enfin, le quatrième degré, celui de la *putréfaction achevée*, fe reconnoît à ce que l'ammoniaque eft entièrement diffipée, & ne laiffe plus de traces ; l'odeur féride perd de fa force, le volume & le poids des fubftances putréfiées font confidérablement diminués ; il s'en fépare une mucofité gélatineufe ; elles fe defsèchent peu-à-peu, & enfin fe réduifent en une matière terreufe & friable.

Tels font les phénomènes généraux qu'on obferve dans la putréfaction des fubftances animales ; mais il s'en faut de beaucoup qu'ils foient les mêmes dans toutes les matières qui fe pourriffent. Il y a d'abord une grande diftinction à faire entre la putréfaction des parties des animaux vivans, & celle de leurs organes morts. Le mouvement qui exifte dans les premiers, modifie fingulièrement les phénomènes de cette altération, & les médecins ont de fréquentes occafions de voir les différences qui exiftent entre ces deux états, relativement à la putréfaction. Outre cela, chaque humeur, chaque partie folide féparée d'un animal mort, a encore fa manière propre de se pourrir ; le tissu musculaire, membraneux ou parenchymateux plus ou moins serré des organes ; la nature huileuse, mucilagineuse ou lymphatique des humeurs, leur consistance, leur état relatif à celui de l'animal qui les a fournies, influent sur le mouvement putréfactif, & le modifient de mille manières, peut-être inappréciables. Enfin, que sera-ce si l'on fait entrer dans ce dénombrement, l'état de l'air, sa température, son élasticité, son poids, sa sécheresse ou son humidité, l'exposition de la substance pourrissante dans différens lieux, & jusqu'à la forme des vaisseaux qui la renferment, circonstances qui toutes font varier les phénomènes de l'altération spontanée ? Il faut donc convenir que l'histoire de la putréfaction animale n'est qu'ébauchée, & qu'elle demande encore une suite immense de recherches & d'expériences.

Les phénomènes observés jusqu'actuellement dans la putréfaction nous indiquent que l'eau en est la cause ; il est on ne sauroit plus vraisemblable que ce fluide se décompose, que son oxigène se porte sur l'azote des substances animales & contribue à la formation de l'acide nitrique, qu'on trouve si fréquemment dans les matières animales ; & que son hydrogène uni à une portion de l'azote très-abondant dans ces

matières, produit l'ammoniaque qui se dégage.
Le principe huileux est celui qui se sépare & qui
se conserve le plus long-tems ; le phosphate
calcaire & le phosphate de soude, uni à une
portion du principe charboneux & peut-être à
un peu de matière graisseuse paroît constituer
le résidu en apparence terreux des matières animales putréfiées.

Nous n'avons encore décrit que les phénomènes qui ont lieu dans les matières animales qui se pourrissent & se décomposent à
l'air ; comme le résultat de cette décomposition
dans différens milieux, jette un grand jour sur la
connoissance des révolutions du globe, consi-
dérons un instant ce qui arrive à ces matières
plongées dans l'eau ou enfouies dans la terre.

Les changemens décrits ci-dessus n'ont pas
tout-à-fait lieu dans l'eau ; les corps des animaux
plongés dans ce liquide s'y gonflent d'abord ;
il s'en dégage des fluides élastiques ; l'eau dissout
une grande partie de leurs principes, en décompose une autre, & partage entre les grandes
masses qui constituent les fleuves & les rivières
les divers principes de ces corps ; aussi plusieurs
peuples exposoient-ils les cadavres dans les
fleuves & confioient-ils à l'eau leur destruction.

D'autres phénomènes ont encore lieu lorsque
les corps des animaux sont enfouis dans la terre.

Des observations presque toutes dues au hazard, ont appris que leur destruction varie suivant la nature des terres; tantôt on trouve les corps tout-à-fait détruits après peu de tems; quelquefois on les voit bien conservés, même après des tems très-longs. Il est aisé de concevoir que si la terre est très-poreuse, très-meuble, si la matière animale est à peu de profondeur, l'air & l'eau sur-tout qui ont alors un accès facile accélèrent sa décomposition; dans des circonstances opposées, elle doit être beaucoup plus lente; par exemple, la terre sèche absorbe l'eau des corps, les defsèche & les convertit en momies; tel est l'effet d'un sol sabloneux dans lequel les corps reçoivent l'impreffion d'un soleil brûlant, & acquièrent une dureté qui les met pendant des siècles à l'abri de toute destruction. Au contraire, une terre argileuse retient l'eau & permet la putréfaction des corps; dans les cas où elle a lieu plus ou moins lentement, les fluides & les solides finissent par se réduire presqu'entièrement en gaz azotique, en gaz acide carbonique, en gaz hydrogène, en gaz ammoniac. Tous ces fluides élastiques, en se filtrant à travers les terres, s'y arrêtent & s'y fixent en partie, & rendent les terres noires, graffes, fétides. Ils les saturent pour ainsi dire de ces produits de la putréfaction jusqu'à ce que l'action diſſolvante de l'eau & de l'air, la vaporiſation opérée par la chaleur, l'abſorption due aux végétaux, enlèvent ces fluides au ſol qui en eſt impregné. C'eſt ainſi que la nature réduit, par la décompoſition lente, les corps des animaux privés de la vie, à des ſubſtances plus ſimples deſtinées à entrer dans de nouvelles combinaiſons.

Cette décompoſition, conſidérée ſur tous les points du globe à la fois, dans la terre, dans l'eau ou dans l'air, donne naiſſance à de grands changemens que le philoſophe doit apprécier. En obſervant la vaſte étendue des mers, & la quantité immenſe des animaux qui l'habitent, on y voit les animaux périr en maſſes énormes, & y ſubir une décompoſition qui produit des phénomènes trop peu examinés juſqu'ici. Que deviennent les immenſes débris des matières animales? à quelles révolutions ſucceſſives les dépouilles des êtres animés ſont-elles expoſées? On ſait que les eaux de la mer contiennent des muriates & des ſulfates de ſoude, de chaux & de magnéſie; on ne peut douter que l'acide muriatique, que la magnéſie, la chaux & la ſoude ne ſe forment ſans ceſſe dans ce vaſte labo‑ratoire; peut-être même la formation de plu‑ſieurs de ces matières a-t-elle lieu pendant la vie de ces animaux marins; mais quelques autres

ne font certainement dues qu'à la décompofition des mêmes fubftances animales mortes.
On ne peut nier que les couches des matières
calcaires, qui conftituent comme l'écorce du
globe dans une grande partie de fon étendue,
ne foient dues aux débris des fquelettes des
animaux marins plus ou moins brifés par les
eaux; que ces couches n'aient été dépofées au
fond de la mer; que telle eft auffi l'origine du
bitume, & fur-tout du charbon de terre dépofé
par couches très-minces & très-étendues, qui
occupent également une partie du globe. Il y a
donc dans les mers une caufe toujours active
de la décompofition de l'eau; des agens innom-
brables en féparent fans ceffe les principes, &
s'altèrent eux-mêmes; des maffes immenfes de
craie, en fe dépofant fur leurs fonds, abforbent & fixent de l'eau, ou convertiffent en fubftance folide une partie du liquide qui en comble
les vaftes baffins.

Il réfulte de ces confidérations, fur la décompofition des fubftances animales dans la
terre, dans l'air & dans l'eau, réunies à toutes
les données que fournit l'enfemble de la chimie,
que les premières couches du globe ne font
plus ce qu'elles étoient au moment de fa formation; qu'il augmente en folidité & en étendue par l'accroiffement fucceffif & non inter-

rompu de ces dépôts ; que le fol que nous habitons eft moderne & factice ; qu'il n'appartient pas aux minéraux ; que ce fol fuperficiel eft dû à la décompofitiou lente des végétaux & des animaux ; que l'eau diminue fans ceffe de quantité & qu'elle change de forme ; qu'une partie décompofée fournit une des bafes du corps des végétaux & des animaux ; qu'une autre partie eft folidifiée dans les couches calcaires ajoutées au globe ; que l'atmofphère a dû être modifiée par tous ces changemens fucceffifs ; que les végétaux influent continuellement fur l'air atmofphérique ; que la lumière folaire entre pour beaucoup dans toutes ces altérations réciproques. Quoiqu'il paroiffe impoffible de déterminer les tems qui ont fucceffivement vu naître la décompofition de l'eau, la végétation, les fermentations, la putréfaction, la formation des matières falines, des bitumes des fubftances calcaires, les modifications de l'atmofphère, la phyfique & la chimie enrichies des découvertes modernes, apprennent au moins que ces phénomènes ont eu lieu à différentes époques, qu'ils continuent à modifier l'état actuel de la planète que nous habitons, & que fi la matière eft une pour la maffe & la nature intime, comme l'ont penfé de grands philofophes, la forme fans ceffe variée par les combinaisons qu'elle éprouve, amène peu-à-peu de grandes révolutions, dont la chimie moderne pouvoit seule apprécier la cause, & dont elle pourra peut-être prédire quelque jour les derniers effets.

Fin du Tome quatrième.

Errata du Tome quatrième.

PAGE 27, *ligne derniere*, ôtez les mots en fix genres & transportez-les à la fin de la feconde ligne de la même page.

83,   12, de mercure d'argent *lifez* de mercure & d'argent

87,   20, acidule *lifez* acide

95,   derniere, deux *lifez* ces deux

161,   21, *ajoutez* avec après le mot intimement

www.ingramcontent.com/pod-product-compliance
Lightning Source LLC
Chambersburg PA
CBHW061255030726

47595CB00001B/67